U0246894

# 内 容 简 介

本书是作者多年来在北京大学讲授"同调论"课程的讲义,系统地讲述了同调论的基本理论和方法。

本书的主线是奇异同调的理论框架和胞腔同调的计算方法,单纯同调作为胞腔同调的特殊情形来处理。前三章讲加法结构,基本上采取传统的讲法。第四章讲乘法结构,综合了奇异同调和胞腔同调这两个不同的角度。第五章流形的论述比较新颖,在胞腔流形上建立起互相对称的对偶剖分,给对偶定理提供了清晰的几何图景。这虽是古朴的思路,却是文献中所未见的。

本书在选材上注重概念、方法、结论、应用,充分反映同调论的核心内容;在内容处理上强调几何背景,举例丰富,图文并茂;在叙述上语言精炼而清晰易懂,注意各章节之间的联系呼应,便于教学与自学。每节配有适量的习题和思考题,以帮助读者理解和掌握。

本书可作为综合大学、高等师范院校数学系研究生、高年级大学生的教材或教学参考书,也可供数学工作者阅读。

北京大学数学教学系列丛书

# 同 调 论

姜伯驹 著

北京大学出版社
PEKING UNIVERSITY PRESS

**图书在版编目 (CIP) 数据**

同调论 / 姜伯驹著 . —北京：北京大学出版社，
2006.2
　（北京大学数学教学系列丛书）
　ISBN 978-7-301-08676-6

　Ⅰ.同… 　Ⅱ.姜… 　Ⅲ.同调论－高等学校－教材
Ⅳ.O189.22

　中国版本图书馆 CIP 数据核字 (2005) 第 112833 号


书　　　　名　同调论
著作责任者　姜伯驹　著
责 任 编 辑　刘　勇
标 准 书 号　ISBN 978-7-301-08676-6
出 版 发 行　北京大学出版社
地　　　　址　北京市海淀区成府路 205 号　　100871
网　　　　址　http://www.pup.cn　新浪微博：@ 北京大学出版社
电 子 信 箱　zpup@pup.cn
电　　　　话　邮购部 010-62752015　发行部 010-62750672
　　　　　　　编辑部 010-62752021
印 　刷 　者　涿州市星河印刷有限公司
经 　销 　者　新华书店
　　　　　　　890 毫米 ×1240 毫米　A5　8.75 印张　250 千字
　　　　　　　2006 年 2 月第 1 版　2022 年 11 月第 5 次印刷
定　　　　价　45.00 元

# 作者简介

**姜伯驹** 男,1937 年生。北京大学数学系教授,基础数学专业博士生导师,中国科学院院士,第三世界科学院院士。

姜伯驹是拓扑学家,主要研究领域是不动点理论和低维拓扑学,获得了一系列重要成果。曾获国家自然科学三等奖、二等奖,陈省身数学奖,何梁何利基金科技进步奖,华罗庚数学奖。曾任中国数学会教育工作委员会主任,北京大学数学科学学院院长,教育部理科数学与力学教学指导委员会主任等职。

除数学论文外,有专著《尼尔森不动点理论讲座》,科普书《一笔画和邮递路线问题》、《绳圈的数学》。曾参与合编教材《解析几何》,合译教材《同调论(上)》。

# 序　言

　　自 1995 年以来, 在姜伯驹院士的主持下, 北京大学数学科学学院根据国际数学发展的要求和北京大学数学教育的实际, 创造性地贯彻教育部 "加强基础, 淡化专业, 因材施教, 分流培养" 的办学方针, 全面发挥我院学科门类齐全和师资力量雄厚的综合优势, 在培养模式的转变、教学计划的修订、教学内容与方法的革新, 以及教材建设等方面进行了全方位、大力度的改革, 取得了显著的成效. 2001 年, 北京大学数学科学学院的这项改革成果荣获全国教学成果特等奖, 在国内外产生很大反响.

　　在本科教育改革方面, 我们按照加强基础、淡化专业的要求, 对教学各主要环节进行了调整, 使数学科学学院的全体学生在数学分析、高等代数、几何学、计算机等主干基础课程上, 接受学时充分、强度足够的严格训练; 在对学生分流培养阶段, 我们在课程内容上坚决贯彻 "少而精" 的原则, 大力压缩后续课程中多年逐步形成的过窄、过深和过繁的教学内容, 为新的培养方向、实践性教学环节, 以及为培养学生的创新能力所进行的基础科研训练争取到了必要的学时和空间. 这样既使学生打下宽广、坚实的基础, 又充分照顾到每个人的不同特长、爱好和发展取向. 与上述改革相适应, 积极而慎重地进行教学计划的修订, 适当压缩常微、复变、偏微、实变、微分几何、抽象代数、泛函分析等后续课程的周学时. 并增加了数学模型和计算机的相关课程, 使学生有更大的选课余地.

　　在研究生教育中, 在注重专题课程的同时, 我们制定了 30 多门研究生普选基础课程 (其中数学系 18 门), 重点拓宽学生的专业基础和加强学生对数学整体发展及最新进展的了解.

　　教材建设是教学成果的一个重要体现. 与修订的教学计划相配合, 我们进行了有组织的教材建设. 计划自 1999 年起用 8 年的时间修订、编写和出版 40 余种教材. 这就是将陆续呈现在大家面前的《北京大学数学教学系列丛书》. 这套丛书凝聚了我们近十年在人才培养方面的思考, 记录了我们教学实践的足迹, 体现了我们教学改革的成果, 反映了我们对新世纪人才培养的理念, 代表了我们新时期的数学教学水平.

经过 20 世纪的空前发展, 数学的基本理论更加深入和完善, 而计算机技术的发展使得数学的应用更加直接和广泛, 而且活跃于生产第一线, 促进着技术和经济的发展, 所有这些都正在改变着人们对数学的传统认识. 同时也促使数学研究的方式发生巨大变化. 作为整个科学技术基础的数学, 正突破传统的范围而向人类一切知识领域渗透. 作为一种文化, 数学科学已成为推动人类文明进化、知识创新的重要因素, 将更深刻地改变着客观现实的面貌和人们对世界的认识. 数学素质已成为今天培养高层次创新人才的重要基础. 数学的理论和应用的巨大发展必然引起数学教育的深刻变革. 我们现在的改革还是初步的. 教学改革无禁区, 但要十分稳重和积极; 人才培养无止境, 既要遵循基本规律, 更要不断创新. 我们现在推出这套丛书, 目的是向大家学习. 让我们大家携起手来, 为提高中国数学教育水平和建设世界一流数学强国而共同努力.

张 继 平

2002 年 5 月 18 日

于北京大学蓝旗营

# 前　　言

代数拓扑学在 20 世纪的辉煌成就和深远影响，使它在数学系的研究生教育中应该占有一席之地，在先进国家早已如此.

本书是多年来作者在北京大学开设的 "同调论" 课程的讲义. 这是一门研究生基础课，只一个学期，3 学分共 45 课时，面向基础数学所有方向的研究生，不是专门为拓扑学方向开设的. 历年实际上课的同学少则三四十人，多则七八十人，约有三分之二是研究生，三分之一是高年级本科生. 规定的先修课是基础拓扑学与抽象代数学，部分学生已经学过单纯同调论.

由于听众的准备知识差别很大，课时又很少，我们需要选择一个适当的起点. 基础拓扑学和抽象代数学的基本知识 (点集拓扑、曲面分类、基本群，以及群、环、域，直到有限生成 Abel 群的构造) 假定读者已熟练掌握，参考书是文献 [1] 或 [23] 等. 我们还假定同学对于单纯复形已有所了解，否则请他们自学文献 [16] 第一章或 [21] 第三章.

由于是基础课，我们看重概念、方法、结论、应用，尽量压缩技术性内容. 有些定理不一定证，指导有兴趣者自学；有些证明加了星号，供需要者查阅. 定理的正确运用应该比证明更重要. 定理的表述也不追求最强最广，而要实用.

课时的限制使内容的取舍面临许多矛盾，需要平衡. 我们有下面的一些考虑.

代数拓扑学的宗旨是用代数方法解决拓扑问题. 要在课程中体现这个精神，代数框架、具体计算、拓扑应用缺一不可，而且应该穿插进行. 我们将把这个要求贯彻到每一章.

同调论在发展过程中产生了许多代数概念和方法，称为同调代数. 但是同学们的代数基础普遍不够强. 为了避免挤掉几何的话题，我们不得不在代数上有所克制，把同调代数的分量尽量压缩，只讲最必要的知识. 例如，关于 Abel 群的张量积的小节打上了星号, 表示不妨暂时跳过不读. 因而我们将满足于使用 "Abel 群与自由 Abel 群的张量积" 这个比较原始的概念. 另一方面, 范畴与函子的语言、交换图表、图上追猎法这些先进的东西将自始至终贯穿全书, 让读者在不断使用中把握其精神和威力.

我们的理想是既要有简洁的理论框架, 又能作便捷的具体计算. 本书前三章关于同调论的加法结构的讨论从奇异同调出发, 落实到胞腔同调, 基本上能达到这个要求. 后两章关于乘法结构的讨论, 则作了一些新的尝试.

上积与卡积, 用奇异链来定义的传统讲法是最简捷的, 巧得有点莫名其妙. 我们有意先用胞腔同调的讲法, 以说明为什么上同调会有乘法, 并且指出奇异链定义式的由来. 这样两种讲法相辅相成, 有助于读者的理解. 实际教学中可以安排学生自己阅读某些部分.

流形的对偶性是同调论的精华之一, 我们在第五章的讲法虽是古朴的思路, 却是文献中所未见的. 通过 "胞腔流形" 的概念, 能把 "互相对称的对偶剖分" 这个直观想法完全讲清楚, 使对偶性恢复其看得见摸得着能计算的本来面目, 不再是只能隔着代数屏障去揣摩的东西. 为了显示这种讲法的潜力, 我们 (在带星号的最后三节) 一直推进到 Thom 同构定理, 足以与示性类理论 (例如文献 [15]) 相衔接.

对于这门高度概括和抽象的课程, 例子和应用的重要性是无论怎样强调都不过分的. 本书配有适量的习题, 帮助读者补充例子与应用, 应该极端重视. 实际教学中还应该批改作业或组织讨论. 参考文献中, 除本书直接引用过的书籍外, 还包括了一些深浅与本书相近的好教材.

本书虽然篇幅不大, 希望能帮助读者对于同调论有一个生动踏实的理解, 而不只是一个枯燥的理论框架.

姜伯驹

2005 年 6 月于北京大学

# 目　录

第一章　奇异同调 ……………………………………………（1）

§1　范畴与函子 …………………………………………… （1）

1.1　范畴 ……………………………………………… （1）

1.2　协变函子 ………………………………………… （2）

1.3　反变函子 ………………………………………… （3）

1.4　简单的推论 ……………………………………… （4）

§2　链复形与链映射 ……………………………………… （5）

2.1　链复形及其同调群 ……………………………… （5）

2.2　链映射及其诱导同态 …………………………… （6）

2.3　链同伦 …………………………………………… （7）

§3　奇异同调群 …………………………………………… （8）

3.1　奇异单形 ………………………………………… （8）

3.2　奇异链复形与奇异同调群 ……………………… （9）

3.3　简约奇异同调群 ………………………………… （13）

3.4　奇异同调的同伦不变性 ………………………… （14）

*3.5　与基本群的关系 ……………………………… （18）

3.6　$U$- 小奇异链 …………………………………… （19）

§4　Mayer-Vietoris 同调序列 …………………………… （22）

4.1　同调代数的基本知识 …………………………… （22）

4.2　Mayer-Vietoris 同调序列 ……………………… （26）

§5　球面 $S^n$ 的拓扑性质 ……………………………… （29）

5.1　球面 $S^n$ 的同调群 …………………………… （30）

5.2　球面映射的度 …………………………………… （31）

5.3　Jordan-Brouwer 分离性 ……………………… （33）

§6　映射的简约同调序列 ………………………………… （36）

6.1 贴空间 ………………………………………… （36）

6.2 映射的简约同调序列 ……………………………… （39）

6.3 粘贴胞腔 ………………………………………… （41）

6.4 射影空间的同调群 ……………………………… （43）

第二章　相对同调与上同调 ……………………………… （45）

§1　相对同调群 ……………………………………… （45）

1.1 空间偶的相对同调群 …………………………… （45）

1.2 切除定理 ………………………………………… （49）

1.3 空间三元组的同调序列 ………………………… （53）

§2　局部同调群，局部定向与映射度 …………………… （55）

2.1 局部同调群 ……………………………………… （55）

2.2 流形的局部定向 ………………………………… （56）

2.3 胞腔和球面的定向 ……………………………… （58）

2.4 有向球面的映射度 ……………………………… （59）

§3　带系数的同调群 ………………………………… （61）

3.1 自由 Abel 群的张量积函子 $-\otimes G$ ……………… （61）

*3.2 Abel 群的张量积 ……………………………… （63）

*3.3 协变函子 $-\otimes G$ …………………………… （66）

3.4 带系数的奇异链复形和奇异同调群 …………… （67）

3.5 Eilenberg-Steenrod 公理 ……………………… （70）

*3.6 简约同调群的公理 …………………………… （72）

§4　上同调群 ………………………………………… （74）

4.1 同态群 Hom$(A,B)$ ……………………………… （74）

4.2 反变函子 Hom$(-,G)$ …………………………… （75）

4.3 上链复形与上同调群 …………………………… （76）

4.4 奇异上同调群 …………………………………… （78）

4.5 用上链直接描述 ………………………………… （80）

4.6 上同调的 Eilenberg-Steenrod 公理 …………… （82）

4.7 上下同调群的 Kronecker 积 …………………… （83）

4.8 域系数的奇异链群与同调群 …………………… （87）

4.9 de Rham 定理简介 ................................ （90）

**第三章　胞腔同调** ...................................... （93）

§1　胞腔复形与胞腔映射 ................................ （93）

1.1 胞腔复形 ......................................... （93）

1.2 胞腔映射 ......................................... （97）

*1.3 拓扑空间的 CW 逼近 ............................ （97）

§2　胞腔链复形与胞腔链映射 ........................... （99）

§3　胞腔同调定理 ...................................... （103）

3.1 胞腔同调定理 .................................... （103）

3.2 胞腔同调定理的推论 ............................. （105）

3.3 带系数的胞腔同调与胞腔上同调 .................. （108）

3.4 单纯复形与单纯映射 ............................. （109）

3.5 单纯链复形与单纯链映射 ......................... （111）

3.6 有序单纯复形 .................................... （113）

§4　胞腔同调的计算 .................................... （114）

4.1 胞腔的定向 ...................................... （114）

4.2 胞腔链群的基 .................................... （115）

4.3 胞腔链映射的描述 ............................... （115）

4.4 胞腔边缘同态的描述 ............................. （116）

4.5 实射影空间的同调群 ............................. （118）

4.6 乘积复形的胞腔链复形 ........................... （120）

§5　Euler 示性数与 Morse 不等式 ..................... （122）

5.1 有限生成 Abel 群的构造定理 ..................... （122）

5.2 整数系数的情形 ................................. （123）

5.3 域系数的情形 .................................... （125）

5.4 Morse 临界点理论介绍 ........................... （126）

§6　自由链复形 ........................................ （129）

6.1 自由 Abel 群的特殊性质 ......................... （130）

6.2 自由链复形的特殊性质 ........................... （130）

6.3 代数映射锥 ...................................... （131）

6.4　从同调同态构作链映射 ……………………………（133）

6.5　定理 6.1 的证明 …………………………………………（134）

§7　万有系数定理 ………………………………………………（135）

7.1　初等链复形的同调 ………………………………………（136）

7.2　万有系数定理的朴素形式 ……………………………（138）

7.3　域系数的情形 ……………………………………………（138）

7.4　对偶配对与对偶基 ………………………………………（139）

**第四章　乘积** ………………………………………………………（142）

§1　复形的乘积 …………………………………………………（142）

1.1　自由链复形的张量积 …………………………………（142）

1.2　Künneth 公式 …………………………………………（144）

1.3　胞腔复形的乘积 ………………………………………（146）

1.4　下同调类的张量积 ……………………………………（148）

1.5　上同调类的张量积 ……………………………………（149）

1.6　上下同调类的斜积 ……………………………………（150）

1.7　胞腔同调中, 同调类的乘积 …………………………（152）

§2　胞腔上同调中的上积与卡积 ……………………………（152）

2.1　上积 ………………………………………………………（153）

2.2　卡积 ………………………………………………………（155）

2.3　闭单形的棱柱剖分 ……………………………………（156）

2.4　Alexander-Whitney 链映射 ………………………（158）

§3　奇异上同调中的乘法 ………………………………………（159）

3.1　奇异上链的上积与卡积 ………………………………（159）

3.2　在上同调的水平上, 上积与卡积的基本性质 ……（163）

3.3　分次环与分次模, 上同调环与下同调模 …………（164）

3.4　上同调环的交换性 ……………………………………（165）

3.5　准单纯复形中的上积与卡积 …………………………（168）

§4　实射影空间的上同调环, Borsuk–Ulam 定理 …………（172）

4.1　实射影空间的上同调环 ………………………………（172）

4.2　Borsuk–Ulam 定理 …………………………………（174）

§5 乘积空间的奇异同调 ............................................ (176)

5.1 积空间的奇异同调，Eilenberg-Zilber 定理 ........ (176)

5.2 奇异上同调的叉积 ............................................ (178)

5.3 乘积空间的上积 ............................................ (179)

5.4 空间偶的乘积 ............................................ (181)

§6 相对上同调的上积 ............................................ (182)

6.1 相对上同调的上积 ............................................ (182)

6.2 Ljusternik–Schnierelman 畴数 ....................... (184)

**第五章　流形** ............................................ (187)

§1 正则胞腔复形 ............................................ (188)

1.1 正则胞腔复形的定义 ............................................ (188)

1.2 重心重分 ............................................ (189)

1.3 重分链映射 ............................................ (192)

1.4 环绕复形与对偶块 ............................................ (194)

1.5 交链 —— 卡积的几何解释 ............................... (195)

1.6 星形，正则胞腔复形的局部构造 ............... (199)

1.7 正则邻域 ............................................ (202)

§2 流形，Poincaré 对偶定理 ............................... (203)

2.1 胞腔流形的定义 ............................................ (203)

2.2 对偶剖分 ............................................ (205)

2.3 胞腔流形的定向 ............................................ (206)

2.4 对偶胞腔的定向 ............................................ (207)

2.5 Poincaré 对偶定理 ............................................ (208)

2.6 强连通性 ............................................ (211)

2.7 上积是对偶配对 ............................................ (212)

§3 交积，相交数 ............................................ (216)

3.1 交积 ............................................ (216)

3.2 相交数 ............................................ (218)

3.3 转移同态 ............................................ (220)

§4 Lefschetz 不动点定理 ............................... (222)

4.1 积流形上的交积 …………………………………（222）

4.2 对角线同调类 ……………………………………（223）

4.3 有向流形上的不动点 ……………………………（224）

4.4 胞腔复形的 Lefschetz 不动点定理 ……………（227）

*§5 相对流形，Lefschetz 和 Alexander 对偶定理 …………（228）

5.1 相对胞腔流形的定义 ……………………………（228）

5.2 相对胞腔流形的定向 ……………………………（229）

5.3 Lefschetz 对偶定理 ……………………………（230）

5.4 Alexander 对偶定理 ……………………………（231）

5.5 球面的 Alexander 对偶定理 ……………………（232）

*§6 带边流形，Lefschetz 对偶定理 ……………………（233）

6.1 带边胞腔流形的定义 ……………………………（233）

6.2 带边流形的 Lefschetz 对偶定理 ………………（235）

6.3 流形的配边问题 …………………………………（236）

6.4 微分流形的配边理论简介 ………………………（239）

*§7 子流形，Thom 同构定理 …………………………（242）

7.1 Thom 类和 Thom 同构定理 ……………………（242）

7.2 Euler 类 …………………………………………（246）

7.3 Gysin 序列 ………………………………………（247）

7.4 对角线的 Thom 类 ………………………………（248）

参考文献 ………………………………………………（251）

记号表 …………………………………………………（253）

索引 ……………………………………………………（255）

# 第一章 奇异同调

## §1 范畴与函子

代数拓扑的基本观点：几何对象的代数照相. 这种照相是用范畴与函子的语言来表达的.

### 1.1 范畴

**定义 1.1** 一个**范畴** $\mathcal{C}$ 由以下要素构成：

(a) 一类数学**对象** $\mathrm{Ob}\,(\mathcal{C})$;

(b) 对于每两个对象 $X, Y$ 给定了一个集合 $\mathrm{Mor}\,(X, Y)$, 其元素称为从 $X$ 到 $Y$ 的**射** (记号：$f \in \mathrm{Mor}\,(X, Y)$ 可写成 $f : X \to Y$);

(c) 一个复合规则 $\mathrm{Mor}\,(X, Y) \times \mathrm{Mor}\,(Y, Z) \to \mathrm{Mor}\,(X, Z)$ (记号：$(f, g) \mapsto g \circ f$).

它们满足以下公理：

**结合律** 对于任意的射 $f : X \to Y$, $g : Y \to Z$, $h : Z \to W$ 有

$$h \circ (g \circ f) = (h \circ g) \circ f;$$

**单位律** 每个对象 $X$ 有一个**单位射** $\mathrm{id}_X : X \to X$ 使得对任何 $f : Y \to X$ 有 $\mathrm{id}_X \circ f = f$, 对任何 $g : X \to Z$ 有 $g \circ \mathrm{id}_X = g$.

**例 1.1** 集合, 以及它们之间的函数, 在通常的复合规则之下, 组成一个范畴, 简称为 "集合的范畴", 以后写成 {集合, 函数}.

**例 1.2** 拓扑空间, 以及它们之间的连续映射, 在通常的复合规则之下, 组成一个范畴, 简称为 "拓扑空间的范畴", 以后写成 {拓扑空间, 映射}. 类似的范畴还有 "光滑流形的范畴" {光滑流形, 光滑

映射}, "单纯复形的范畴" {单纯复形, 单纯映射} 等.

**例 1.3** Abel 群, 以及它们之间的同态, 在通常的复合规则之下, 组成一个范畴, 简称为 "Abel 群的范畴", 以后写成 {Abel 群, 同态}. 类似的范畴还有 "群的范畴"{群, 同态}, "环的范畴"{环, 同态} 等.

**例 1.4** 设 $F$ 是一个域 (例如实数域 $R$). 以 $F$ 为系数域的线性空间, 以及它们之间的线性映射, 在通常的复合规则之下, 组成一个范畴, 称为 "域 $F$ 上线性空间的范畴" {$F$- 线性空间, $F$- 线性映射}. 类似的还有 "域 $F$ 上代数的范畴" {$F$- 代数, $F$- 代数同态} 等.

**例 1.5** 对象是拓扑空间, 射则是连续映射的同伦类, 复合规则规定为 $[g] \circ [f] := [g \circ f]$, 这也成为一个范畴 {空间, 映射的同伦类}.

**例 1.6** 对象是取定了基点的拓扑空间, 射则是保基点的连续映射, 在通常的复合规则之下, 成为 "带基点拓扑空间的范畴".

**例 1.7** 设 $X$ 是一个取定的拓扑空间. 对象是 $X$ 中的点, 从 $a$ 到 $b$ 的射则是从 $b$ 到 $a$ 的道路 $\gamma$ 的同伦类 $[\gamma]$, 复合规则是道路类的乘法 $[\gamma'] \circ [\gamma] := [\gamma' \cdot \gamma]$, 这也成为一个范畴.

## 1.2 协变函子

**定义 1.2** 设 $\mathcal{C}, \mathcal{D}$ 是范畴. 一个**协变函子** $F : \mathcal{C} \to \mathcal{D}$ 是一个对应:

(a) $\mathcal{C}$ 的每个对象 $X$ 对应于 $\mathcal{D}$ 的一个对象 $F(X)$;

(b) $\mathcal{C}$ 的每个射 $f : X \to Y$ 对应于 $\mathcal{D}$ 的一个射 $F(f) : F(X) \to F(Y)$.

它们满足以下公理:

**复合律** 对于任意的射 $f : X \to Y$, $g : Y \to Z$ 有 $F(g \circ f) = F(g) \circ F(f)$;

**单位律** 对于任意对象 $X$, 有 $F(\mathrm{id}_X) = \mathrm{id}_{F(X)}$.

**例 1.8** 把拓扑空间的拓扑结构忘掉, 只注意它的点集, 得到一个协变函子, 称为 "忘性" 函子: {拓扑空间, 映射} → {集合, 函数}. 类似的 "忘性" 函子还有 {光滑流形, 光滑映射} → {空间, 映射}, 以及 {线性空间, 线性映射} → {Abel 群, 同态} 等.

**例 1.9** 把带基点的拓扑空间 $(X, x_0)$ 对应到基本群 $\pi_1(X, x_0)$, 保基点的映射 $f: (X, x_0) \to (Y, y_0)$ 对应到它在基本群上诱导的同态 $f_*: \pi_1(X, x_0) \to \pi_1(Y, y_0)$, 这是一个协变的 "基本群" 函子 $\pi_1$: {带基点空间, 保基点映射} → {群, 同态}.

**例 1.10** 把单纯复形 $K$ 对应到单纯同调群 $H_*(K)$, 单纯映射 $f: K \to L$ 对应到它在单纯同调群上诱导的同态 $f_*: H_*(K) \to H_*(L)$, 这是一个协变的 "单纯同调" 函子 $H_*$: {单纯复形, 单纯映射} → {Abel 群, 同态}.

## 1.3 反变函子

**定义 1.3** 设 $\mathcal{C}, \mathcal{D}$ 是范畴. 一个**反变函子** $F: \mathcal{C} \to \mathcal{D}$ 是一个对应:

(a) $\mathcal{C}$ 的每个对象 $X$ 对应于 $\mathcal{D}$ 的一个对象 $F(X)$;

(b) $\mathcal{C}$ 的每个射 $f: X \to Y$ 对应于 $\mathcal{D}$ 的一个射 $F(f): F(Y) \to F(X)$.

它们满足以下公理:

**复合律** 对于任意的射 $f: X \to Y$, $g: Y \to Z$ 有 $F(g \circ f) = F(f) \circ F(g)$;

**单位律** 对于任意对象 $X$, 有 $F(\mathrm{id}_X) = \mathrm{id}_{F(X)}$.

**例 1.11** 设 $F$ 是一个域. 把 $F$ 上的每个线性空间 $L$ 对应到它的对偶空间

$$L^* := \{\text{线性函数 } L \to F\},$$

把每个线性映射 $f: L \to M$ 对应到其对偶线性映射 $f^*: M^* \to L^*$.

线性代数中常见的这种做法, 是一个反变的 "线性对偶" 函子 {线性空间, 线性映射} → {线性空间, 线性映射}.

**例 1.12**    把拓扑空间 $X$ 对应到 $X$ 上全体实数值连续函数所组成的代数

$$C(X) := \{\,\text{连续函数 } X \to \boldsymbol{R}\,\},$$

连续映射 $f : X \to Y$ 把 $Y$ 上的每个函数 $\phi : Y \to \boldsymbol{R}$ 拉回到 $X$ 上成为 $f \circ \phi : X \to \boldsymbol{R}$. 这样我们得到一个反变函子 $C^* : \{$拓扑空间, 映射$\} \to \{$实代数, 实代数同态$\}$.

## 1.4  简单的推论

在范畴中, 每个对象的单位射是唯一的. (如果 $\mathrm{id}_X$ 和 $\mathrm{id}_X'$ 都是 $X$ 的单位射, 从定义就有 $\mathrm{id}_X = \mathrm{id}_X \circ \mathrm{id}_X' = \mathrm{id}_X'$.) 一个射 $f : X \to Y$ 称为**可逆的**, 如果存在射 $g : Y \to X$ 使得 $g \circ f = \mathrm{id}_X$, $f \circ g = \mathrm{id}_Y$. 这时 $g$ 称为 $f$ 的**逆**, 也是唯一的. 两个对象 $X, Y$ 称为**同构的**, 如果它们之间存在一对互逆的射. 这种同构概念, 在不同的具体范畴里有不同的表现形式和习惯称呼. 在集合的范畴里叫等势, 在拓扑空间的范畴里叫同胚, 在光滑流形的范畴里叫微分同胚, 在范畴 {空间, 映射的同伦类} 叫同伦等价, 等等. 在各个代数的范畴里通常都叫同构.

函子 (不管是协变的还是反变的) 总把单位射变成单位射, 把可逆射变成可逆射, 把同构的对象变成同构的对象. 所以, 当我们说基本群是个函子时, 不言而喻地, 同胚的带基点空间就有同构的基本群, 即是通常所说的基本群的拓扑不变性或同胚不变性.

**思考题 1.1**    验证上述各例子中的范畴与函子满足相应的公理和定律.

**习题 1.2**    举一反三, 自己另外举出三个范畴, 三个协变函子, 三个反变函子.

**习题 1.3** 设 $A$ 是一个取定的拓扑空间. 对任意拓扑空间 $X$, 以 $[A, X]$ 记同伦类的集合 $\{A \to X$ 的同伦类$\}$. 映射 $f : X \to Y$ 使 $\phi : A \to X$ 的同伦类变成 $f \circ \phi : A \to Y$ 的同伦类. 试论证, 这样我们得到一个协变函子

$$[A, -] : \{\text{空间}, \text{映射}\} \to \{\text{集合}, \text{函数}\}.$$

**习题 1.4** 设 $A$ 是一个取定的拓扑空间. 对任意拓扑空间 $X$, 以 $[X, A]$ 记同伦类的集合 $\{X \to A$ 的同伦类$\}$. 映射 $f : X \to Y$ 使 $\phi : Y \to A$ 的同伦类变成 $\phi \circ f : X \to A$ 的同伦类. 试论证, 这样我们得到一个反变函子

$$[-, A] : \{\text{空间}, \text{映射}\} \to \{\text{集合}, \text{函数}\}.$$

## §2  链复形与链映射

从拓扑空间构作同调群, 中间环节是链复形. 本节就介绍这个代数的范畴.

### 2.1  链复形及其同调群

**定义 2.1** 一个**链复形** $C = \{C_q, \partial_q\}$ 是一串 Abel 群 $C_q$ (称为 $q$ 维**链群**) 和一串同态 $\partial_q : C_q \to C_{q-1}$ (称为 $q$ 维**边缘算子**), 排成一个序列

$$\cdots \longrightarrow C_{q+1} \xrightarrow{\partial_{q+1}} C_q \xrightarrow{\partial_q} C_{q-1} \xrightarrow{\partial_{q-1}} C_{q-2} \longrightarrow \cdots,$$

满足条件: 对每个维数 $q$ 都有 $\partial_q \circ \partial_{q+1} = 0$, 即 "两次边缘为零".

**定义 2.2** 链复形 $C = \{C_q, \partial_q\}$ 的 $q$ 维**闭链群**

$$Z_q(C) := \ker \partial_q,$$

其元素称为 $C$ 的 $q$ 维**闭链**; $C$ 的 $q$ 维**边缘链群**

$$B_q(C) := \operatorname{im} \partial_{q+1},$$

其元素称为 $C$ 的 $q$ 维**边缘链**. 由于 $\partial^2 = 0$, 边缘链一定是闭链, 即 $B_q \subset Z_q \subset C_q$. 商群

$$H_q(C) := Z_q(C)/B_q(C)$$

称为 $C$ 的 $q$ 维**同调群**, 其元素称为 $C$ 的 $q$ 维**同调类**, 闭链 $z_q \in Z_q(C)$ 所代表的同调类记作 $[z_q] \in H_q(C)$. 我们常把所有维数的同调群放在一起, 写成 $H_*(C) = \{H_q(C)\}$.

## 2.2  链映射及其诱导同态

**定义 2.3**  设 $C, D$ 是链复形. 一个**链映射** $f : C \to D$ 是一串同态 $f = \{f_q : C_q \to D_q\}$, 满足条件: 对每个维数 $q$ 都有

$$\partial_q \circ f_q = f_{q-1} \circ \partial_q,$$

即下面的图表交换

$$
\begin{array}{ccccccccc}
\cdots \longrightarrow & C_{q+1} & \xrightarrow{\partial_{q+1}} & C_q & \xrightarrow{\partial_q} & C_{q-1} & \xrightarrow{\partial_{q-1}} & C_{q-2} & \longrightarrow \cdots \\
& \downarrow{\scriptstyle f_{q+1}} & & \downarrow{\scriptstyle f_q} & & \downarrow{\scriptstyle f_{q-1}} & & \downarrow{\scriptstyle f_{q-2}} & \\
\cdots \longrightarrow & D_{q+1} & \xrightarrow{\partial_{q+1}} & D_q & \xrightarrow{\partial_q} & D_{q-1} & \xrightarrow{\partial_{q-1}} & D_{q-2} & \longrightarrow \cdots
\end{array}
$$

**命题 2.1**  链映射 $f : C \to D$ 诱导同调群的同态 $f_* : H_*(C) \to H_*(D)$,

$$f_*([z_q]) := [f_q(z_q)], \qquad \text{对于 } z_q \in Z_q(C).$$

**证明**  链映射由于与边缘算子可交换, 所以把闭链映成闭链, 把边缘链映成边缘链. 换句话说, 从上面定义中的交换图表看出 $f_q$ 把 $Z_q(C)$ 映入 $Z_q(D)$, 把 $B_q(C)$ 映入 $B_q(D)$, 因而诱导商群的同态 $f_* : H_q(C) \to H_q(D)$. $\qquad\square$

链复形与链映射组成一个范畴, 简称为 "链复形的范畴", 写成

{链复形，链映射}.

一个 Abel 群序列 $G_* = \{G_q \mid q \in \mathbf{Z}\}$ 称为一个**分次群**. 分次群的同态 $\phi_* : G_* \to G'_*$ 是指一个同态序列 $\{\phi_q : G_q \to G'_q\}$. 以 {分次群，同态} 表示由分次群及其同态组成的范畴. 那么我们已经构作出了协变的**同调函子** $H_* : \{$链复形，链映射$\} \to \{$分次群，同态$\}$.

### 2.3 链同伦

**定义 2.4** 两个链映射 $f, g : C \to D$ 称为是**链同伦的**, 如果存在一串同态 $T = \{T_q : C_q \to D_{q+1}\}$, 如下面图表

$$\cdots \longrightarrow C_{q+1} \xrightarrow{\partial} C_q \xrightarrow{\partial} C_{q-1} \xrightarrow{\partial} C_{q-2} \longrightarrow \cdots$$

$$\cdots \longrightarrow D_{q+1} \xrightarrow{\partial} D_q \xrightarrow{\partial} D_{q-1} \xrightarrow{\partial} D_{q-2} \longrightarrow \cdots$$

使得对每个维数 $q$, 都有

$$\partial_{q+1} \circ T_q + T_{q-1} \circ \partial_q = g_q - f_q.$$

$T$ 称为联结 $f, g$ 的一个**链同伦**, 记号是

$$f \simeq g : C \to D \quad \text{或} \quad T : f \simeq g : C \to D.$$

**注记 2.2**　链映射之间的链同伦关系, 是拓扑范畴 {空间, 映射} 中映射之间的同伦关系在代数范畴 {链复形, 链映射} 中的翻版. 其定义中的式子, 源自柱形的边缘公式 (见引理 3.11). 参看定理 3.8 的证明.

**定理 2.3**　设 $f \simeq g : C \to D$. 则 $f_* = g_* : H_*(C) \to H_*(D)$. 即, 链同伦的链映射诱导出相同的同调同态.

**证明**　设 $T : f \simeq g : C \to D$. 对于 $z_q \in Z_q(C)$, 根据定义显然有

$$g_*([z_q]) - f_*([z_q]) = [g_q(z_q) - f_q(z_q)] = [\partial \circ T(z_q) + T \circ \partial(z_q)]$$

$$= [\partial T(z_q)] = 0.$$

所以 $f_* = g_*$. □

**命题 2.4** 链映射之间的链同伦关系是一个等价关系. □

**定义 2.5** 两个链复形 $C, D$ 称为是**链同伦等价的**, 如果存在链映射 $f: C \to D$ 和 $g: D \to C$, 使得

$$g \circ f \simeq \mathrm{id}_C : C \to C, \qquad f \circ g \simeq \mathrm{id}_D : D \to D.$$

$f$ 和 $g$ 都称为 $C, D$ 之间的**链同伦等价**, 记号是 $C \simeq D$ 或 $f: C \simeq D$.

**命题 2.5** 链同伦等价诱导同调群的同构, 因而链同伦等价的链复形有同构的同调群. □

**注记 2.6** 链复形之间的链同伦等价关系, 是拓扑范畴 {空间, 映射} 中空间之间的同伦等价关系在代数范畴 {链复形, 链映射} 中的翻版.

**习题 2.1** 给出命题 2.4 的证明.

**习题 2.2** 设 $f \simeq f' : C \to D$, $g \simeq g' : D \to E$ 都是链同伦的链映射. 试证 $g \circ f \simeq g' \circ f' : C \to E$.

**习题 2.3** 证明链同伦等价是链复形之间的等价关系.

# §3 奇异同调群

## 3.1 奇异单形

我们以 $\boldsymbol{R}^{q+1} = \{(x_0, x_1, \cdots, x_q) \mid x_i \in \boldsymbol{R}\}$ 记 $q+1$ 维欧几里得空间, 以 $e_i$ 记第 $i$ 个坐标轴上的单位点, 即其第 $i$ 个坐标为 1, 其余坐标为 0 的点.

**定义 3.1** $q$ 维**标准单形**, 就是 $\boldsymbol{R}^{q+1}$ 中以 $e_0, e_1, \cdots, e_q$ 为顶点的单形

$$\Delta_q := \left\{ (x_0, x_1, \cdots, x_q) \in \boldsymbol{R}^{q+1} \,\middle|\, 0 \leq x_i \leq 1, \sum_i x_i = 1 \right\}.$$

**定义 3.2** 拓扑空间 $X$ 中的一个 $q$ 维**奇异单形**, 就是从 $q$ 维标准单形到 $X$ 的一个映射 $\sigma : \Delta_q \to X$.

图 1.1 中画的是一个 2 维奇异单形.

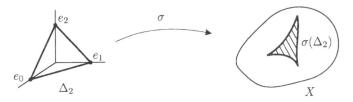

图 1.1 奇异单形

**例 3.1** 若 $C$ 是某欧几里得空间中的凸集, $c_0, c_1, \cdots, c_q \in C$, 则有唯一的线性映射 $\Delta_q \to C$ 把顶点 $e_0, e_1, \cdots, e_q$ 分别映成 $C$ 中的点 $c_0, c_1, \cdots, c_q$. 这个线性映射我们将记作 $(c_0 c_1 \cdots c_q)$,

$$(c_0 c_1 \cdots c_q) : \Delta_q \to C, \qquad \sum_i x_i e_i \mapsto \sum_i x_i c_i.$$

我们把它看成 $C$ 上的一个 $q$ 维奇异单形, 称为**线性奇异单形**.

### 3.2 奇异链复形与奇异同调群

设 $X$ 是拓扑空间.

**定义 3.3** 以 $X$ 中全体 $q$ 维奇异单形为基, 生成一个自由 Abel 群, 记作 $S_q(X)$, 称为 $X$ 的 $q$ 维**奇异链群**, 其中的元素称为 $X$ 的 $q$ 维**奇异链**. 于是, 奇异链是奇异单形的整数系数线性组合:

$$c_q = k_1 \sigma_q^{(1)} + \cdots + k_r \sigma_q^{(r)}, \qquad k_i \in \boldsymbol{Z}, \ \sigma_q^{(i)} : \Delta_q \to X.$$

负维数的奇异链群规定为 0.

**定义 3.4** $X$ 中 $q$ 维奇异单形 $\sigma : \Delta_q \to X$ 的**边缘**, 定义为 $X$ 中的如下的 $q-1$ 维奇异链

$$\partial\sigma = \partial(\sigma \circ (e_0 \cdots e_q)) := \sum_{i=0}^{q} (-1)^i \sigma \circ (e_0 \cdots \widehat{e}_i \cdots e_q),$$

其中戴了 "隐身帽" 的 $\widehat{e}_i$ 表示把 $e_i$ 略去.

作线性扩张, 得到一个 **边缘算子** $\partial_q : S_q(X) \to S_{q-1}(X)$,

$$\partial_q(k_1 \sigma_q^{(1)} + \cdots + k_r \sigma_q^{(r)}) := k_1 \partial \sigma_q^{(1)} + \cdots + k_r \partial \sigma_q^{(r)}.$$

0 维奇异链的边缘规定为 0.

图 1.2 显示了 2 维奇异单形边缘之中的一个 1 维奇异单形.

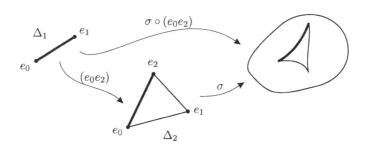

图 1.2　奇异单形的边缘

**命题 3.1** 两次边缘为零, 即 $S_*(X) = \{S_q(X), \partial_q\}$ 是链复形.

**证明** 在奇异单形的边缘的定义中, 核心部分是参照几何图形, 在标准单形 $\Delta_q$ 上规定了

$$\partial(e_0 \cdots e_q) := \sum_{i=0}^{q} (-1)^i (e_0 \cdots \widehat{e}_i \cdots e_q),$$

然后把各线性奇异单形都与映射 $\sigma : \Delta_q \to X$ 复合起来.

现在我们也先在标准单形上看:

$$\partial_{q-1} \circ \partial_q(e_0 \cdots e_q) = \sum_{i=0}^{q} (-1)^i \partial_{q-1}(e_0 \cdots \widehat{e}_i \cdots e_q)$$

$$= \sum_{i=0}^{q} (-1)^i \left\{ \sum_{j<i} (-1)^j (e_0 \cdots \widehat{e}_j \cdots \widehat{e}_i \cdots e_q) \right.$$

$$\left. + \sum_{j>i} (-1)^{j-1} (e_0 \cdots \widehat{e}_i \cdots \widehat{e}_j \cdots e_q) \right\}$$

$$= \sum_{0 \le j < i \le q} (-1)^{i+j} (e_0 \cdots \widehat{e}_j \cdots \widehat{e}_i \cdots e_q)$$

$$+ \sum_{0 \le i < j \le q} (-1)^{i+j-1} (e_0 \cdots \widehat{e}_i \cdots \widehat{e}_j \cdots e_q)$$

$$= 0.$$

然后把此式用映射 $\sigma : \Delta_q \to X$ 映入 $X$, 就得到 $\partial_{q-1} \circ \partial_q(\sigma) = 0$. □

**定义 3.5** 链复形 $S_*(X) = \{S_q(X), \partial_q\}$ 称为 $X$ 的**奇异链复形**. 链复形 $S_*(X)$ 的同调群称为 $X$ 的**奇异同调群**, 记作

$$H_*(X) := H_*(S_*(X)).$$

空间 $X$ 的奇异闭链、奇异边缘链、奇异同调类等等, 就是指链复形 $S_*(X)$ 的闭链、边缘链、同调类等等.

**定义 3.6** 设 $f : X \to Y$ 是映射. 它把 $X$ 的每个奇异单形 $\sigma : \Delta_q \to X$ 映成 $Y$ 的一个奇异单形

$$f_\#(\sigma) := f \circ \sigma.$$

通过线性扩张, 我们得到同态 $f_\# : S_q(X) \to S_q(Y)$.

**命题 3.2** $f_\#$ 与边缘算子可交换, 即 $\{f_\# : S_q(X) \to S_q(Y)\}$ 是链映射 $f_\# : S_*(X) \to S_*(Y)$. □

**定义 3.7** 映射 $f : X \to Y$ 所诱导的同调同态 $f_* : H_*(X) \to H_*(Y)$, 就是指链映射 $f_\# : S_*(X) \to S_*(Y)$ 所诱导的同调同态 $(f_\#)_* : H_*(S_*(X)) \to H_*(S_*(Y))$.

这样, 每个拓扑空间 $X$ 对应于一个链复形 $S_*(X)$, 每个映射 $f : X \to Y$ 对应于一个链映射 $f_\# : S_*(X) \to S_*(Y)$, 我们得到从拓扑空间的范畴到链复形的范畴的一个协变函子 $S_* : \{空间, 映射\} \to \{链复形, 链映射\}$, 称为**奇异链函子**. 再与上节中的同调函子复合起来, 得到协变的**奇异同调函子** $H_* : \{空间, 映射\} \to \{分次群, 同态\}$.

作为函子性质的推论, 我们立即得到:

**命题 3.3 (奇异同调群的拓扑不变性)**  同胚的拓扑空间有同构的奇异同调群.    □

下面几个命题是奇异同调的简单性质.

**命题 3.4 (单点空间的同调)**  以 pt 记单点空间. 则

$$H_q(\text{pt}) = \begin{cases} \mathbf{Z}, & \text{当 } q = 0, \\ 0, & \text{当 } q \neq 0. \end{cases}$$

**证明**  由于单点空间 pt 只有一个点, 对于每个维数 $q \geq 0$ 它只有一个奇异单形 $\sigma_q : \Delta_q \to \text{pt}$. 于是所有的 $S_q(\text{pt}) = \mathbf{Z}$. 根据边缘的定义, 我们知道当 $q$ 是奇数或 $q = 0$ 时 $\partial\sigma_q = 0$, 对其余的 $q$ 有 $\partial\sigma_q = \sigma_{q-1}$. 链复形 $S_*(\text{pt})$ 形如

$$0 \xleftarrow{} \overset{0\text{维}}{\mathbf{Z}} \xleftarrow{0} \overset{1\text{维}}{\mathbf{Z}} \xleftarrow[\cong]{1} \overset{2\text{维}}{\mathbf{Z}} \xleftarrow{0} \cdots \xleftarrow[\cong]{1} \overset{\text{偶维}}{\mathbf{Z}} \xleftarrow{0} \overset{\text{奇维}}{\mathbf{Z}} \xleftarrow[\cong]{1} \overset{\text{偶维}}{\mathbf{Z}} \xleftarrow{0} \cdots,$$

因而同调群如所述.    □

拓扑空间 $X$ 中的一个 0 维奇异单形就是 $X$ 中一个点. 0 维链 $c_0 = k_1 a_1 + \cdots + k_r a_r$ ($a_i$ 是 $X$ 中的点) 的系数和

$$\epsilon(c_0) := k_1 + \cdots + k_r$$

称为 $c_0$ 的 **Kronecker 指数**. $\epsilon : S_0(X) \to \mathbf{Z}$ 是个同态.

由于每个点的边缘都是 0, 所以 $Z_0(X) = S_0(X)$. 由于每个 1 维奇异单形的边缘的 Kronecker 指数为 0, 所以 $B_0(X) \subset \ker(\epsilon)$. 于是 $\epsilon : S_0(X) \to \mathbf{Z}$ 诱导一个满同态 $\epsilon : H_0(X) \to \mathbf{Z}$.

**命题 3.5**  设拓扑空间 $X$ 是道路连通的. 则 $\epsilon : H_0(X) \to \mathbf{Z}$ 是同构.

**证明**  取定 $X$ 中一点 $b$ 作基点. 既然 $X$ 是道路连通的, 任意一点 $a$ 都是从 $b$ 出发的某条道路的终点, 即可以找到某个 1 维奇异单形 $\sigma$ 使得 $\partial\sigma = a - b$. 于是对任意 0 维链 $c_0$ 都有 $c_0 - \epsilon(c_0) \cdot b \in B_0(X)$, 所

以 $\ker(\epsilon) \subset B_0(X)$. 这说明 $B_0(X) = \ker(\epsilon)$. 由此得到所需的结论. $\square$

如果 $X$ 不道路连通, 它是若干个道路连通支的并. 讨论其同调群时, 我们要用到链复形的直和的概念.

**定义 3.8** 设有一族链复形 $\{C_\lambda \mid \lambda \in \Lambda\}$, $\Lambda$ 是某个指标集, $C_\lambda = \{C_{\lambda q}, \partial_{\lambda q}\}$. 这族链复形的**直和** 定义为链复形

$$\bigoplus_{\lambda \in \Lambda} C_\lambda := \left\{ \bigoplus_{\lambda \in \Lambda} C_{\lambda q}, \bigoplus_{\lambda \in \Lambda} \partial_{\lambda q} \right\},$$

式子右面的两个直和记号分别表示交换群的直和与同态的直和. 显然我们有

$$H_* \left( \bigoplus_{\lambda \in \Lambda} C_\lambda \right) = \bigoplus_{\lambda \in \Lambda} H_*(C_\lambda).$$

**定理 3.6** 设 $X = \bigcup_{\lambda \in \Lambda} X_\lambda$ 是 $X$ 的道路连通支分解. 则有直和分解

$$H_*(X) = \bigoplus_{\lambda \in \Lambda} H_*(X_\lambda),$$

即对每个维数 $q$ 有 $H_q(X) = \bigoplus_{\lambda \in \Lambda} H_q(X_\lambda)$.

**证明** 以 $\Sigma_X$ 记 $X$ 中全体奇异单形的集合, 则它可分解为 $\Sigma_X = \bigcup_{\lambda \in \Lambda} \Sigma_{X_\lambda}$. 因而有直和分解

$$S_*(X) = \bigoplus_{\lambda \in \Lambda} S_*(X_\lambda).$$

于是得到所需的结论. $\square$

作为本定理和命题 3.5 的推论, 我们得到:

**推论 3.7** 拓扑空间 $X$ 是道路连通的当且仅当 $H_0(X) = \mathbf{Z}$. $\square$

## 3.3 简约奇异同调群

单点空间是最简单的空间. 我们看到, 它的奇异同调群非常简

单, 几乎全是 0. 以后在计算中常常会用到奇异同调的一个变种, 称为简约奇异同调, 其特点是单点空间的简约同调全是 0.

**定义 3.9**  拓扑空间 $X$ 的**增广奇异链复形** $\widetilde{S}_*(X) = \{\widetilde{S}_q(X), \widetilde{\partial}_q\}$ 定义为

$$\widetilde{S}_q(X) := \begin{cases} S_q(X), & \text{当 } q \neq -1, \\ \mathbf{Z}, & \text{当 } q = -1; \end{cases} \qquad \widetilde{\partial}_q := \begin{cases} \partial_q, & \text{当 } q \neq 0, \\ \epsilon, & \text{当 } q = 0. \end{cases}$$

映射 $f: X \to Y$ 所诱导的链映射 $f_\#: S_q(X) \to S_q(Y)$ 保持 0 维链的 Kronecker 指数, 所以可以增广为链映射 $f_\#: \widetilde{S}_*(X) \to \widetilde{S}_*(Y)$. 在维数 $q \geq 0$ 时与原来一样, 而 $f_\#: \widetilde{S}_{-1}(X) \to \widetilde{S}_{-1}(Y)$ 规定为 $\mathrm{id}: \mathbf{Z} \to \mathbf{Z}$.

**定义 3.10**  拓扑空间 $X$ 的**简约奇异同调群** $\widetilde{H}_*(X) = \{\widetilde{H}_q(X)\}$ 定义为增广链复形的同调群,

$$\widetilde{H}_*(X) := H_*(\widetilde{S}_*(X)).$$

映射 $f: X \to Y$ 所诱导的同态 $f_*: \widetilde{H}_*(X) \to \widetilde{H}_*(Y)$, 规定为链映射 $f_\#: \widetilde{S}_*(X) \to \widetilde{S}_*(Y)$ 所诱导的同调同态.

增广奇异链复形比奇异链复形只是多出个 $-1$ 维链群, 而简约奇异同调群与奇异同调群只在 0 维有差别 (见习题 3.3). 检查命题 3.4 与 3.5 的证明, 我们不难看出, $\widetilde{H}_*(\mathrm{pt}) = 0$, 而且 $\widetilde{H}_0(X) = 0$ 当且仅当 $X$ 是道路连通的.

**例 3.2**  设空间 $A$ 由两个点组成, $A = \{a_0, a_1\}$. 则

$$\widetilde{H}_q(A) = \begin{cases} \mathbf{Z}, & \text{当 } q = 0, \\ 0, & \text{当 } q \neq 0, \end{cases}$$

而且 $\widetilde{H}_0(A)$ 的一个生成元是 $[a_1 - a_0]$.

## 3.4  奇异同调的同伦不变性

**定理 3.8 (同伦不变性)**  设 $f \simeq g: X \to Y$ 是同伦的映射. 则

$f_{\#} \simeq g_{\#} : S_*(X) \to S_*(Y)$ 是链同伦的链映射, 因而诱导相同的同调同态 $f_* = g_* : H_*(X) \to H_*(Y)$.

在给出证明之前, 先叙述几个直接推论.

下面谈到的同伦型、可缩空间等概念, 都请参看文献 [1] 或 [23].

设 $A$ 是拓扑空间 $X$ 的子空间. 一个同伦 $G : X \times I \to X$ 称为从 $X$ 到 $A$ 的 **形变收缩**, 如果对于所有的 $x \in X$, $a \in A$, $t \in I$ 都有

$$G(x,0) = x, \quad G(x,1) \in A, \quad G(a,t) = a.$$

如果有从 $X$ 到 $A$ 的形变收缩存在, 就说 $A$ 是 $X$ 的 **形变收缩核** (有人称之为强形变收缩核). 这时 $X$ 与 $A$ 是同伦等价的, 含入映射 $i : A \to X$ 与收缩映射 $r : X \to A$, $x \mapsto G(x,1)$ 是一对同伦等价.

**推论 3.9 (同伦型不变性)**   设拓扑空间 $X, Y$ 有相同的同伦型 $X \simeq Y$. 则它们的同调群同构, 即 $H_*(X) \cong H_*(Y)$.   □

**推论 3.10 (形变收缩核)**   设拓扑空间 $X$ 的子空间 $A$ 是 $X$ 的形变收缩核. 则含入映射 $i : A \to X$ 诱导同调群的同构 $i_* : H_*(A) \cong H_*(X)$. 特别地, 可缩空间的同调群与单点空间的一样.   □

映射的同伦涉及柱形, 我们先在标准单形上作些准备. 图 1.3 画出了 $q = 1$ 和 $q = 2$ 的情形.

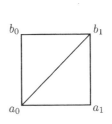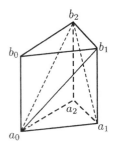

图 1.3   柱形作法

**定义 3.11**   考虑标准单形 $\Delta_q$ 上的柱形 $\Delta_q \times I$. 为记号简单起见, 把其下底中的顶点 $(e_i, 0)$ 记作 $a_i$, 上底中的顶点 $(e_i, 1)$ 记作 $b_i$.

参照把棱柱形分割成单形的几何图形，在凸集 $\Delta_q \times I$ 上定义 $q+1$ 维的**柱形链**

$$P(e_0 \cdots e_q) := \sum_{i=0}^{q} (-1)^i a_0 \cdots a_i b_i \cdots b_q.$$

**引理 3.11 (柱形链的边缘公式)**

$$\partial P(e_0 \cdots e_q) = b_0 \cdots b_q - a_0 \cdots a_q - \sum_{i=0}^{q} (-1)^i P(e_0 \cdots \widehat{e_i} \cdots e_q).$$

这公式的几何含义是说，柱形的边缘等于上底减下底再减掉边缘上的柱形.

**证明**　直接计算

$$\partial P(e_0 \cdots e_q) = \sum_{i=0}^{q} (-1)^i \partial(a_0 \cdots a_i b_i \cdots b_q)$$

$$= \sum_{i=0}^{q} \sum_{j \leq i} (-1)^{i+j} a_0 \cdots \widehat{a_j} \cdots a_i b_i \cdots b_q$$

$$+ \sum_{i=0}^{q} \sum_{j \geq i} (-1)^{i+j+1} a_0 \cdots a_i b_i \cdots \widehat{b_j} \cdots b_q$$

$$= \sum_{i=0}^{q} a_0 \cdots a_{i-1} b_i \cdots b_q - \sum_{i=0}^{q} a_0 \cdots a_i b_{i+1} \cdots b_q$$

$$- \sum_{j=0}^{q} \sum_{i<j} (-1)^{i+j} a_0 \cdots a_i b_i \cdots \widehat{b_j} \cdots b_q$$

$$- \sum_{j=0}^{q} \sum_{i>j} (-1)^{i+j-1} a_0 \cdots \widehat{a_j} \cdots a_i b_i \cdots b_q$$

$$= b_0 \cdots b_q - a_0 \cdots a_q$$

$$- \sum_{j=0}^{q} (-1)^j \left\{ \sum_{i<j} (-1)^i a_0 \cdots a_i b_i \cdots \widehat{b_j} \cdots b_q \right.$$

$$+ \sum_{i>j}(-1)^{i-1}a_0\cdots\widehat{a_j}\cdots a_i b_i \cdots b_q \Bigg\}$$

$$= b_0\cdots b_q - a_0\cdots a_q - \sum_{j=0}^{q}(-1)^j P(e_0\cdots\widehat{e_j}\cdots e_q).$$

这就是边缘公式. □

**定理 3.8 的证明**　构作链同伦的想法参看图 1.4.

(A) 以 $\iota_0,\iota_1:X\to X\times I$ 记映射

$$\iota_0(x)=(x,0),\qquad \iota_1(x)=(x,1),\qquad x\in X.$$

则我们只需证明 $\iota_{0\#}\simeq\iota_{1\#}:S_*(X)\to S_*(X\times I)$.

事实上, 若 $F:X\times I\to Y$ 是联结 $f,g$ 的同伦, 则 $f=F\circ\iota_0$, $g=F\circ\iota_1$. 所以 $\iota_{0\#}\simeq\iota_{1\#}$ 蕴涵 $f_\#=F_\#\circ\iota_{0\#}\simeq F_\#\circ\iota_{1\#}=g_\#$.

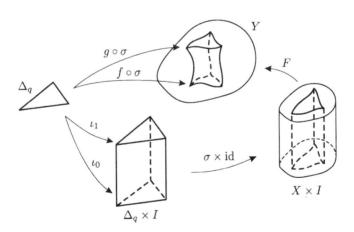

图 1.4　链同伦的作法

(B) 对 $X$ 中的奇异单形 $\sigma:\Delta_q\to X$, 定义 $X\times I$ 上的奇异链

$$P(\sigma):=(\sigma\times\mathrm{id})_\# P(e_0\cdots e_q),$$

然后作线性扩张得到一个同态 $P:S_q(X)\to S_{q+1}(X\times I)$. 引理 3.11

告诉我们

$$\partial P(\sigma) = (\sigma \times \mathrm{id})_\# \partial P(e_0 \cdots e_q)$$
$$= (\sigma \times \mathrm{id})_\# \left( b_0 \cdots b_q - a_0 \cdots a_q - \sum_i (-1)^i P(e_0 \cdots \widehat{e_i} \cdots e_q) \right)$$
$$= \iota_{1\#}(\sigma) - \iota_{0\#}(\sigma) - P(\partial\sigma).$$

所以 $\partial \circ P + P \circ \partial = \iota_{1\#} - \iota_{0\#}$, 即有链同伦 $\iota_{0\#} \simeq \iota_{1\#} : S_*(X) \to S_*(X \times I)$. □

## *3.5  与基本群的关系

设 $X$ 是拓扑空间, 取定了一点 $x_0 \in X$ 做基点. 我们知道基本群 $\pi_1(X, x_0)$ 的元素是 $x_0$ 处的闭路 $\gamma$ 的同伦类 $[\gamma]$, 乘法从道路的乘法得来

$$[\gamma] \cdot [\gamma'] := [\gamma \cdot \gamma'].$$

把闭区间 $I := [0,1]$ 与 1 维标准单形 $\Delta_1$ 等同起来. 于是 $X$ 中的每一条道路 $\gamma : I \to X$ 都是 $X$ 的一个 1 维奇异单形. 如果 $\gamma$ 是闭路, 它还是闭链, 因为 $\partial\gamma = x_0 - x_0 = 0$. 我们以 $[\gamma]_h \in H_1(X)$ 表示这个闭链所代表的 1 维同调类. 不难看出 $\gamma + \gamma' - (\gamma \cdot \gamma')$ 是一个 2 维奇异单形的边缘, 所以 $[\gamma \cdot \gamma']_h = [\gamma]_h + [\gamma']_h$. 这说明对应

$$h_* : \pi_1(X, x_0) \to H_1(X), \qquad [\gamma] \mapsto [\gamma]_h$$

是个同态, 称为 Hurewicz 同态. (注意这里 $\pi_1$ 是乘法群, $H_1$ 是加法群, $h_*$ 把乘法变成加法.)

下面的定理说明了基本群与 1 维同调群的关系. 由于在本课程中不用, 我们就不讲它的证明了.

**定理 3.12** 设 $X$ 是道路连通的拓扑空间. 则 Hurewicz 同态是满同态, 而且其核 $\ker h_*$ 是 $\pi_1(X, x_0)$ 的换位子群 $[\pi_1, \pi_1]$. 换句话说, $H_1(X)$ 是 $\pi_1(X, x_0)$ 的交换化. □

例如, 我们知道圆周 $S^1$ 的基本群是无限循环群, 所以 $H_1(S^1) = \mathbf{Z}$. 我们很快就会用同调论的方法直接得到这个结论.

### 3.6 $\mathcal{U}$- 小奇异链

现在我们要来说明, 在建立奇异同调群时, 小的奇异单形比大的奇异单形更重要, 略去大的奇异单形对于同调群没有影响.

设 $\mathcal{U}$ 是 $X$ 的一个覆盖, 即 $\bigcup_{U \in \mathcal{U}} U = X$. 奇异单形 $\sigma : \Delta_q \to X$ 称为是 $\mathcal{U}$- 小的, 如果其像 $\sigma(\Delta_q)$ 包含于某个 $U \in \mathcal{U}$ 中.

$X$ 中全体 $\mathcal{U}$- 小的奇异单形生成 $S_*(X)$ 的一个子链复形 $S_*^{\mathcal{U}}(X)$. 含入同态 $i : S_*^{\mathcal{U}}(X) \to S_*(X)$ 显然是链映射.

**定理 3.13** 设 $\mathcal{U}$ 是 $X$ 的子集族, 并且其内部

$$\operatorname{Int} \mathcal{U} := \{\operatorname{Int} U \mid U \in \mathcal{U}\}$$

是 $X$ 的开覆盖. 则链映射 $i : S_*^{\mathcal{U}}(X) \to S_*(X)$ 是链同伦等价. 事实上, 存在链映射 $k : S_*(X) \to S_*^{\mathcal{U}}(X)$ 使 $k \circ i = \mathrm{id}$, $i \circ k \simeq \mathrm{id}$. 因此 $i_* : H_*(S_*^{\mathcal{U}}(X)) \cong H_*(S_*(X))$.

此外, 链映射 $i$ 还保持 0 维链的系数和, 即 $i : \widetilde{S}_*^{\mathcal{U}}(X) \to \widetilde{S}_*(X)$ 也是链同伦等价. 因此 $i_* : H_*(\widetilde{S}_*^{\mathcal{U}}(X)) \cong H_*(\widetilde{S}_*(X))$.

**\*证明提纲** 基本想法是把奇异单形 "切碎", 采用标准的 "重心重分" 做法. 我们在第五章 (定义 1.3、图 5.2 等) 还会比较仔细地讲这种做法, 这里只作一带而过的交待.

(A) 设 $C$ 是凸集, $A_*(C)$ 表示 $S_*(C)$ 中由全体线性奇异单形所生成的子链复形. 对于点 $b \in C$, 定义同态 $b : A_q(C) \to A_{q+1}(C)$ 为 $b : (c_0 \cdots c_q) \mapsto (bc_0 \cdots c_q)$, 称为以点 $b$ 为顶的锥形.

定义重分链映射 $\mathrm{Sd} : A_*(C) \to A_*(C)$ 及链同伦 $T : A_*(C) \to A_*(C)$ 如下. 对于 0 维链规定 $\mathrm{Sd}_0 = \mathrm{id}$, $T_0 = 0$. 归纳地定义, 对 $q$ 维线性奇异单形 $\sigma = c_0 \cdots c_q$, 其重心是 $b_\sigma = \sum_{j=0}^{q} \frac{1}{q+1} c_j$. 规定

$$\mathrm{Sd}_q\sigma = b_\sigma(\mathrm{Sd}_{q-1}\partial\sigma),$$

$$T_q\sigma = b_\sigma(\mathrm{Sd}_q\sigma - \sigma - T_{q-1}\partial\sigma).$$

计算表明

$$\partial\,\mathrm{Sd} = \mathrm{Sd}\,\partial,$$

$$\partial T + T\partial = \mathrm{Sd} - \mathrm{id}.$$

(B) 定义**重分链映射** $\mathrm{Sd}: S_*(X) \to S_*(X)$ 及链同伦 $T: S_*(X) \to S_*(X)$ 如下：对 $q$ 维奇异单形 $\sigma : \Delta_q \to X$, 规定

$$\mathrm{Sd}_q\sigma = \sigma_\#\mathrm{Sd}_q(e_0\cdots e_q),$$

$$T_q\sigma = \sigma_\#T_q(e_0\cdots e_q).$$

则也有

$$\partial\,\mathrm{Sd} = \mathrm{Sd}\partial,$$

$$\partial T + T\partial = \mathrm{Sd} - \mathrm{id}.$$

(C) 根据重心重分的几何性质, 一个单形经过足够多次重心重分之后, 得到的小单形都可以任意地小. 由于 $\mathrm{Int}\,\mathcal{U}$ 是 $X$ 的开覆盖, 对每个奇异单形 $\sigma : \Delta_q \to X$, 一定存在最小整数 $m(\sigma) \geq 0$ 使 $\mathrm{Sd}^{m(\sigma)}\sigma$ 是 $\mathcal{U}$- 小链.

天真的想法是规定链映射为 $k(\sigma) = \mathrm{Sd}^{m(\sigma)}\sigma$, 相应的联结 id 与 $i\circ k$ 的链同伦取为 $T(\sigma) = T(\mathrm{id} + \mathrm{Sd} + \cdots + \mathrm{Sd}^{m(\sigma)-1})\sigma$. 但是由于 $m(\sigma)$ 随 $\sigma$ 而变, 这样规定的 $k$ 不是一个链映射. 我们需要作些修正.

(D) 若以 $\sigma^{(j)}$ 记 $\sigma$ 的第 $j$ 个面, $0 \leq j \leq q$, 则显然 $m(\sigma) \geq m(\sigma^{(j)})$.

定义链映射 $k : S_*(X) \to S_*^{\mathcal{U}}(X)$ 及链同伦 $\mathcal{T} : S_*(X) \to S_*(X)$ 为

$$k_q(\sigma) = \mathrm{Sd}^{m(\sigma)}\,\sigma - \sum_{j=0}^{q}(-1)^j T(\mathrm{Sd}^{m(\sigma^{(j)})} + \cdots + \mathrm{Sd}^{m(\sigma)-1})\sigma^{(j)},$$

$$\mathcal{T}_q(\sigma) = T(\mathrm{id} + \mathrm{Sd} + \cdots + \mathrm{Sd}^{m(\sigma)-1})\sigma.$$

则不难验证

$$\partial k = k\partial,$$

$$k \circ i = \mathrm{id},$$

$$\partial \mathcal{T} + \mathcal{T}\partial = i \circ k - \mathrm{id}.$$

所以 $k$ 与 $\mathcal{T}$ 是满足我们要求的链映射和链同伦. $\qquad\square$

**思考题 3.1** $\widetilde{H}_*(\emptyset)$ 是什么?

**习题 3.2** 设 $a, b$ 是某凸集 $C$ 中两个不同的点. 证明: 线性奇异单形 $(ab) \neq -(ba)$, 但是 $(ab) + (ba)$ 零调 (即它是闭链而且代表的同调类是 0).

**习题 3.3** 证明: 如果空间 $X$ 非空, 则

$$\widetilde{H}_q(X) = H_q(X), \qquad \forall\, q > 0,$$

$$H_0(X) = \widetilde{H}_0(X) \oplus \mathbf{Z}.$$

**习题 3.4** 证明: 简约同调函子 $\widetilde{H}_*$ 是协变函子, 而且具有同伦不变性.

**习题 3.5** 证明: 如果空间 $X$ 是可缩的, 则 $\widetilde{H}_*(X) = 0$.

**思考题 3.6** 设 $X$ 是平面 $\mathbf{R}^2 = \{(x, y)\}$ 上的图形 "拓扑学家的正弦曲线"

$$\{y = \sin(1/x), 0 < x < 1/\pi\} \cup \{y = -2, 0 < x < 1/\pi\}$$

$$\cup\, \{x = 0, -2 \leq y \leq 1\} \cup \{x = 1/\pi, -2 \leq y \leq 0\}.$$

计算 $H_*(X)$.

## §4 Mayer-Vietoris 同调序列

### 4.1 同调代数的基本知识

正合序列是非常有用的概念，也是非常有力的计算工具.

**定义 4.1** 由 Abel 群和同态组成的序列

$$C \xrightarrow{f} D \xrightarrow{g} E$$

称为**在 $D$ 处正合**, 如果 $f$ 的像等于 $g$ 的核, 即 $\ker g = \operatorname{im} f$.

由 Abel 群和同态组成的序列

$$\cdots \longrightarrow G_{i-1} \xrightarrow{\phi_{i-1}} G_i \xrightarrow{\phi_i} G_{i+1} \longrightarrow \cdots$$

称为一个**正合序列**, 如果它在其中每个 Abel 群处正合.

**例 4.1** 正合列 $0 \longrightarrow G_1 \xrightarrow{h} G_2 \longrightarrow 0$ 表示同态 $G_1 \xrightarrow{h} G_2$ 是同构.

短正合列 $0 \longrightarrow C \xrightarrow{f} D \xrightarrow{g} E \longrightarrow 0$ 表示 $C \xrightarrow{f} D$ 是单同态, $D \xrightarrow{g} E$ 是满同态, 而且 $\ker g = \operatorname{im} f$.

一个链复形 $C = \{C_q, \partial_q\}$ 是正合列当且仅当 $H_*(C) = 0$.

**定义 4.2** 链复形和链映射组成的序列

$$C \xrightarrow{f} D \xrightarrow{g} E$$

称为**在 $D$ 处正合**, 如果对每个维数 $q$, Abel 群和同态的序列

$$C_q \xrightarrow{f_q} D_q \xrightarrow{g_q} E_q$$

都在 $D_q$ 处正合. 类似地我们可以谈链复形和链映射组成的正合序列.

**定义 4.3** 设给定了链复形和链映射的短正合列

$$0 \longrightarrow C \xrightarrow{\ f\ } D \xrightarrow{\ g\ } E \longrightarrow 0.$$

对每个维数 $q$, 我们来定义一个**边缘同态** $\partial_* : H_q(E) \to H_{q-1}(C)$.

考察下面的交换图表

$$
\begin{array}{ccccccccc}
& & \Big\downarrow{\scriptstyle\partial} & & \Big\downarrow{\scriptstyle\partial} & & \Big\downarrow{\scriptstyle\partial} & & \\
0 & \longrightarrow & C_{q+1} & \xrightarrow{f_{q+1}} & D_{q+1} & \xrightarrow{g_{q+1}} & E_{q+1} & \longrightarrow & 0 \\
& & \Big\downarrow{\scriptstyle\partial_{q+1}} & & \Big\downarrow{\scriptstyle\partial_{q+1}} & & \Big\downarrow{\scriptstyle\partial_{q+1}} & & \\
0 & \longrightarrow & C_q & \xrightarrow{f_q} & D_q & \xrightarrow{g_q} & E_q & \longrightarrow & 0 \\
& & \Big\downarrow{\scriptstyle\partial_q} & & \Big\downarrow{\scriptstyle\partial_q} & & \Big\downarrow{\scriptstyle\partial_q} & & \\
0 & \longrightarrow & C_{q-1} & \xrightarrow{f_{q-1}} & D_{q-1} & \xrightarrow{g_{q-1}} & E_{q-1} & \longrightarrow & 0 \\
& & \Big\downarrow{\scriptstyle\partial} & & \Big\downarrow{\scriptstyle\partial} & & \Big\downarrow{\scriptstyle\partial} & &
\end{array}
$$

其每个横行都是正合的. 对于 $e_q \in Z_q(E)$, 定义

$$\partial_* : H_q(E) \to H_{q-1}(C), \qquad [e_q] \mapsto [f_{q-1}^{-1}\partial_q g_q^{-1}(e_q)].$$

利用图表的交换性和横行的正合性, 通过在图上追踪, 不难看出上式中

- 需取逆像处都能取得;
- 逆像不唯一处, 最后结果与逆像的取法无关;
- 在同调类 $[e_q]$ 中取不同的代表闭链 $e_q$, 所得最后结果相同.

表明这个定义是合理的. 请读者自己动手, 为这定义的合理性写出一个严密、详细的证明来, 以学习和领会这种"图上追猎法". □

**定理 4.1 (正合同调序列)** 设有链复形和链映射的短正合列

$$0 \longrightarrow C \xrightarrow{\ f\ } D \xrightarrow{\ g\ } E \longrightarrow 0.$$

则有长的正合同调序列

$$\cdots \longrightarrow H_{q+1}(E) \xrightarrow{\partial_*} H_q(C) \xrightarrow{f_*} H_q(D) \xrightarrow{g_*} H_q(E) \xrightarrow{\partial_*} H_{q-1}(C) \longrightarrow \cdots.$$

**证明** (A) 在 $H_q(E)$ 处的正合性:

(A1) 设 $d_q \in Z_q(D)$. 则

$$\partial_* g_*[d_q] = \partial_*[g_q(d_q)] = [f_{q-1}^{-1}\partial_q g_q^{-1} g_q(d_q)]$$
$$= [f_{q-1}^{-1}\partial_q(d_q)] = [f_{q-1}^{-1}(0)] = [0].$$

所以 $\operatorname{im} g_* \subset \ker \partial_*$.

(A2) 设 $e_q \in Z_q(E)$ 且 $\partial_*[e_q] = 0$. 则有 $c_q \in C_q$ 使得 $f_{q-1}^{-1}\partial_q g_q^{-1}(e_q) = \partial_q(c_q)$. 取 $d_q = g_q^{-1}(e_q) - f_q(c_q)$, 则 $\partial_q(d_q) = f_{q-1}\partial_q(c_q) - \partial_q f_q(c_q) = 0$, 即 $d_q \in Z_q(D)$. 而 $g_*[d_q] = [g_q d_q] = [e_q - g_q f_q(c_q)] = [e_q]$, 所以 $\ker \partial_* \subset \operatorname{im} g_*$.

(B) 在 $H_q(C)$ 处和 $H_q(D)$ 处的正合性, 请读者自己补出. □

**定理 4.2 (同调序列的自然性)** 设有链复形和链映射的交换图表

$$
\begin{array}{ccccccccc}
0 & \longrightarrow & C & \xrightarrow{f} & D & \xrightarrow{g} & E & \longrightarrow & 0 \\
& & \downarrow{\alpha} & & \downarrow{\beta} & & \downarrow{\gamma} & & \\
0 & \longrightarrow & C' & \xrightarrow{f'} & D' & \xrightarrow{g'} & E' & \longrightarrow & 0
\end{array}
$$

其中两个横行都是链复形的短正合列. 则它们的正合同调序列之间有交换图表

$$
\begin{array}{ccccccccc}
\cdots \longrightarrow & H_q(C) & \xrightarrow{f_*} & H_q(D) & \xrightarrow{g_*} & H_q(E) & \xrightarrow{\partial_*} & H_{q-1}(C) & \longrightarrow \cdots \\
& \downarrow{\alpha_*} & & \downarrow{\beta_*} & & \downarrow{\gamma_*} & & \downarrow{\alpha_*} & \\
\cdots \longrightarrow & H_q(C') & \xrightarrow{f'_*} & H_q(D') & \xrightarrow{g'_*} & H_q(E') & \xrightarrow{\partial'_*} & H_{q-1}(C') & \longrightarrow \cdots
\end{array}
$$

**证明** 请读者自己写出, 作为练习. □

正合序列另一个妙用, 通常称为 "五引理".

**引理 4.3** 设有 Abel 群与同态的交换图表

$$
\begin{array}{ccccccccc}
A_1 & \xrightarrow{\phi_1} & A_2 & \xrightarrow{\phi_2} & A_3 & \xrightarrow{\phi_3} & A_4 & \xrightarrow{\phi_4} & A_5 \\
\downarrow{\scriptstyle f_1} & & \downarrow{\scriptstyle f_2} & & \downarrow{\scriptstyle f_3} & & \downarrow{\scriptstyle f_4} & & \downarrow{\scriptstyle f_5} \\
B_1 & \xrightarrow{\psi_1} & B_2 & \xrightarrow{\psi_2} & B_3 & \xrightarrow{\psi_3} & B_4 & \xrightarrow{\psi_4} & B_5
\end{array}
$$

其中两个横行都是正合列. 如果 $f_1, f_2, f_4, f_5$ 都是同构, 那么 $f_3$ 也是.

**证明** 这又是 "图上追猎法" 的典型表演, 留给读者作为练习. □

从证明中可以看出, 其实只需要假定 $f_2, f_4, f_5$ 是单同态, $f_1, f_2, f_4$ 是满同态就够了.

Abel 群与同态的正合列

$$
C \xrightarrow{f} D \xrightarrow{g} E
$$

称为**裂正合的**, 如果 $f(C)$ 是 $D$ 的直加项 (即 $D$ 分裂成 $f(C)$ 与另外某个子群的直和). 下面的判别准则是很常用的.

**命题 4.4** Abel 群与同态的短正合列

$$
0 \longrightarrow C \xrightarrow{f} D \xrightarrow{g} E \longrightarrow 0
$$

是裂正合的, 当且仅当存在同态 $k : E \to D$ 使得 $g \circ k = \mathrm{id}_E$. □

**推论 4.5** 如果 Abel 群与同态的短正合列

$$
0 \longrightarrow C \xrightarrow{f} D \xrightarrow{g} E \longrightarrow 0
$$

中的 $E$ 是自由 Abel 群, 则这序列是裂正合的. □

**习题 4.1** 证明边缘同态的定义 4.3 的合理性.

**习题 4.2** 补全正合同调序列定理 4.1 的证明.

**习题 4.3** 证明自然性定理 4.2.

**习题 4.4** 证明 "五引理" 引理 4.3.

**习题 4.5** 证明裂正合判别准则命题 4.4.

**习题 4.6**　证明推论 4.5.

## 4.2　Mayer-Vietoris 同调序列

设拓扑空间 $X$ 有两个子空间 $X_1$, $X_2$, 使得 $X_1 \cup X_2 = X$. 以 $\mathcal{U}$ 记 $X$ 的覆盖 $\{X_1, X_2\}$. $S_*(X)$ 中由 $\mathcal{U}$- 小的奇异单形生成的子链复形 $S_*^{\mathcal{U}}(X)$ 等于子复形的和 (不是直和) $S_*(X_1) + S_*(X_2)$, 含入链映射记作 $i : S_*(X_1) + S_*(X_2) \to S_*(X)$.

子空间之间的含入映射组成交换图表

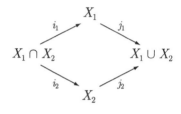

以 $\Sigma_{X_1}$ 表示 $X_1$ 中奇异单形的集合, 等等, 则 $\Sigma_{X_1 \cap X_2} = \Sigma_{X_1} \cap \Sigma_{X_2}$, 而 $X$ 中 $\mathcal{U}$- 小的奇异单形的集合 $\Sigma_X^{\mathcal{U}} = \Sigma_{X_1} \cup \Sigma_{X_2}$. 于是有链复形与链映射的短正合列

$$0 \longrightarrow S_*(X_1 \cap X_2) \xrightarrow{h_\#} S_*(X_1) \oplus S_*(X_2) \xrightarrow{k_\#} S_*(X_1) + S_*(X_2) \longrightarrow 0,$$

其中一个取差, 一个取和:

$$h_\#(x) := (i_{1\#}(x), -i_{2\#}(x)), \qquad k_\#(y, z) := j_{1\#}(y) + j_{2\#}(z).$$

**注记 4.6**　这里 $h_\#, k_\#$ 的取法不是唯一可能的. 有人习惯于先取和后取差, 即取

$$h'_\#(x) := (i_{1\#}(x), i_{2\#}(x)), \qquad k'_\#(y, z) := j_{1\#}(y) - j_{2\#}(z)$$

也行. 但是我们总要固定一种取法, 才会有自然性定理 4.11.

**定义 4.4**　设 $X_1, X_2$ 同是某个空间 $X$ 的子空间 (在本定义中不要求 $X = X_1 \cup X_2$). 如果含入链映射 $i : S_*(X_1) + S_*(X_2) \to S_*(X_1 \cup X_2)$

诱导的同调群同态 $H_*(S_*(X_1) + S_*(X_2)) \to H_*(X_1 \cup X_2)$ 是同构, 我们就说这两个子空间构成一个 **Mayer-Vietoris 耦** $\{X_1, X_2\}$.

**注记 4.7**  根据第三章中纯代数的命题 6.11, 由于这两个链复形都是自由链复形, 上述条件等价于说含入链映射 $i : S_*(X_1) + S_*(X_2) \to S_*(X_1 \cup X_2)$ 是链同伦等价.

**例 4.2**  若 $\text{Int}\, X_1 \cup \text{Int}\, X_2 = X$, 则根据定理 3.13, $\{X_1, X_2\}$ 是 Mayer-Vietoris 耦.

**定理 4.8 (Mayer-Vietoris 序列)**  设 $\{X_1, X_2\}$ 是 Mayer-Vietoris 耦. 则有下面的 Mayer-Vietoris 正合同调序列:

$$\to H_q(X_1 \cap X_2) \xrightarrow{\text{差}} H_q(X_1) \oplus H_q(X_2) \xrightarrow{\text{和}} H_q(X_1 \cup X_2) \xrightarrow{\partial_*} H_{q-1}(X_1 \cap X_2) \to$$

**证明**  根据定理 4.1, 从上述链复形的短正合列得到正合的同调序列 (其中的 $S_+(X)$ 代表 $S_*(X)$ 的子链复形 $S_*(X_1) + S_*(X_2)$)

$$\to H_q(X_1 \cap X_2) \xrightarrow{\text{差}} H_q(X_1) \oplus H_q(X_2) \xrightarrow{\text{和}} H_q(S_+(X)) \xrightarrow{\partial_*} H_{q-1}(X_1 \cap X_2) \to$$

然后把 $H_q(X_1 \cup X_2)$ 与 $H_q(S_+(X))$ 等同起来.  □

**注记 4.9**  对于增广链复形我们同样有短正合列

$$0 \to \widetilde{S}_*(X_1 \cap X_2) \xrightarrow{h_\#} \widetilde{S}_*(X_1) \oplus \widetilde{S}_*(X_2) \xrightarrow{k_\#} \widetilde{S}_*(X_1) + \widetilde{S}_*(X_2) \to 0,$$

所以对于简约同调群, Mayer-Vietoris 序列

$$\to \widetilde{H}_q(X_1 \cap X_2) \xrightarrow{\text{差}} \widetilde{H}_q(X_1) \oplus \widetilde{H}_q(X_2) \xrightarrow{\text{和}} \widetilde{H}_q(X_1 \cup X_2) \xrightarrow{\partial_*} \widetilde{H}_{q-1}(X_1 \cap X_2) \to$$

也是正合的.

**注记 4.10**  我们来给出 Mayer-Vietoris 边缘同态 $\partial_* : H_q(X_1 \cup X_2) \to H_{q-1}(X_1 \cap X_2)$ 的直接描述. 设 $[z] \in H_q(X_1 \cup X_2)$ 是一个同调类. 由于 Mayer-Vietoris 耦的缘故, $[z]$ 一定有个代表闭链 $z$ 能写成 $x_1 + x_2$, 其中 $x_1, x_2$ 分别是 $X_1, X_2$ 上的链. 由于 $\partial z = \partial x_1 + \partial x_2 = 0$, 所以 $\partial x_1 = -\partial x_2$, 记作 $y$. 它既是 $X_1$ 上的链又是 $X_2$ 上的链, 因而是 $X_1 \cap X_2$ 上的链, 而且是闭链. 它所代表的同调类 $[y] \in H_{q-1}(X_1 \cap X_2)$ 就是 $\partial_*([z])$.

**定理 4.11 (Mayer-Vietoris 同调序列的自然性)**　设 $\{X_1, X_2\}$ 与 $\{Y_1, Y_2\}$ 分别是 $X, Y$ 中的 Mayer-Vietoris 耦, 映射 $f: X \to Y$ 满足 $f(X_1) \subset Y_1$, $f(X_2) \subset Y_2$. 则下面的图表

$$
\begin{array}{ccccccccc}
H_q(X_1 \cap X_2) & \overset{\not\equiv}{\to} & H_q(X_1) \oplus H_q(X_2) & \overset{\not\equiv}{\to} & H_q(X_1 \cup X_2) & \overset{\partial_*}{\to} & H_{q-1}(X_1 \cap X_2) \\
\downarrow f_* & & \downarrow f_* \quad f_* & & \downarrow f_* & & \downarrow f_* \\
H_q(Y_1 \cap Y_2) & \overset{\not\equiv}{\to} & H_q(Y_1) \oplus H_q(Y_2) & \overset{\not\equiv}{\to} & H_q(Y_1 \cup Y_2) & \overset{\partial_*}{\to} & H_{q-1}(Y_1 \cap Y_2)
\end{array}
$$

是交换的.　　　　　　　　　　　　　　　　　　　　　　□

下面是一种常用的 Mayer-Vietoris 耦.

**推论 4.12**　设拓扑空间 $X$ 是两个闭子集 $X_1, X_2$ 的并, 交集 $X_1 \cap X_2$ 是其某个开邻域 $V$ 的形变收缩核. 则 $\{X_1, X_2\}$ 是 Mayer-Vietoris 耦.

**证明**　证明的想法参看图 1.5 的左半图.

(A) 记 $V_j := V \cup X_j$, 它是 $X_j$ 的开邻域, $j = 1, 2$. 则我们已经知道 $\{V_1, V_2\}$ 是 Mayer-Vietoris 耦, 含入映射诱导出同构 $H_*(S_*(V_1) + S_*(V_2)) \to H_*(X)$. 求证含入映射所诱导的 $H_*(S_*(X_1) + S_*(X_2)) \to H_*(X)$ 也是同构.

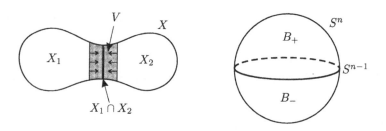

图 1.5　Mayer-Vietoris 耦

(B) $X_j$ 是 $V_j$ 的形变收缩核. 以 $F: V \times I \to V$ 记从 $V$ 到 $X_1 \cap X_2$ 的形变收缩同伦, 则从 $V_j$ 到 $X_j$ 的形变收缩同伦 $F_j: V_j \times I \to V_j$

可定义为

$$F_j(x,t) = \begin{cases} x, & \text{当 } x \in X_j, \\ F(x,t), & \text{当 } x \in V - X_j. \end{cases}$$

(C) 根据定理 4.2, 有交换图表 (为排版方便起见, 我们暂时使用记号 $S_+(X) := S_*(X_1) + S_*(X_2)$ 与 $S_+(V) := S_*(V_1) + S_*(V_2)$)

$$\begin{CD} H_q(X_1 \cap X_2) @>\text{差}>> H_q(X_1) \oplus H_q(X_2) @>\text{和}>> H_q(S_+(X)) @>\partial_*>> H_{q-1}(X_1 \cap X_2) \\ @VVV @VVV @VVV @VVV @VVV \\ H_q(V_1 \cap V_2) @>\text{差}>> H_q(V_1) \oplus H_q(V_2) @>\text{和}>> H_q(S_+(V)) @>\partial_*>> H_{q-1}(V_1 \cap V_2) \end{CD}$$

其中纵向的箭头都是含入映射所诱导. (B) 告诉我们, 纵向箭头除一个以外都是同构, 于是根据 "五引理", $H_q(S_+(X)) \to H_q(S_+(V))$ 也是同构. 再与 (A) 结合起来, 就知道 $i_* : H_*(S_+(X)) \to H_*(X)$ 是同构. □

**事实 4.13** 单纯复形中的子复形 (因而多面体中的子多面体, 光滑流形中的子流形) 一定是其某个开邻域的形变收缩核. (参看第五章的命题 1.16.)

**例 4.3** 设多面体 $X$ 是其子多面体 $X_1, X_2, \cdots, X_k$ 的并, 而且任意两个的交 $X_i \cap X_j$ $(i \neq j)$ 都是同一个点 $x_0 \in X$. 这时 $X$ 称为 $X_1, X_2, \cdots, X_k$ 的**蒂联**或**单点并**, 记作 $X_1 \vee X_2 \vee \cdots \vee X_k$ 或 $\bigvee\limits_{i=1}^{k} X_i$. 根据推论 4.12, 用简约 Mayer-Vietoris 序列得到

$$\widetilde{H}_* \left( \bigvee_{i=1}^{k} X_i \right) \cong \bigoplus_{i=1}^{k} \widetilde{H}_*(X_i).$$

## §5 球面 $S^n$ 的拓扑性质

让我们尝试运用刚刚建立起的同调群概念来研究拓扑问题, 学

习最简单的计算, 看看"从拓扑到代数的函子"这个观念怎样发挥作用.

设 $n \geq 0$. 在 $n+1$ 维实空间 $\boldsymbol{R}^{n+1}$ 中的单位球面是

$$S^n := \Big\{ (x_0, \cdots, x_n) \Big| \sum_i x_i^2 = 1 \Big\},$$

单位球体记作

$$D^{n+1} := \Big\{ (x_0, \cdots, x_n) \Big| \sum_i x_i^2 \leq 1 \Big\}.$$

我们首先计算 $S^n$ 的同调群.

### 5.1  球面 $S^n$ 的同调群

**定理 5.1**  球面 $S^n$ 的简约同调群是

$$\widetilde{H}_q(S^n) = \begin{cases} \boldsymbol{Z}, & \text{当 } q = n, \\ 0, & \text{当 } q \neq n. \end{cases}$$

**证明**  对维数 $n$ 作归纳法. 当 $n = 0$ 时, $S^0$ 由两个点组成, 从例 3.2 知定理成立. 以下假定 $n > 0$ 且定理对 $S^{n-1}$ 已经成立.

把球面看成上下两个半球面 $B_+ := \{(x_0, \cdots, x_n) \in S^n \mid x_n \geq 0\}$ 和 $B_- := \{(x_0, \cdots, x_n) \in S^n \mid x_n \leq 0\}$ 的并, 如图 1.5 右半图所示. 则 $B_+ \cap B_- = S^{n-1}$ 是其邻域的形变收缩核, 所以推论 4.12 说明 $\{B_+, B_-\}$ 是 Mayer-Vietoris 耦.

$B_+$ 与 $B_-$ 都是可缩的 (它们都同胚于 $n$ 维球体 $D^n$), 有 $\widetilde{H}_*(B_+) = \widetilde{H}_*(B_-) = 0$. 于是从简约同调的 Mayer-Vietoris 正合序列 (注记 4.9)

$$\widetilde{H}_q(B_+) \oplus \widetilde{H}_q(B_-) \longrightarrow \widetilde{H}_q(S^n) \xrightarrow{\partial_*} \widetilde{H}_{q-1}(S^{n-1}) \longrightarrow \widetilde{H}_{q-1}(B_+) \oplus \widetilde{H}_{q-1}(B_-)$$

得到 $\widetilde{H}_q(S^n) \cong \widetilde{H}_{q-1}(S^{n-1})$. 这完成了归纳法.    □

从同调群的拓扑不变性, 我们立刻知道当 $m \neq n$ 时 $S^m \not\cong S^n$. (由此也知道 $\boldsymbol{R}^m \not\cong \boldsymbol{R}^n$.)

拓扑空间 $X$ 的子空间 $A$ 称为 $X$ 的**收缩核**, 如果存在一个**收缩映射** $r: X \to A$, 使得 $r$ 保持 $A$ 的每一点不动, 即 $r|A = \mathrm{id}_A$.

**推论 5.2** $S^{n-1}$ 不是 $D^n$ 的收缩核.

**证明** 我们要证明, 不存在一个收缩映射 $r: D^n \to S^{n-1}$ 使得 $r \circ i = \mathrm{id}_{S^{n-1}}$, 这里 $i: S^{n-1} \to D^n$ 是含入映射.

用反证法. 假定存在这样的映射. 考虑在奇异同调函子下的像

$$\widetilde{H}_{n-1}(S^{n-1}) \xrightarrow{i_*} \widetilde{H}_{n-1}(D^n) \xrightarrow{r_*} \widetilde{H}_{n-1}(S^{n-1}).$$

我们已经知道 $\widetilde{H}_{n-1}(D^n) = 0$ 而 $\widetilde{H}_{n-1}(S^{n-1}) = \mathbf{Z}$. 根据函子性质应该有 $r_* \circ i_* = (r \circ i)_* = \mathrm{id}_* = \mathrm{id}: \mathbf{Z} \to \mathbf{Z}$. 这在代数上是不可能的. □

**推论 5.3 (Brouwer 不动点定理)** 任意映射 $f: D^n \to D^n$ 一定有不动点, 即至少存在一点 $x \in D^n$, 使得 $f(x) = x$.

**证明** 用反证法. 假定 $f$ 没有不动点, 对任何 $x \in D^n$ 都有 $f(x) \neq x$. 从 $f(x)$ 出发向 $x$ 作射线, 交球面 $S^{n-1}$ 于一点 $g(x)$. 这样我们得到一个映射 $g: D^n \to S^{n-1}$. (如图 1.6, 请读者试写出其解析表达式. )

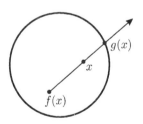

图 1.6 映射 $g$ 的作法

明显地, 如果 $x \in S^{n-1}$, 就有 $g(x) = x$. 所以 $g$ 是一个收缩映射. 这与推论 5.2 相矛盾. □

## 5.2 球面映射的度

**定义 5.1** 设映射 $f: S^n \to S^n$ 诱导同态 $f_*: \widetilde{H}_n(S^n) \to \widetilde{H}_n(S^n)$.

则有唯一的整数 $d$, 使得对任何 $h \in \widetilde{H}_n(S^n)$ 都有 $f_*(h) = d \cdot h$. 这个整数 $d$ 称为映射 $f$ 的**度** (degree), 记作 $\deg f$.

球面映射的度有以下简单性质, 请读者自己证明.

(1) $\deg(\mathrm{id}_{S^n}) = 1$.

(2) $\deg(g \circ f) = (\deg f) \cdot (\deg g)$.

(3) $\deg(\mathrm{const}) = 0$.

(4) 若 $f \simeq g : S^n \to S^n$, 则 $\deg f = \deg g$.

Hopf 的一条著名的定理我们不证明了:

**定理 5.4** (Hopf)　如果 $f, g : S^n \to S^n$ 而且 $\deg f = \deg g$, 则 $f \simeq g : S^n \to S^n$.

这定理的意义在于解决了球面到自身的映射的同伦分类问题.

下面的命题提示了 $\deg$ 与定向概念有联系.

**命题 5.5　镜面反射**

$$r : S^n \to S^n, \quad (x_0, x_1, \cdots, x_n) \mapsto (-x_0, x_1, \cdots, x_n)$$

的度 $\deg r = -1$.

**证明**　对维数 $n$ 作归纳法. 当 $n = 0$ 时, 从例 3.2 可知命题成立. 对于 $n > 0$, 从 Mayer-Vietoris 序列的自然性得交换图表

$$
\begin{array}{ccccccc}
0 & \longrightarrow & \widetilde{H}_q(S^n) & \xrightarrow[\cong]{\partial_*} & \widetilde{H}_{q-1}(S^{n-1}) & \longrightarrow & 0 \\
& & \downarrow{\scriptstyle r_*} & & \downarrow{\scriptstyle r_*} & & \\
0 & \longrightarrow & \widetilde{H}_q(S^n) & \xrightarrow[\cong]{\partial_*} & \widetilde{H}_{q-1}(S^{n-1}) & \longrightarrow & 0
\end{array}
$$

因此 $\deg(r|_{S^n}) = \deg(r|_{S^{n-1}}) = -1$. □

**命题 5.6　对径映射** (antipodal map)

$$A : S^n \to S^n, \quad (x_0, x_1, \cdots, x_n) \mapsto (-x_0, -x_1, \cdots, -x_n)$$

的度 $\deg A = (-1)^{n+1}$. □

**习题 5.1** 试找出 $S^1$ 的一个 1 维奇异闭链 $z \in Z_1(S^1)$, 使其同调类 $[z]$ 是 $H_1(S^1)$ 的生成元. (提示: 注意 Mayer-Vietoris 边缘同态 $\partial_* : H_1(S^1) \to \widetilde{H}_0(S^0)$ 的直接描述, 见注记 4.10.)

**习题 5.2** 设 $n > 0$, $k \in \mathbf{Z}$. 证明: 存在 $f : S^n \to S^n$ 使得 $\deg f = k$. (提示: 先考虑 $n = 1$ 的情形.)

**习题 5.3** 设 $f, g : S^n \to S^n$, 而且对任意 $x \in S^n$ 都有 $f(x) \neq g(x)$. 试证 $g \simeq A \circ f$.

**习题 5.4** 证明: 偶数维球面 $S^{2n}$ 上不存在处处非零的切向量场. 注意, 奇数维球面 $S^{2n-1}$ 上是有非零切向量场的, 例如

$$(x_1, x_2, \cdots, x_{2n-1}, x_{2n}) \mapsto (x_2, -x_1, \cdots, x_{2n}, -x_{2n-1}).$$

**习题 5.5** 设 $A, B$ 都是 $S^n$ 中的连通开集, $n \geq 2$, $A \cup B = S^n$. 求证 $A \cap B$ 是连通的.

### 5.3 Jordan-Brouwer 分离性

我们以 $I^k := I \times \cdots \times I$ 表示 $k$ 个单位区间 $I$ 的乘积, 称为 $k$ 维**方体**. 其实 $I^k \cong D^k \cong \Delta_k$. $I^0$ 理解为单点空间.

**引理 5.7** 设 $S^n$ 的子集 $A \cong I^k$, $k \geq 0$. 则 $\widetilde{H}_*(S^n - A) = 0$.

**证明** 若 $A_1, A_2$ 是 $S^n$ 的闭子集, 且 $A_1 \cup A_2 = A$, 则有 Mayer-Vietoris 正合列

$$\to \widetilde{H}_q(S^n - A) \to \widetilde{H}_q(S^n - A_1) \oplus \widetilde{H}_q(S^n - A_2) \to \widetilde{H}_q(S^n - (A_1 \cap A_2)) \to.$$

我们对 $k$ 作归纳法来证明引理.

当 $k = 0$ 时, $A = \mathrm{pt}$, $S^n - A \cong \mathbf{R}^n$, 引理当然成立. 假设当 $k < m$ 时引理成立, 现在考虑 $k = m$ 的情形. 用反证法, 假定有 $S^n - A$ 中的闭链 $z$ 使 $[z] \neq 0 \in \widetilde{H}_*(S^n - A)$.

把 $I^m$ 分成两半交于一个 $I^{m-1}$, 相应地 $A$ 分成 $A_1$ 与 $A_2$, $A_1 \cap A_2 \cong I^{m-1}$. 则由归纳假设 $\widetilde{H}_*(S^n - (A_1 \cap A_2)) = 0$, 故从 Mayer-

Vietoris 序列有 $0 \to \widetilde{H}_q(S^n - A) \to \widetilde{H}_q(S^n - A_1) \oplus \widetilde{H}_q(S^n - A_2) \to 0$ 正合，所以 $i_{1*}([z]) - i_{2*}([z]) \neq 0$. 如果 $i_{1*}([z]) \neq 0$，取 $A^{(1)} = A_1$，否则 $i_{2*}([z]) \neq 0$，取 $A^{(1)} = A_2$.

继续这种做法，如图 1.7 所示，把小方体横一刀竖一刀不断切小，每次取适当的一半，我们得到序列 $A \supset A^{(1)} \supset A^{(2)} \supset \cdots$，使得

(1) 含入映射 $i^{(h)} : S^n - A \to S^n - A^{(h)}$ 满足

$$i_*^{(h)}([z]) \neq 0 \in \widetilde{H}_*(S^n - A^{(h)});$$

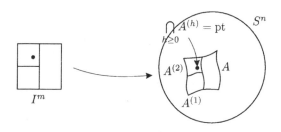

图 1.7    方体越切越小

(2) $\bigcap_h A^{(h)} = \text{pt}$.

看含入映射 $i^{(\infty)} : S^n - A \to S^n - \text{pt}$. 由于 $\widetilde{H}_*(S^n - \text{pt}) = 0$，当然 $i_*^{(\infty)}([z]) = 0$. 所以 $S^n - A$ 中的闭链 $z$ 放在 $S^n - \text{pt}$ 中看是边缘链. 设 $z = \partial c$，$c$ 是 $S^n - \text{pt}$ 中有限多个奇异单形 $\{\sigma_j\}$ 的线性组合. 由于 $\bigcup_h (S^n - A^{(h)}) = S^n - \text{pt}$，这有限多个奇异单形同时落在某个 $S^n - A^{(h)}$ 中. 这意味着 $i_*^{(h)}([z]) = 0$，与前面 $A^{(h)}$ 的取法矛盾. 反证法完成.                                                    □

**推论 5.8**    设 $S^n$ 的子集 $\Sigma^k \cong S^k$，$k \geq 0$. 则

$$\widetilde{H}_q(S^n - \Sigma^k) = \begin{cases} \mathbf{Z}, & \text{当 } q = n - k - 1, \\ 0, & \text{当 } q \neq n - k - 1. \end{cases}$$

**证明**    当 $k = 0$ 时，$S^n - \Sigma^0 \cong \mathbf{R}^n - \{0\}$ 同伦等价于 $S^{n-1}$，结论成立. 对 $k$ 作归纳法. 把 $\Sigma^k$ 表成 $\Sigma^k = B_1 \cup B_2$，$B_1 \cap B_2 = \Sigma^{k-1}$，

$B_i \cong I^k$. 从耦 $\{S^n - B_1, S^n - B_2\}$ 的 Mayer-Vietoris 正合列以及引理 5.7 得到 $\widetilde{H}_{q+1}(S^n - \Sigma^{k-1}) \cong \widetilde{H}_q(S^n - \Sigma^k)$. 由此完成归纳法. □

**定理 5.9 (Jordan-Brouwer 分离定理)** 设 $S^n$ 的子集 $\Sigma^{n-1} \cong S^{n-1}$. 则 $\Sigma^{n-1}$ 把 $S^n$ 分成两个连通的开集, 以 $\Sigma^{n-1}$ 为公共边界.

当 $n = 2$ 时, 这就是著名的 **Jordan 曲线定理**.

**证明** 由于 $\widetilde{H}_0(S^n - \Sigma^{n-1}) = \mathbf{Z}$, 所以 $\Sigma^{n-1}$ 把 $S^n$ 分成两个连通的开集 $C_1, C_2$. 显然 $C_1, C_2$ 的边界都包含于 $\Sigma^{n-1}$ 中, 待证的是任一点 $x \in \Sigma^{n-1}$ 的任一邻域 $U$ 里都有 $C_1, C_2$ 的边界点.

把 $\Sigma^{n-1}$ 分成两个方体 $A \cup A'$, $A \cong A' \cong I^{n-1}$, 使得 $x \in A \subset U$, 如图 1.8. 则 $S^n - A'$ 连通 (根据引理 5.7), 所以在 $S^n - A'$ 中有一条道路其起点在 $C_1$ 中, 终点在 $C_2$ 中. 这条道路必定与 $A$ 相交, 否则它整个包含于 $S^n - A' - A = S^n - \Sigma^{n-1}$, 不会两端分别在 $C_1, C_2$ 中. 于是这道路上与 $A$ 的第一个交点是 $C_1$ 的边界点, 最后一个交点是 $C_2$ 的边界点. 这两个点都在 $U$ 中, 因为 $A \subset U$. □

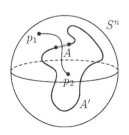

图 1.8　把 $\Sigma^{n-1}$ 分解成 $A \cup A'$

下面是分析学中常用的一个定理, 其名称中的 "区域" (domain) 在分析学中指 "连通的开集".

**定理 5.10 (Brouwer 区域不变性定理)** 设 $U$ 是 $S^n$ 的开集, $h: U \to S^n$ 是单映射. 则 $h(U)$ 是 $S^n$ 中的开集.

**证明** 任取一点 $h(x) \in h(U)$, $x \in U$. 取 $x$ 的开邻域 $V$ 使其闭包 $\overline{V} \subset U$, $\overline{V} \cong D^n$ 且其边界 $\partial V \cong S^{n-1}$. 注意由于 $\overline{V}$ 是紧的, 其上的

单映射是同胚, 所以 $h(\overline{V}) \cong \overline{V} \cong I^n$.

观察分解式 $S^n - h(\partial V) = (S^n - h(\overline{V})) \cup h(V)$. $h(V)$ 显然道路连通, 引理 5.7 告诉我们 $S^n - h(\overline{V})$ 也道路连通. 这两个道路连通集必定就是定理 5.9 所说的, $h(\partial V)$ 把 $S^n$ 分割而成的那两个连通开集. 这说明 $h(V)$ 是 $S^n$ 的开集, 而且 $h(x) \in h(V) \subset h(U)$.

因此 $h(U)$ 是 $S^n$ 的开集.                                                    □

**习题 5.6**   试用推论 5.8 来证明:    $S^n$ 不可能嵌入 $\boldsymbol{R}^n$.

**习题 5.7**   试证明: 不同维数的流形不可能同胚.   (一个 $n$ 维流形是一个 Hausdorff 空间, 其每一点都有邻域同胚于 $\boldsymbol{R}^n$. )

## §6   映射的简约同调序列

本节的目的, 是把映射所诱导的同调同态嵌到映射锥的一个正合序列中去. 这在计算上常有用处, 特别是当在一个空间上粘贴一个胞腔时, 计算同调群发生了什么变化.

### 6.1   贴空间

拓扑学中构作新的空间时, 常用商空间. 我们复习其定义与常用性质.

**定义 6.1**   设 $X$ 是拓扑空间,   ～ 是 $X$ 中的一个等价关系, 则 $X$ 被分解为一些等价类的并. 设 $Y := X/\sim$ 是等价类的集合, $\pi: X \to Y$ 是投射. 规定子集 $V \subset Y$ 为开集当且仅当 $\pi^{-1}(V)$ 是 $X$ 中的开集, 这样使 $Y$ 成为一个拓扑空间, 称为 $X$ 关于这个分解的**商空间**. 我们通常说 $Y$ 是把 $X$ 中每个等价类捏成一点所得的空间. 如果 $f: X \to Z$ 是映射, 把每个等价类映成一个点, 则 $f$ 在商空间上所给出的函数 $\bar{f}: Y \to Z$ 是连续的, 称为 $f$ **所给出的映射**.

一个满映射 $p: X \to Y$ 称为**商映射**, 如果子集 $V \subset Y$ 为开集当

且仅当 $p^{-1}(V)$ 是 $X$ 中的开集. 显然这时 $Y$ 同胚于把 $X$ 中每个原像集 $p^{-1}(y)$ 捏成一点所得的商空间.

**事实 6.1** 设 $p: X \to Y$ 是满映射. 如果 $X$ 是紧的, $Y$ 是 Hausdorff 空间, 则 $p$ 是商映射.    □

**事实 6.2** 设 $p: X \to Y$ 是商映射. 则乘积映射 $p \times \mathrm{id}_I : X \times I \to Y \times I$ 也是商映射.    □

**定义 6.2** 设 $X$ 是拓扑空间, $A$ 是其子空间, $f: A \to Y$ 是映射. 在拓扑空间的不交并 $X \sqcup Y$ ($X$ 与 $Y$ 互不相交地拼在一起, 各自成为一个开子集) 上, 把每一点 $a \in A$ 与其像点 $f(a) \in Y$ 等同起来 (换句话说, 由 $a \sim f(a)$, $\forall a \in A$, 生成一个等价关系) 所得的商空间, 称为用映射 $f$ 把 $X$ 粘贴到 $Y$ 上去所得的空间, 简称 $X \supset A \xrightarrow{f} Y$ 的**贴空间**, 记作 $Y \cup_f X$ 或 $X \cup_f Y$ (含义不会混淆, 从粘贴映射 $f: A \to Y$ 就知道谁粘到谁上面). $Y$ 自然地含入 $Y \cup_f X$ 作为子空间. (为什么?) $X$ 一般不是 $Y \cup_f X$ 的子空间, 因为商映射 $\pi: X \sqcup Y \to Y \cup_f X$ 在 $X$ 上有粘合, 不是一对一的.

**事实 6.3** 设 $X, Y$ 都是正规空间 (Hausdorff 空间, 而且任意两个不相交的闭集都能有不相交的邻域), $A$ 是 $X$ 的闭子空间, 则贴空间 $Y \cup_f X$ 是正规空间.    □

**例 6.1** $n$ 维欧几里得空间中的单位球体 $D^n$ 通常称为 $n$ 维**闭胞腔**, 其内部 $\mathrm{Int}\, D^n = D^n - S^{n-1}$ 称为 $n$ 维 (开) **胞腔**. 设有从 $D^n$ 的边缘 $S^{n-1}$ 到空间 $X$ 的映射 $f: S^{n-1} \to X$. 用 $f$ 把球体 $D^n$ 粘贴到 $X$ 上去得到的空间 $X \cup_f D^n$ 称为 $X$ **贴上 $n$ 维胞腔**, $f$ 称为其**粘贴映射**. 粘贴胞腔是构筑空间的基本方法.

**例 6.2** 设 $X$ 是拓扑空间, $A$ 是其子空间. $X \supset A \to \mathrm{pt}$ 的贴空间, 也就是在 $X$ 中把 $A$ 捏成一点所得的空间, 记作 $X/A$. 把柱形 $X \times I$ 的上底 $X \times 1$ 捏成一点所得的空间 $X \times I / X \times 1$ 称为 $X$ 上的**锥形**, 记作 $CX$.

**例 6.3** 设 $f: X \to Y$ 是映射. $X \times I \supset X \times 0 \xrightarrow{f} Y$ 的贴空间

称为 $f$ 的**映射柱** $Zf$.

**例 6.4** 设 $f: X \to Y$ 是映射. $CX \supset X \times 0 \xrightarrow{f} Y$ 的贴空间 $Cf := Y \cup_f CX$ 称为 $f$ 的**映射锥** (图 1.9). 它也可以看成是把映射柱 $Zf$ 的上底 $X \times 1$ 捏成一点而得.

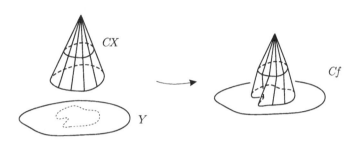

图 1.9 映射锥

空间 $X$ 到单点空间的映射 $X \to \mathrm{pt}$ 的映射锥, 也就是把柱形 $X \times I$ 的上底 $X \times 1$ 和下底 $X \times 0$ 分别捏成两个点所得的空间, 称为 $X$ 上的**双角锥** (suspension), 记作 $\Sigma X$. 我们计算球面的同调群时实际上就是把球面看成其赤道上的双角锥, $S^n = \Sigma S^{n-1} = \Sigma^n S^0$.

映射柱和映射锥在同伦论里很有用, 它们把映射的研究转化为空间的研究.

映射柱 $Zf$ 以其下底 $Y$ 为形变收缩核. 把其上底 $X \times 1$ 看成 $X$, 则在同伦的意义下, 研究映射 $f: X \to Y$ 归结为研究含入映射 $X \hookrightarrow Zf$.

映射锥 $Cf$ 有以下的性质:

(1) 映射 $f: X \to Y$ 零伦 ($f \simeq \mathrm{const}$) 当且仅当映射锥 $Cf$ 以 $Y$ 为收缩核.

(2) 映射同伦 $f \simeq g: X \to Y$, 则映射锥同伦等价 $Cf \simeq Cg$.

(3) 映射是同伦等价 $f: X \xrightarrow{\simeq} Y$, 则映射锥可缩 $Cf \simeq \mathrm{pt}$. (逆定理对不对？)

**思考题 6.1** 按照我们的定义, $X \supset \emptyset \to Y$ 的贴空间就是不交

并 $X \sqcup Y$. 那么在 $X$ 上贴一个 0 维胞腔是什么意思？ $X/\emptyset$ "把空集捏成一点" 是不是 "凭空捏造一点"？空集上的锥形 $C\emptyset$ 又是什么意思？

**习题 6.2** 证明：对任意拓扑空间 $X$, 锥形 $CX$ 总是可缩的.

**习题 6.3** 设 $X, Y$ 是拓扑空间. 把 $X \times I \times Y$ 粘贴到不交并 $X \sqcup Y$ 上去，粘贴映射是 $(x, 0, y) \mapsto x$, $(x, 1, y) \mapsto y$, 所得的贴空间称为 $X$ 与 $Y$ 的**统联**, 记作 $X * Y$. 它是由空间 $X$, $Y$, 以及把每一点 $x \in X$ 连到每一点 $y \in Y$ 的互不相交的那些开线段所组成的. 证明：双角锥 $\Sigma X$ 同胚于统联 $S^0 * X$.

### 6.2 映射的简约同调序列

在下面的定理中，我们把映射锥 $Cf = Y \cup_f CX$ 看成两部分的并，下部 $C_-f = Y \cup_f X \times \left[0, \frac{1}{2}\right]$ 和上部 $C_+f = X \times \left[\frac{1}{2}, 1\right]\big/ X \times 1$; 把这两部分的交 $X \times \frac{1}{2}$ 看成 $X$ 在 $Cf$ 中的拷贝. $C_-f$ 其实是 $f$ 的映射柱，而 $C_+f$ 是 $X$ 上的锥形.

**定理 6.4** 设 $f : X \to Y$ 是映射. 则有长正合序列

$$\xrightarrow{\Delta_*} \widetilde{H}_q(X) \xrightarrow{f_*} \widetilde{H}_q(Y) \xrightarrow{e_*} \widetilde{H}_q(Cf) \xrightarrow{\Delta_*} \widetilde{H}_{q-1}(X) \to ,$$

其中 $e : Y \to Cf$ 是含入映射， $\Delta_*$ 是耦 $\{C_-f, C_+f\}$ 的简约同调 Mayer-Vietoris 序列的边缘同态.

**证明** 看耦 $\{C_-f, C_+f\}$ 的 Mayer-Vietoris 正合序列 (根据推论 4.12). 由于 $C_+f$ 是可缩的，$\widetilde{H}_q(C_+f) = 0$, 所以这序列是下面图表中第一行的样子:

$$
\begin{array}{ccccccccc}
\cdots & \to & \widetilde{H}_q(X) & \to & \widetilde{H}_q(C_-f) & \to & \widetilde{H}_q(Cf) & \xrightarrow{\Delta_*} & \widetilde{H}_{q-1}(X) & \to & \cdots \\
 & & \| & & r_* \big\updownarrow \cong & & \| & & \| & & \\
\cdots & \to & \widetilde{H}_q(X) & \xrightarrow{f_*} & \widetilde{H}_q(Y) & \xrightarrow{e_*} & \widetilde{H}_q(Cf) & \xrightarrow{\Delta_*} & \widetilde{H}_{q-1}(X) & \to & \cdots
\end{array}
$$

这个图表中未标明的箭头都是含入映射所诱导的同态；$r: C_-f \to Y$ 是形变收缩 (想象 $C_-f$ 向下压缩成 $Y$)，所以垂直的箭头是一对互逆的同构. 这图表是交换的：所有的方块在映射的水平上是交换的，所以在同调的水平上也是交换的. 因此从这交换图表的第一行正合得知第二行也是正合的.    □

**思考题 6.4**　这个同调序列的自然性应该怎么提法？设下面的映射图表里左面方块是交换的：

$$
\begin{array}{ccccc}
X & \xrightarrow{f} & Y & \xrightarrow{e} & Cf \\
\phi_1\downarrow & & \phi_2\downarrow & & \vdots\,\widehat{\phi} \\
X' & \xrightarrow{f'} & Y' & \xrightarrow{e'} & Cf'
\end{array}
$$

我们可以作出映射 $\widehat{\phi}: Cf \to Cf'$ 使得右面的方块也交换，它是映射 $(X \times I) \sqcup Y \xrightarrow{(\phi_1 \times \mathrm{id}_I) \sqcup \phi_2} (X' \times I) \sqcup Y'$ 过渡到映射锥上所给出的. 由此我们能不能得到同调序列之间的一个交换图表？

**推论 6.5**　设 $A \subset X$. 则有长正合序列

$$
\cdots \xrightarrow{\Delta_*} \widetilde{H}_q(A) \to \widetilde{H}_q(X) \to \widetilde{H}_q(X \cup CA) \xrightarrow{\Delta_*} \widetilde{H}_{q-1}(A) \to \cdots,
$$

其中 $X \cup CA$ 是在 $X$ 的子空间 $A$ 上添作锥形 $CA$ 而得的空间.

**证明**　$X \cup CA$ 就是含入映射 $i: A \to X$ 的映射锥.    □

**推论 6.6**　对于空间 $X$ 的双角锥 $\Sigma X$，有同构 $\Delta_*: \widetilde{H}_{q+1}(\Sigma X) \cong \widetilde{H}_q(X)$. 它的逆同构 $\Sigma_*: \widetilde{H}_q(X) \cong \widetilde{H}_{q+1}(\Sigma X)$ 称为**双角锥同构**.

**证明**　$\Sigma X$ 是点映射 $X \to \mathrm{pt}$ 的映射锥，而 $\widetilde{H}_*(\mathrm{pt}) = 0$.    □

**习题 6.5**　设 $f: X \to Y$ 是映射. 映射 $f \times \mathrm{id}_I: X \times I \to Y \times I$ 在双角锥上给出一个映射 $\Sigma f: \Sigma X \to \Sigma Y$. 试证明我们有交换图表

$$
\begin{array}{ccc}
\widetilde{H}_q(X) & \xrightarrow[\cong]{\Sigma_*} & \widetilde{H}_{q+1}(\Sigma X) \\
f_*\downarrow & & \downarrow(\Sigma f)_* \\
\widetilde{H}_q(Y) & \xrightarrow[\cong]{\Sigma_*} & \widetilde{H}_{q+1}(\Sigma Y)
\end{array}
$$

### 6.3 粘贴胞腔

映射锥的一个重要情形是粘贴胞腔. 设有从 $D^n$ 的边缘 $S^{n-1}$ 到空间 $X$ 的映射 $f: S^{n-1} \to X$. 由于锥形 $CS^{n-1}$ 与 $D^n$ 同胚, 所以映射锥 $Cf$ 就是贴空间 $X \cup_f D^n$.

在 $f$ 的简约同调序列中把 $\widetilde{H}_*(S^{n-1})$ (见定理 5.1) 代入, 立即得到

**推论 6.7** 对于 $D^n \supset S^{n-1} \overset{f}{\to} X$, 有

(1) $\widetilde{H}_q(X \cup_f D^n) = \widetilde{H}_q(X)$, 当 $q \neq n, n-1$ 时.

(2) 正合序列

$$0 \to \widetilde{H}_n(X) \to \widetilde{H}_n(X \cup_f D^n) \overset{\Delta_*}{\to} \widetilde{H}_{n-1}(S^{n-1}) \overset{f_*}{\to}$$
$$\widetilde{H}_{n-1}(X) \to \widetilde{H}_{n-1}(X \cup_f D^n) \to 0,$$

注意其中的 $\widetilde{H}_{n-1}(S^{n-1}) \cong \mathbf{Z}$. □

由此可见, 粘贴一个 $n$ 维胞腔的结果, $n$ 维同调群可能不变也可能与 $\mathbf{Z}$ 作直和; $n-1$ 维同调群可能不变也可能变成以循环子群为核的商群; 其余各维同调群都不变. 要从 $\widetilde{H}_*(X)$ 得到 $\widetilde{H}_*(X \cup_f D^n)$, 关键是把粘贴映射 $f$ 所诱导的同调同态 $f_*: \widetilde{H}_{n-1}(S^{n-1}) \to \widetilde{H}_{n-1}(X)$ 搞清楚.

这个推论 6.7 是以后计算胞腔复形的同调的出发点.

**例 6.5** 环面 $T^2 = S^1 \times S^1$ 是把实心正方形的两对对边分别顺向叠合而成, 如图 1.10. 空心正方形的两对对边分别顺向叠合, 所得是 $S^1 \vee S^1$, 其简约同调已经算出 (例 4.3), 除 $\widetilde{H}_1 = \mathbf{Z} \oplus \mathbf{Z}$ 外, 其他维数全是 0. $T^2$ 是在 $S^1 \vee S^1$ 上再粘贴一个 2 维胞腔, 其粘贴映射 $f: S^1 \to S^1 \vee S^1$ 在两个 $S^1$ 上都正反向各绕一圈, 所以在简约同调上 $f_* = 0$. 从推论 6.7 得到正合列

$$0 \to H_2(S^1 \vee S^1) \to H_2(T^2) \to \mathbf{Z} \overset{0}{\to} H_1(S^1 \vee S^1) \to H_1(T^2) \to 0.$$

由此得到

$$H_2(T^2) = \boldsymbol{Z}, \quad H_1(T^2) = \boldsymbol{Z} \oplus \boldsymbol{Z}, \quad H_0(T^2) = \boldsymbol{Z},$$

其余的 $H_q(T^2) = 0$.

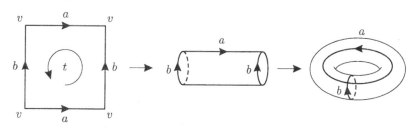

图 1.10　从正方形做成环面

**习题 6.6**　根据闭曲面的拓扑分类定理, 计算它们的同调群.

*\***习题 6.7**　把 $S^1$ 看成复数平面上的单位圆, 1 是它与正实轴的交点. 在实心环 $V = S^1 \times D^2$ 的表面 $T^2 = S^1 \times S^1$ 上, 圆周 $S^1 \times 1$ 称为 $V$ 的纬圈 (longitude) $\lambda$, 圆周 $1 \times S^1$ 称为 $V$ 的经圈 (meridian) $\mu$. 根据例 6.5, 它们代表的同调类 $[\lambda], [\mu]$ 组成 $H_1(T^2)$ 的基.

设 $p, q$ 是两个整数. 定义映射

$$f_{p,q} : S^1 \to T^2, \qquad e^{i\theta} \mapsto (e^{ip\theta}, e^{iq\theta}).$$

当 $p, q$ 互素时 $f_{p,q}$ 是嵌入, 其像 $\gamma_{p,q} = f_{p,q}(S^1)$ 称为 $T^2$ 上的 $(p,q)$ 曲线. 试证明: $\gamma_{p,q}$ 代表的同调类是 $p[\lambda] + q[\mu]$.

*\***习题 6.8**　设 $p, q$ 是互素的自然数. 则存在整数 $s, t$ 使得

$$\det \begin{pmatrix} s & p \\ t & q \end{pmatrix} = 1.$$

取两个实心环 $V_1, V_2$, 它们的表面记作 $T_1^2, T_2^2$. 定义一个同胚映射

$$h : T_1^2 \to T_2^2, \qquad (e^{i\theta}, e^{i\phi}) \mapsto (e^{i(s\theta+p\phi)}, e^{i(t\theta+q\phi)}),$$

它把 $V_1$ 的经圈变成 $V_2$ 的 $(p,q)$ 曲线. 通过同胚 $h$ 把 $V_1, V_2$ 的表面粘合起来得到的空间 $V_1 \cup_h V_2$ 称为透镜空间 $L(p,q)$. 试计算它的同调群.

## 6.4　射影空间的同调群

实射影空间 $RP^n$ 是一种常见的空间，有几种互相等价的定义方法：

(1) $n+1$ 维实空间中过原点的所有直线组成的空间. 换句话说，在 $R^{n+1} - 0$ 中定义等价关系 $(x_0, x_1, \cdots, x_n) \sim \lambda(x_0, x_1, \cdots, x_n)$, 对任意实数 $\lambda \neq 0$, 所得的商空间称为 $n$ 维实射影空间 $RP^n$. 或者说，$RP^n = R^{n+1} - 0/\{x \sim \lambda x, \forall \lambda \neq 0 \in R, \forall x \in R^{n+1} - 0\}$.

(2) $n$ 维球面上把每一对对径点叠合成一点所得的空间. 也就是说，$RP^n = S^n/\{x \sim -x, \forall x \in S^n\}$. 这是我们以后常用的说法，叠合映射记作 $\pi_{(n)} : S^n \to RP^n$.

(3) $n$ 维实心球 ($D^n$ 看成 $S^n$ 的上半球面) 把边缘上的每一对对径点叠合成一点所得的空间. 亦即 $RP^n = D^n/\{x \sim -x, \forall x \in S^{n-1}\}$.

这三种定义方法的等价性是显而易见的. 从第三种定义，我们可以把 $RP^n$ 看成是在 $RP^{n-1}$ 上粘贴一个 $n$ 维胞腔而得，粘贴映射正好是 $\pi_{(n-1)} : S^{n-1} \to RP^{n-1}$.

射影直线 $RP^1$ 是把圆周的对径点叠合起来，仍同胚于圆周. 所以 $H_*(RP^1)$ 是已知的. 叠合映射 $\pi_{(1)} : S^1 \to RP^1$ 是绕 $RP^1$ 两圈，度 $\deg = 2$.

射影平面 $RP^2$ 是把实心圆的圆周上对径点叠合起来，$RP^2 = RP^1 \cup_{\pi_{(1)}} D^2$. 从推论 6.7 得到正合列

$$0 \longrightarrow H_2(RP^2) \longrightarrow Z \xrightarrow{2} Z \longrightarrow H_1(RP^2) \longrightarrow 0.$$

由此得到

$$H_2(RP^2) = 0, \quad H_1(RP^2) = Z_2, \quad H_0(RP^2) = Z,$$

其余的 $H_q(RP^2) = 0$.

3 维射影空间的同调群也可以计算. $RP^3 = RP^2 \cup_{\pi_{(2)}} D^3$. 由于 $H_2(RP^2) = 0$, 从推论 6.7 得到正合列

$$0 \longrightarrow H_3(RP^3) \longrightarrow Z \longrightarrow 0 \longrightarrow H_2(RP^3) \longrightarrow 0.$$

由此得到

$$H_3(RP^3) = Z, \quad H_2(RP^3) = 0, \quad H_1(RP^3) = Z_2, \quad H_0(RP^3) = Z,$$

其余的 $H_q(RP^3) = 0$.

再提高一维，计算 4 维射影空间的同调群时，我们需要知道同态 $\pi_{(3)*} : H_3(S^3) \to H_3(RP^3)$，留待以后再说.

复射影空间 $CP^n$ 也是一种常见的空间，也有几种互相等价的定义方法：

(1) $n+1$ 维复空间中过原点的所有复直线组成的空间. 换句话说，在 $C^{n+1} - 0$ 中定义等价关系 $(z_0, z_1, \cdots, z_n) \sim \lambda(z_0, z_1, \cdots, z_n)$，对任意复数 $\lambda \neq 0$，所得的商空间称为 $n$ 维复射影空间 $CP^n$. 或者说，$CP^n = C^{n+1} - 0/\{z \sim \lambda z, \, \forall \lambda \neq 0 \in C, \, \forall z \in C^{n+1} - 0\}$.

(2) $2n+1$ 维球面上把一族圆周中的每一个叠合成一点所得的空间. 具体地说，把 $S^{2n+1}$ 看成 $\{z = (z_0, z_1, \cdots, z_n) \in C^{n+1} \mid \|z\|^2 = 1\}$；定义 $CP^n = S^{2n+1}/\{z \sim e^{i\theta} z, \, \forall \theta \in R, \, \forall z \in S^{2n+1}\}$. 这是我们以后常用的说法，叠合映射记作 $\pi_{(n)} : S^{2n+1} \to CP^n$.

(3) $2n$ 维实心球把边缘上一族圆周中的每一个叠合成一点所得的空间. 亦即把 $D^{2n}$ 看成 $S^{2n+1}$ 中最后一个坐标 $z_n$ 是非负实数的部分 $\{(z', (1 - \|z'\|^2)^{\frac{1}{2}}) \in C^n \times C \mid z' = (z_0, \cdots, z_{n-1}) \in C^n, \|z'\| \leq 1\}$；那么当 $z_n \neq 0$ 时，每个圆周 $\{e^{i\theta} z\}$ 与 $D^{2n}$ 只交于一点，所以 $CP^n = D^{2n}/\{z' \sim e^{i\theta} z', \, \forall \theta \in R, \, \forall z' \in S^{2n-1}\}$.

这三种定义方法是等价的. 从第三种定义，我们可以把 $CP^n$ 看成是在 $CP^{n-1}$ 上粘贴一个 $2n$ 维胞腔而得，粘贴映射正好是 $\pi_{(n-1)} : S^{2n-1} \to CP^{n-1}$.

复射影直线 $CP^1$ 就是复数球面 $C \cup \{\infty\}$，同胚于 $S^2$. 所以 $H_*(CP^1)$ 是已知的.

**习题 6.9** 计算复射影空间 $CP^n$ 的同调群.

# 第二章　相对同调与上同调

我们已经简单明快地定义了拓扑空间的同调群，并讨论了其基本性质. 同调群的概念在应用于各种拓扑问题的过程中得到发展，产生了一些推广，犹如音乐中的变奏. 本章介绍这些延伸，请读者随时注意与上一章的异同与联系. 凡是与上一章平行的论证我们将要求读者自己来做，以加深理解.

## §1　相对同调群

一个拓扑空间 $X$ 与它的一个子空间 $A$ 放在一起，称为一个**拓扑空间偶** $(X, A)$. 拓扑空间偶之间的映射 $f : (X, A) \to (Y, B)$，意思是映射 $f : X \to Y$ 满足 $f(A) \subset B$. 空间偶映射的同伦 $f \simeq g : (X, A) \to (Y, B)$，则是指存在联结 $f, g$ 的同伦 $F : (X \times I, A \times I) \to (Y, B)$.

拓扑空间偶，以及它们之间的连续映射，在通常的复合规则之下，组成一个范畴，简称为 "拓扑空间偶的范畴"，以后写成 {空间偶，映射}.

### 1.1　空间偶的相对同调群

**定义 1.1**　设 $(X, A)$ 是空间偶.　$S_q(X)$ 自然地包含 $S_q(A)$ 为子群，空间偶 $(X, A)$ 的 $q$ 维**奇异链群**定义为商群

$$S_q(X, A) := S_q(X)/S_q(A).$$

边缘算子 $\partial_q : S_q(X) \to S_{q-1}(X)$ 把子群 $S_q(A)$ 映入 $S_{q-1}(A)$，它在

商群上诱导的同态 $S_q(X)/S_q(A) \to S_{q-1}(X)/S_{q-1}(A)$ 称为空间偶 $(X, A)$ 的**边缘算子** $\partial_q : S_q(X, A) \to S_{q-1}(X, A)$. 显然两次边缘仍为零. 空间偶 $(X, A)$ 的**相对奇异链复形**定义为

$$S_*(X, A) := \{S_q(X, A), \partial_q\}.$$

我们有时简单写成 $S_*(X, A) = S_*(X)/S_*(A)$. 链复形 $S_*(X, A)$ 的同调群称为空间偶 $(X, A)$ 的**相对奇异同调群**, 记作

$$H_*(X, A) := H_*(S_*(X, A)).$$

空间偶 $(X, A)$ 的相对闭链、相对边缘链、相对同调类等等, 就是指 $S_*(X, A)$ 的闭链、边缘链、同调类等等.

**定义 1.2** 设 $f : (X, A) \to (Y, B)$ 是空间偶的映射. 链映射 $f_\# : S_*(X) \to S_*(Y)$ 把子链复形 $S_*(A)$ 映入 $S_*(B)$, 在商群上诱导的同态 $\{f_\# : S_q(X, A) \to S_q(Y, B)\}$ 仍与边缘算子可交换, 称为 $f : (X, A) \to (Y, B)$ 所诱导的**相对链映射** $f_\# : S_*(X, A) \to S_*(Y, B)$. 映射 $f : (X, A) \to (Y, B)$ 所诱导的**相对同调的同态** $f_* : H_*(X, A) \to H_*(Y, B)$, 就是指链映射 $f_\# : S_*(X, A) \to S_*(Y, B)$ 所诱导的同调同态 $(f_\#)_* : H_*(S_*(X, A)) \to H_*(S_*(Y, B))$.

这样, 我们得到从拓扑空间偶的范畴到链复形的范畴的**相对链函子** $S_* : \{空间偶, 映射\} \to \{链复形, 链映射\}$ 和到分次 Abel 群范畴的**相对同调函子** $H_* : \{空间偶, 映射\} \to \{分次群, 同态\}$.

单个的拓扑空间 $X$ 也可以看成一个空间偶 $(X, \emptyset)$, 所以空间的范畴 $\{空间, 映射\}$ 可以看成空间偶范畴 $\{空间偶, 映射\}$ 的子范畴. 我们现在做的, 就是把奇异链、奇异同调等等从空间推广到空间偶.

**注记 1.1** 相对链复形 $S_*(X, A)$ 的基是集合 $\{X$ 中奇异单形$\}$ 减去 $\{A$ 中奇异单形$\}$, 所以一个链 $\bar{c}_q \in S_q(X, A)$ 也可以看成 $X$ 上的链, 但是忽略 (不去注意) 它在 $A$ 中奇异单形上的系数. 它在 $(X, A)$ 的边缘 $\partial^{(X,A)}\bar{c}_q$, 是从它在 $X$ 上的边缘 $\partial^X \bar{c}_q$ 忽略其在 $A$ 中奇异

单形上的部分而得, 所以 $\bar{c}_q$ 是相对闭链当且仅当它在 $X$ 上的边缘 $\partial^{(X,A)}\bar{c}_q$ 整个落在 $A$ 中.

映射 $f:(X,A) \to (Y,B)$ 诱导的链映射 $f_\# : S_*(X,A) \to S_*(Y,B)$, 是把链 $\bar{c}_q \in S_q(X,A)$ 先看成 $X$ 上的链映到 $Y$ 上的链 $f_\#^X(\bar{c}_q)$, 然后把其在 $B$ 中奇异单形上的部分略去.

**习题 1.1** 设 $(X,A)$ 是空间偶. 设 $X = \bigcup_{\lambda \in \Lambda} X_\lambda$ 是 $X$ 的道路连通支分解, $A_\lambda = A \cap X_\lambda$. 证明: 有直和分解

$$H_*(X,A) = \bigoplus_{\lambda \in \Lambda} H_*(X_\lambda, A_\lambda).$$

**思考题 1.2** 在每个维数 $q$ 有链群的直和分解 $S_q(X) = S_q(A) \oplus S_q(X,A)$. 我们能不能说有链复形的直和分解 $S_*(X) = S_*(A) \oplus S_*(X,A)$ 从而有同调群的直和分解 $H_*(X) = H_*(A) \oplus H_*(X,A)$?

从以上的定义知道, 对于空间偶 $(X,A)$ 总有链复形的短正合序列

$$0 \longrightarrow S_*(A) \xrightarrow{i\#} S_*(X) \xrightarrow{j\#} S_*(X,A) \longrightarrow 0,$$

其中 $i:A \to X$ 和 $j:(X,\emptyset) \to (X,A)$ 都是含入映射. 对于空间偶的映射 $f:(X,A) \to (Y,B)$ 总有链复形与链映射的交换图表

$$
\begin{array}{ccccccccc}
0 & \longrightarrow & S_*(A) & \xrightarrow{i\#} & S_*(X) & \xrightarrow{j\#} & S_*(X,A) & \longrightarrow & 0 \\
& & \downarrow{f_\#} & & \downarrow{f_\#} & & \downarrow{f_\#} & & \\
0 & \longrightarrow & S_*(B) & \xrightarrow{i\#} & S_*(Y) & \xrightarrow{j\#} & S_*(Y,B) & \longrightarrow & 0
\end{array}
$$

所以我们有

**定理 1.2 (空间偶的同调序列)** 设 $(X,A)$ 是空间偶. 则下面的同调序列

$$\cdots \xrightarrow{\partial_*} H_q(A) \xrightarrow{i_*} H_q(X) \xrightarrow{j_*} H_q(X,A) \xrightarrow{\partial_*} H_{q-1}(A) \xrightarrow{i_*} \cdots$$

是正合的.                                                              □

与单个空间不同的是, 对于空间偶的 "简约" 相对同调没有给出新的东西, 因为两个商链复形 $S_*(X)/S_*(A)$ 与 $\widetilde{S}_*(X)/\widetilde{S}_*(A)$ 完全相同. 把定理 1.2 中的同调群都换成简约同调群, 所得的 "简约同调序列" 仍是正合的. 也就是说, 有

**推论 1.3 (空间偶的简约同调序列)**    设 $(X,A)$ 是空间偶. 则有下面的正合同调序列

$$\cdots \xrightarrow{\partial_*} \widetilde{H}_q(A) \xrightarrow{i_*} \widetilde{H}_q(X) \xrightarrow{j_*} H_q(X,A) \xrightarrow{\partial_*} \widetilde{H}_{q-1}(A) \xrightarrow{i_*} \cdots.$$

**注记 1.4**    空间偶同调序列中的边缘同态

$$\partial_* : H_q(X,A) \to H_{q-1}(A)$$

可以描述如下 (参看图 2.1). 设相对闭链 $\bar{z} \in Z_q(X,A)$ 是同调类 $[\bar{z}] \in H_q(X,A)$ 的代表. 则 $\bar{z}$ 作为 $(X,A)$ 的奇异链, 可以看作 $X$ 上的奇异链 (在 $A$ 中奇异单形的系数随便取); 而作为相对闭链, 它在 $X$ 上的边缘 $\partial^X \bar{z}$ 必须落在 $A$ 中. 容易看出 $\partial^X \bar{z} \in Z_{q-1}(A)$, 因为 $\partial^A(\partial^X \bar{z}) = \partial^X(\partial^X \bar{z}) = 0$. 同调类 $[\partial^X \bar{z}] \in H_{q-1}(A)$ 就是 $\partial_*([\bar{z}])$.

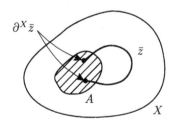

图 2.1    空间偶同调序列中的边缘同态

**例 1.1**    设 $x_0$ 是空间 $X$ 的一个点. 则 $H_*(X, x_0) \cong \widetilde{H}_*(X)$.

**例 1.2**    相对同调群

$$H_q(D^n, S^{n-1}) \cong \widetilde{H}_{q-1}(S^{n-1}) \cong \begin{cases} \mathbf{Z}, & \text{当 } q = n, \\ 0, & \text{当 } q \neq n. \end{cases}$$

**定理 1.5 (空间偶同调序列的自然性)** 设 $f:(X,A) \to (Y,B)$ 是空间偶的映射. 则有下面的交换图表:

$$\cdots \xrightarrow{\partial_*} H_q(A) \xrightarrow{i_*} H_q(X) \xrightarrow{j_*} H_q(X,A) \xrightarrow{\partial_*} H_{q-1}(A) \xrightarrow{i_*} \cdots$$
$$\downarrow f_* \qquad \downarrow f_* \qquad \downarrow f_* \qquad \downarrow f_*$$
$$\cdots \xrightarrow{\partial_*} H_q(B) \xrightarrow{i_*} H_q(Y) \xrightarrow{j_*} H_q(Y,B) \xrightarrow{\partial_*} H_{q-1}(B) \xrightarrow{i_*} \cdots \quad \Box$$

**定理 1.6 (同伦不变性)** 同伦的映射 $f \simeq g:(X,A) \to (Y,B)$ 诱导相同的同调同态 $f_* = g_* : H_*(X,A) \to H_*(Y,B)$.

**证明** 设 $F:(X \times I, A \times I) \to (Y,B)$ 是联结 $f,g$ 的同伦. 请读者重温上一章定理 3.8 的证明, 把它相对化. 关键的地方是, 当时在 (B) 段中构作的链同伦 $P:S_q(X) \to S_{q+1}(X \times I)$ 同时把 $S_q(A)$ 映入 $S_{q+1}(A \times I)$, 所以给出相对链同伦 $P:\iota_{0\#} \simeq \iota_{1\#} : S_*(X,A) \to S_*(X \times I, A \times I)$. $\Box$

**推论 1.7 (同伦型不变性)** 设拓扑空间偶 $(X,A)$ 与 $(Y,B)$ 有相同的同伦型, $(X,A) \simeq (Y,B)$. 则它们的相对同调群同构, $H_*(X,A) \cong H_*(Y,B)$. $\Box$

## 1.2 切除定理

**定理 1.8 (切除定理)** 设 $(X,A)$ 是空间偶, 子集 $W \subset A$ 使 $\overline{W} \subset \operatorname{Int} A$. 则含入映射 $i:(X-W, A-W) \to (X,A)$ 诱导相对同调群的同构

$$i_* : H_*(X-W, A-W) \xrightarrow{\cong} H_*(X,A).$$

定理的名称可以从图 2.2 去体会: 从 $X$ 与 $A$ 中同时把 $W$ 切去. 其实, 换一个角度, 这定理是下面定理的推论. (把 $X-W$ 改写成 $X_1$, 把 $A$ 改写成 $X_2$, 则 $\operatorname{Int} X_1 \cup \operatorname{Int} X_2 = X$, 所以根据上一章定理 3.13, $\{X_1, X_2\}$ 是 Mayer-Vietoris 耦. )

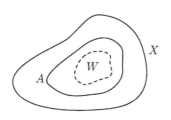

图 2.2 切除定理

**定理 1.9** 设 $X_1$, $X_2$ 是 $X$ 的子空间. 那么, $\{X_1, X_2\}$ 是 Mayer-Vietoris 耦的充分必要条件是, 含入映射 $i : (X_1, X_1 \cap X_2) \to (X_1 \cup X_2, X_2)$ 诱导相对同调群的同构

$$i_* : H_*(X_1, X_1 \cap X_2) \xrightarrow{\cong} H_*(X_1 \cup X_2, X_2).$$

**证明** 为排版方便起见, 记 $S_+(X) := S_*(X_1) + S_*(X_2)$. 注意, 商链复形 $S_+(X)/S_*(X_2) = S_*(X_1)/S_*(X_1) \cap S_*(X_2) = S_*(X_1)/S_*(X_1 \cap X_2) = S_*(X_1, X_1 \cap X_2)$. 在链复形偶 $(S_+(X), S_*(X_2))$ 的正合同调序列中作这个替换, 我们得到正合序列的交换图表

$$
\begin{array}{ccccccccc}
\to & H_q(X_2) & \to & H_q(S_+(X)) & \to & H_q(X_1, X_1 \cap X_2) & \xrightarrow{\partial_*} & H_{q-1}(X_2) & \to \\
& \| & & \downarrow & & \downarrow & & \| & \\
\to & H_q(X_2) & \to & H_q(X_1 \cup X_2) & \to & H_q(X_1 \cup X_2, X_2) & \xrightarrow{\partial_*} & H_{q-1}(X_2) & \to
\end{array}
$$

其中没有标记的箭头都是含入映射所诱导. 然后用 "五引理" 就得到本定理的结论. □

这个定理说明, 切除定理 1.8 与上一章的 Mayer-Vietoris 定理 4.8 本质上是一回事.

**思考题 1.3** 设 $(X, A)$ 是空间偶, $\{A_1, A_2\}$ 是 Mayer-Vietoris 耦. 试建立**相对 Mayer-Vietoris 序列**

$$\cdots \xrightarrow{\partial_*} H_q(X, A_1 \cap A_2) \xrightarrow{\text{差}} H_q(X, A_1) \oplus H_q(X, A_2) \xrightarrow{\text{和}}$$

$$H_q(X, A_1 \cup A_2) \xrightarrow{\partial_*} H_{q-1}(X, A_1 \cap A_2) \xrightarrow{\text{差}} \cdots.$$

下面的定理说明相对同调群与绝对同调群的关系.

**定理 1.10** 设 $(X, A)$ 是空间偶, $A$ 非空, $CA$ 表示子空间 $A$ 上的锥形. 则

$$H_*(X, A) \cong \widetilde{H}_*(X \cup CA).$$

**证明** 看空间偶 $(X \cup CA, CA)$, 如图 2.3. 首先, $H_*(X \cup CA, CA) \cong \widetilde{H}_*(X \cup CA)$. 这是因为在空间偶 $(X \cup CA, CA)$ 的简约同调序列中, 锥形 $CA$ 是可缩空间, 其简约同调 $\widetilde{H}_*(CA) = 0$.

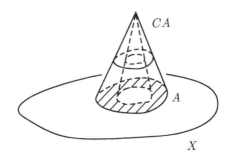

图 2.3　相对同调群与绝对同调群的关系

其次, 根据切除定理 1.8 我们可以从空间偶 $(X \cup CA, CA)$ 中切除上半锥 $W = (A \times [\frac{1}{2}, 1])/(A \times \{1\})$, 切除后的空间偶是 $(X \cup A \times [0, \frac{1}{2}), A \times [0, \frac{1}{2}))$; 后者以空间偶 $(X, A)$ 为形变收缩核, 根据同伦型不变性 (推论 1.7) 它们有相同的相对同调群. 所以

$$H_*(X \cup CA, CA) \cong H_*\left(X \cup A \times \left[0, \frac{1}{2}\right), A \times \left[0, \frac{1}{2}\right)\right) \cong H_*(X, A).$$

$\square$

**思考题 1.4** 怎样把空间偶 $(X, A)$ 的简约同调序列 (推论 1.3) 和含入映射 $A \xrightarrow{i} X$ 的简约同调序列 (第一章推论 6.5) 联系起来?

**例 1.3** 设 $\bar{s}_n$ 是以 $a_0, a_1, \cdots, a_n$ 为顶点的 $n$ 维闭单形, 以 $\dot{s}_n$ 记其边缘. 显然空间偶 $(\bar{s}_n, \dot{s}_n)$ 同胚于 $(D^n, S^{n-1})$. 线性奇异单形 $(a_0 a_1 \cdots$

$a_n$) : $\Delta_n \to \bar{s}_n$ 的边缘落在 $\dot{s}_n$ 中, 所以它是空间偶 $(\bar{s}_n, \dot{s}_n)$ 的相对奇异闭链. 我们来证明其同调类 $[a_0 a_1 \cdots a_n]$ 是 $H_n(\bar{s}_n, \dot{s}_n) \cong \mathbf{Z}$ 的生成元.

对 $n$ 作归纳法. 当 $n = 0$ 时易见是正确的. 对 $n > 0$, 记 $\bar{t}_{n-1}$ 为以 $a_1, \cdots, a_n$ 为顶点的 $n-1$ 维闭单形, 记 $\Lambda$ 为以 $a_0$ 为顶以 $\dot{t}_{n-1}$ 为底的锥形. 看下面这些同调同态

$$H_n(\bar{s}_n, \dot{s}_n) \xrightarrow[\cong]{\partial_*} \widetilde{H}_{n-1}(\dot{s}_n) \xrightarrow[\cong]{j_*} H_{n-1}(\dot{s}_n, \Lambda) \xleftarrow[\text{切除}]{i_*} H_{n-1}(\bar{t}_{n-1}, \dot{t}_{n-1}).$$

第一个是空间偶 $(\bar{s}_n, \dot{s}_n)$ 的简约同调序列中的边缘同态, 第二个是空间偶 $(\dot{s}_n, \Lambda)$ 的简约同调序列中的同态, 第三个是切除同态 (见定理 1.9), 全是同构. 根据注记 1.4, 我们算得

$$i_*^{-1} j_* \partial_*([a_0 \cdots a_n]) = [a_1 \cdots a_n] \in H_{n-1}(\bar{t}_{n-1}, \dot{t}_{n-1}).$$

由此就可以完成归纳法.    □

**例 1.4**    设 $\pi$ 是集合 $\{0, 1, \cdots, n\}$ 的一个置换. 则在上例中

$$[a_{\pi(0)} a_{\pi(1)} \cdots a_{\pi(n)}] = (\operatorname{sgn} \pi)[a_0 a_1 \cdots a_n] \in H_n(\bar{s}_n, \dot{s}_n),$$

这里 $\operatorname{sgn} \pi = \pm 1$ 由置换 $\pi$ 的奇偶性决定.

我们只需证明, 当 $\pi$ 是相邻两数 $i$, $i+1$ 对换时此式成立, $0 \le i < n$. 计算一个特别的 $n+1$ 维线性奇异单形的边缘:

$$\begin{aligned}
\partial(a_0 \cdots a_{i-1} a_i a_{i+1} a_i a_{i+2} \cdots a_n) &= (-1)^i (a_0 \cdots a_{i-1} a_{i+1} a_i a_{i+2} \cdots a_n) \\
&\quad + (-1)^{i+2} (a_0 \cdots a_{i-1} a_i a_{i+1} a_{i+2} \cdots a_n) \\
&\quad + \text{落在 } \dot{s}_n \text{ 中的各项.}
\end{aligned}$$

所以根据注记 1.1, 在相对同调群 $H_n(\bar{s}_n, \dot{s}_n)$ 中有

$$[a_0 \cdots a_{i-1} a_{i+1} a_i a_{i+2} \cdots a_n] + [a_0 \cdots a_{i-1} a_i a_{i+1} a_{i+2} \cdots a_n] = 0. \quad □$$

**习题 1.5**    计算 $H_*(X, A)$: (1) $X = S^2$, $A$ 是其赤道; (2) $X = $ Möbius 带, $A$ 是其边缘.

**习题 1.6** 设有空间偶的映射 $f:(X,A) \to (Y,B)$，使得 $f:X \to Y$ 和 $f|A:A \to B$ 都是同伦等价.（但是 $f:(X,A) \to (Y,B)$ 不必是空间偶的同伦等价，例如含入映射 $(D^n, S^{n-1}) \to (D^n, D^n - 0)$ 就不是空间偶的同伦等价.）试证明 $f_*: H_*(X,A) \to H_*(Y,B)$ 是同构.

**习题 1.7** 试举出空间偶 $(X,A)$ 与 $(Y,B)$，使得 $X \simeq Y$, $A \simeq B$，但是 $H_*(X,A) \ncong H_*(Y,B)$.

**习题 1.8** 设 $F$ 是带边曲面，$B$ 是其边缘. 试根据带边曲面的拓扑分类定理，计算相对同调群 $H_*(F,B)$.

### 1.3 空间三元组的同调序列

为了后面的需要，我们提一提空间三元组.

一个拓扑空间 $X$ 与它的两个子空间 $A \supset B$ 放在一起，称为一个**空间三元组** $(X,A,B)$. 空间三元组之间的映射 $f:(X,A,B) \to (X',A',B')$，意思是映射 $f:X \to X'$ 满足 $f(A) \subset A'$, $f(B) \subset B'$. 空间偶 $(X,A)$ 也可以看成一个空间三元组 $(X,A,\emptyset)$.

设 $(X,A,B)$ 是空间三元组，$B \subset A \subset X$. 我们总有链复形的短正合序列

$$0 \longrightarrow S_*(A,B) \xrightarrow{i_\#} S_*(X,B) \xrightarrow{j_\#} S_*(X,A) \longrightarrow 0,$$

其中 $i:(A,B) \to (X,B)$ 和 $j:(X,B) \to (X,A)$ 都是空间偶的含入映射.（请读者想一想它为什么是正合的.）对于空间三元组的映射 $f:(X,A,B) \to (X',A',B')$ 总有链复形与链映射的交换图表

$$
\begin{array}{ccccccccc}
0 & \to & S_*(A,B) & \xrightarrow{i_\#} & S_*(X,B) & \xrightarrow{j_\#} & S_*(X,A) & \to & 0 \\
& & \downarrow{f_\#} & & \downarrow{f_\#} & & \downarrow{f_\#} & & \\
0 & \to & S_*(A',B') & \xrightarrow{i_\#} & S_*(X',B') & \xrightarrow{j_\#} & S_*(X',A') & \to & 0
\end{array}
$$

所以根据第一章定理 4.1 和 4.2 我们有

**定理 1.11 (三元组的同调序列)**  设 $(X, A, B)$ 是空间三元组. 则同调序列

$$\xrightarrow{\partial_*} H_q(A, B) \xrightarrow{i_*} H_q(X, B) \xrightarrow{j_*} H_q(X, A) \xrightarrow{\partial_*} H_{q-1}(A, B) \xrightarrow{i_*}$$

是正合的.                                                            □

**定理 1.12 (同调序列的自然性)**  设 $f : (X, A, B) \to (X', A', B')$ 是空间三元组的映射. 则有下面的交换图表:

$$\begin{array}{ccccccccc}
\xrightarrow{\partial_*} & H_q(A, B) & \xrightarrow{i_*} & H_q(X, B) & \xrightarrow{j_*} & H_q(X, A) & \xrightarrow{\partial_*} & H_{q-1}(A, B) & \xrightarrow{i_*} \\
& \downarrow f_* & & \downarrow f_* & & \downarrow f_* & & \downarrow f_* & \\
\xrightarrow{\partial_*} & H_q(A', B') & \xrightarrow{i_*} & H_q(X', B') & \xrightarrow{j_*} & H_q(X', A') & \xrightarrow{\partial_*} & H_{q-1}(A', B') & \xrightarrow{i_*}
\end{array}$$
                                                            □

三元组同调序列中的边缘同态, 可以用空间偶同调序列的边缘同态表示出来.

**命题 1.13**  设 $(X, A, B)$ 是空间三元组, $C \subset B$. 则 $(X, A, B)$ 的同调序列中的边缘同态 $H_q(X, A) \xrightarrow{\partial_*} H_{q-1}(A, B)$ 有下面的分解:

$$H_q(X, A) \xrightarrow{\partial_*} H_{q-1}(A, C) \xrightarrow{j_*} H_{q-1}(A, B),$$

其中第一个是空间三元组 $(X, A, C)$ 的同调序列中的边缘同态, 第二个是空间偶的含入映射 $j : (A, C) \to (A, B)$ 所诱导.

**证明**  根据定理 1.12, 含入映射 $j : (X, A, C) \to (X, A, B)$ 给我们一个交换图表

$$\begin{array}{ccccccccc}
\xrightarrow{\partial_*} & H_q(A, C) & \xrightarrow{i_*} & H_q(X, C) & \xrightarrow{j_*} & H_q(X, A) & \xrightarrow{\partial_*} & H_{q-1}(A, C) & \xrightarrow{i_*} \\
& \downarrow j_* & & \downarrow j_* & & \| j_* & & \downarrow j_* & \\
\xrightarrow{\partial_*} & H_q(A, B) & \xrightarrow{i_*} & H_q(X, B) & \xrightarrow{j_*} & H_q(X, A) & \xrightarrow{\partial_*} & H_{q-1}(A, B) & \xrightarrow{i_*}
\end{array}$$

这里第一行正是三元组 $(X, A, C)$ 的同调序列. 右边方块的交换性就

是我们所要的分解. □

## §2 局部同调群, 局部定向与映射度

相对同调群使我们能把空间的整体与局部联系起来. 作为其初步的应用, 本节将讨论流形的定向与局部坐标系的关系.

### 2.1 局部同调群

**定义 2.1** 设 $X$ 是 Hausdorff 空间 (因而每一点是个闭集), $x \in X$ 是其中一点. 空间 $X$ 在点 $x$ 处的**局部同调群**规定为 $H_*(X, X - x)$. 注意, 若 $U$ 是 $x$ 的任意开邻域, 则切除定理告诉我们, 通过含入映射可以把 $H_*(U, U - x)$ 与 $H_*(X, X - x)$ 等同起来.

显然, 局部同调群只反映 $X$ 在 $x$ 附近的性质, 而且有局部同胚不变性.

**命题 2.1** 设 $X, Y$ 是 Hausdorff 空间, $x, y$ 分别是其中的点. 设有 $x, y$ 的邻域 $U, V$ 以及同胚 $\phi : (U, x) \to (V, y)$. 则 $\phi_* : H_*(U, U - x) \to H_*(V, V - y)$ 是同构. □

**命题 2.2** $n$ 维欧几里得空间 $\boldsymbol{R}^n$ 在原点 0 处的局部同调群是

$$H_q(\boldsymbol{R}^n, \boldsymbol{R}^n - 0) = \begin{cases} 0, & \text{当 } q \neq n, \\ \boldsymbol{Z}, & \text{当 } q = n. \end{cases}$$

**证明** 根据切除定理和同伦定理,

$$H_*(\boldsymbol{R}^n, \boldsymbol{R}^n - 0) \cong H_*(D^n, D^n - 0) \cong H_*(D^n, S^{n-1}).$$

由此得到所需的结论. □

**定义 2.2** 一个 Hausdorff 空间 $X$ 称为 $n$ **维流形**, 如果每一点 $x \in X$ 有一个邻域 $U$ 同胚于 $\boldsymbol{R}^n$. 这样的邻域称为 $x$ 的**欧几里得邻域**, 每个同胚 $\phi : U \cong \boldsymbol{R}^n$ 给出 $U$ 上的一个局部坐标系.

**推论 2.3**  设 $X$ 是 $n$ 维流形，$x \in X$. 则
$$H_q(X, X - x) = \begin{cases} 0, & \text{当 } q \neq n, \\ \boldsymbol{Z}, & \text{当 } q = n. \end{cases} \qquad \square$$

## 2.2  流形的局部定向

几何学中，流形的局部定向是用局部坐标系规定的. 两个局部坐标系给出相同或相反的定向，取决于坐标变换的 Jacobi 行列式的正负. 拓扑学中，局部定向则是用局部同调群的生成元来定义的.

**定义 2.3**  设 $X$ 是 $n$ 维流形，$x \in X$. 则 $H_n(X, X - x)$ 的一个生成元 $o_x$ 称为 $X$ 在 $x$ 处的一个**局部定向**. 在每一点处恰有两个局部定向 $\pm o_x$.

以后我们约定，$n$ 维欧几里得空间 $\boldsymbol{R}^n = \{(x_1, x_2, \cdots, x_n) \mid x_i \in \boldsymbol{R}\}$ 在其点 $a = (a_1, a_2, \cdots, a_n)$ 处的**标准定向** $\varepsilon^n$ 是指由下列顶点对应所决定的线性奇异单形 $\alpha : \Delta_n \to \boldsymbol{R}^n$，
$$\alpha : \begin{cases} e_0 \mapsto (a_1 - 1, a_2 - 1, \cdots, a_n - 1), \\ e_1 \mapsto (a_1 + 1, a_2, \cdots, a_n), \\ \cdots\cdots \\ e_n \mapsto (a_1, a_2, \cdots, a_n + 1) \end{cases}$$
所代表的同调类 $[\alpha] \in H_n(\boldsymbol{R}^n, \boldsymbol{R}^n - a)$. 由于标准定向在 $\boldsymbol{R}^n$ 的平移下是不变的，所以通常不必指明是哪一点处的标准定向.

**思考题 2.1**  证明 $\alpha$ 确实是空间偶 $(\boldsymbol{R}^n, \boldsymbol{R}^n - a)$ 的相对闭链，而且代表其同调群的一个生成元.

设 $\phi : (U, x) \to (\boldsymbol{R}^n, a)$ 是流形 $X$ 在 $x$ 处的一个局部坐标系. 我们把 $\phi_*^{-1}(\varepsilon^n) \in H_n(U, U - x)$ 称为 $x$ 处由这个**局部坐标系所决定的定向**，记作 $o_\phi$.

**例 2.1**  设 $s_n$ 是以 $a_0, a_1, \cdots, a_n$ 为顶点的 $n$ 维单形，$\dot{s}_n$ 是其边缘. $s_n$ 中的点可唯一地写成 $x = \sum\limits_{i=0}^{n} x_i a_i$，$x_i \geq 0$，$\sum\limits_{i=0}^{n} x_i = 1$. $(x_0, x_1,$

$x_2, \cdots, x_n)$ 称为 $x$ 的**重心坐标**. $s_n$ 的内部 $s_n - \dot{s}_n$ 的点的特征是所有重心坐标都 $> 0$.

在 $s_n$ 的内部规定 $(x_1, x_2, \cdots, x_n)$ 为标准的局部坐标系 ($x_0$ 被这些坐标决定, 所以舍去). 则它所决定的定向恰好是同调类 $[a_0 \cdots a_n] \in H_n(s_n, s_n - x) = H_n(s_n, \dot{s}_n)$. (参看例 1.3.)

**引理 2.4** 设 $f : (\mathbf{R}^n, a) \to (\mathbf{R}^n, b)$ 是光滑同胚, 在 $a$ 处的 Jacobi 矩阵 $F$ 非退化. 则 $f_* : H_n(\mathbf{R}^n, \mathbf{R}^n - a) \to H_n(\mathbf{R}^n, \mathbf{R}^n - b)$ 把 $\varepsilon^n$ 映成 $\pm\varepsilon^n$, 正负号与行列式 $\det F$ 的正负号一致. 换句话说, $f$ 是保持还是反转定向就看其 Jacobi 行列式的正负.

因而, 如果 $g : (X, x) \to (Y, y)$ 是 $n$ 维光滑流形之间的光滑映射, 在局部坐标系 $\phi : (U, x) \cong (\mathbf{R}^n, a)$ 与 $\psi : (V, y) \cong (\mathbf{R}^n, b)$ 下 $g$ 在 $x$ 处的 Jacobi 矩阵 $F$ 非退化, 则 $g$ 把局部定向 $o_\phi$ 映成局部定向 $\pm o_\psi$, 正负号与 $\det F$ 的一致.

**\*证明** 先证前一论断. 以 $f' : (\mathbf{R}^n, a) \to (\mathbf{R}^n, b)$ 表示 $f$ 的切映射, 它是一个以 $F$ 为矩阵的仿射同胚. 则存在 $a$ 的小邻域 $W$ 使得 $f \simeq f' : (W, W - a) \to (\mathbf{R}^n, \mathbf{R}^n - b)$. 理由是 $f - f'$ 是高阶无穷小, 所以在充分小的邻域 $W$ 上 $\|f - f'\| < \|f - b\|$, 因而可取同伦 $h_t = (1-t)f + tf' : (W, W - a) \to (\mathbf{R}^n, \mathbf{R}^n - b)$. 于是 $f_* = f'_* : H_n(W, W - a) \to H_n(\mathbf{R}^n, \mathbf{R}^n - b)$, 问题归结为论断对仿射同胚 $f'$ 是否正确.

以 $F : (\mathbf{R}^n, 0) \to (\mathbf{R}^n, 0)$ 表示矩阵 $F$ 所决定的线性同胚. 以 $T_a, T_b$ 分别表示把原点 $0$ 变成 $a, b$ 的平移. 则 $f' = T_b \circ F \circ T_a^{-1}$. 由于平移保持标准定向, 所以问题又归结为论断对线性同胚 $F$ 是否正确.

我们知道, 非退化矩阵组成的群是一般线性群 $GL(n, \mathbf{R})$, 它以正交群 $O(n)$ 为形变收缩核 (正交化); 而 $O(n)$ 中行列式为 1 的部分 $SO(n)$ 是连通的 (刚体运动群). 因而 $GL(n, \mathbf{R})$ 恰有两个道路连通分支, 以行列式的正负相区别. 所以在线性同胚的范围之内, $F$ 可以连续变形成恒同映射或关于第一坐标超平面的反射. 而对于这两个自同胚, 论断显然是正确的.

至于第二个论断, 只需对 $f := \psi \circ g \circ \phi^{-1} : \boldsymbol{R}^n \to \boldsymbol{R}^n$ 用第一个论断就行了.                                        □

这样, 我们就把拓扑上的局部定向与几何上的局部坐标联系起来了.

### 2.3　胞腔和球面的定向

**定义 2.4**　球体 (又称胞腔) $D^n = \left\{ (x_1, x_2, \cdots, x_n) \middle| \sum\limits_{i=1}^{n} x_i^2 \leq 1 \right\}$ 的一个**定向**, 是指 $H_n(D^n, S^{n-1}) \cong \boldsymbol{Z}$ 的一个生成元. 所以胞腔有两个定向. 取定了定向的胞腔称为**有向胞腔**.

以后我们约定, 标准胞腔 $D^n$ 的**标准定向**, 是指在含入映射诱导的同构 $H_n(D^n, S^{n-1}) \to H_n(\boldsymbol{R}^n, \boldsymbol{R}^n - 0)$ 之下, $\boldsymbol{R}^n$ 的标准定向 $\varepsilon^n$ 的原像, 仍记作 $\varepsilon^n$.

**定义 2.5**　球面 $S^{n-1}$ 的一个**定向**, 是指 $\widetilde{H}_{n-1}(S^{n-1}) \cong \boldsymbol{Z}$ 的一个生成元. 所以球面有两个定向. 取定了定向的球面 $S^{n-1}$ 称为**有向球面**, 其定向通常记作 $[S^{n-1}]$.

球面 $S^{n-1}$ 的定向 $[S^{n-1}]$ 与点 $x \in S^{n-1}$ 处的局部定向 $o_x$ 称为是**协合的**, 如果它们在含入映射所诱导的同构

$$\widetilde{H}_{n-1}(S^{n-1}) \cong H_{n-1}(S^{n-1}, S^{n-1} - x)$$

下互相对应. 可见 $S^{n-1}$ 的 (整体) 定向决定了其上每一点处的一个局部定向; 反之, $S^{n-1}$ 的某点处的一个局部定向就决定了 $S^{n-1}$ 的一个 (整体) 定向.

**定义 2.6**　以后我们约定, 欧几里得空间中的标准球面

$$S^{n-1} = \left\{ (x_1, \cdots, x_n) \middle| \sum\limits_{i=1}^{n} x_i^2 = 1 \right\}$$

的**标准定向**, 是指在同构

$$H_n(D^n, S^{n-1}) \xrightarrow{\partial_*} \widetilde{H}_{n-1}(S^{n-1})$$

之下，$D^n$ 的标准定向 $\varepsilon^n$ 的像，这里 $\partial_*$ 是空间偶的边缘同态.

**命题 2.5** 用局部坐标系来决定球面的标准定向的规则是：球面的外法线方向 (在前) 和球面的标准定向 (在后) 合成欧几里得空间的标准定向.

具体地说，$S^{n-1}$ 是 $\boldsymbol{R}^n$ 中由方程 $x_1^2 + \cdots + x_n^2 = 1$ 确定的空间. 坐标系 $(x_1, \cdots, x_n)$ 代表 $\boldsymbol{R}^n$ 的标准定向，而在 $S^{n-1}$ 上 $x_1 = 1$ 的点处，坐标系 $(x_2, \cdots, x_n)$ 就代表 $S^{n-1}$ 的标准定向.

***证明** 这个规则其实在单形上比在球体上容易看清楚. 然后通过单形与球体之间的同胚映射，就能把单形上的讨论过渡到球体上去.

在以 $a_0, a_1, \cdots, a_n$ 为顶点的 $n$ 维单形 $s_n$ 上，设其重心坐标为 $x_0, x_1, \cdots, x_n$. 则在 $s_n$ 内部，标准坐标系 $(x_1, x_2, \cdots, x_n)$ 的定向是 $[a_0 \cdots a_n] \in H_n(s_n, \dot{s}_n)$ (例 2.1). $s_n$ 的边缘 $\dot{s}_n$ 的标准定向按定义 2.6 应是 $\partial_*[a_0 \cdots a_n]$，根据例 1.3，在以 $a_1, \cdots, a_n$ 为顶点的 $n-1$ 维单形 $t_{n-1}$ 上看，它等于 $[a_1 \cdots a_n] \in H_{n-1}(t_{n-1}, \dot{t}_{n-1})$，即坐标系 $(x_2, \cdots, x_n)$ 的定向. 在 $t_{n-1}$ 处外法线方向是 $x_1$ 方向，外法向与 $\dot{s}_n$ 标准定向合成的定向，正好与 $s_n$ 上标准坐标系 $(x_1, x_2, \cdots, x_n)$ 的定向一致. □

**思考题 2.2** 试在方体 $I^n$ 上验证这个定向规则.

## 2.4 有向球面的映射度

我们以前定义过球面到自身的映射 $f: S^n \to S^n$ 的度，现在稍加推广成两个有向球面之间的映射的度.

**定义 2.7** 设 $S^n, S'^n$ 是两个有向球面，它们的定向分别是 $[S^n]$ 和 $[S'^n]$. 设 $f: S^n \to S'^n$ 是映射. $f$ 的**度** $\deg f$ 是在同态 $f_*: \widetilde{H}_n(S^n) \to \widetilde{H}_n(S'^n)$ 下由等式 $f_*([S^n]) = (\deg f) \cdot [S'^n]$ 规定的整数.

注意 $\deg f$ 是依赖于定向 $[S^n], [S'^n]$ 的取法的. 两者之一发生改变, $\deg f$ 的正负号就要改变; 两者同时改变时它却不变. 这就是为什么以前讲同一个球面到自身的映射的度时, 不需要提到定向.

**定理 2.6** 设两个球面 $S^n, S'^n$ 都已取好了定向, 而且都已选好与所取定向相协合的局部坐标系, $n \geq 1$. 设 $f: S^n \to S'^n$ 是映射. 设 $a' \in S'^n$ 使得在每一点 $a \in f^{-1}(a')$ 处 $f$ 都光滑而且其 Jacobi 矩阵 $F_a$ 都非退化. 则映射度

$$\deg f = \sum_{a \in f^{-1}(a')} \operatorname{sgn} \det F_a.$$

**\*证明** 记 $A = f^{-1}(a')$. 在每一点 $a \in A$, 由于 Jacobi 矩阵 $F_a$ 非退化, 可以取坐标邻域 $U_a$ 使 $f_a := f|U_a$ 把 $U_a$ 同胚地映入 $S'^n$. 由 $A$ 的紧性可见 $A$ 是有限集, 不难做到使这些 $U_a$ 两两不相交. 以 $U$ 记这有限个 $U_a$ 的并. 考虑交换图表

$$\begin{array}{ccccccc}
H_n(S^n) & \xrightarrow{j_*} & H_n(S^n, S^n-A) & \xleftarrow[\cong]{\text{切除}} & H_n(U, U-A) & = & \bigoplus_{a\in A} H_n(U_a, U_a-a) \\
\downarrow{\scriptstyle f_*} & & \downarrow{\scriptstyle f_*} & & \downarrow{\scriptstyle f_*} & & \downarrow{\scriptstyle \{f_{a*}\}} \\
H_n(S'^n) & \xrightarrow[\cong]{j'_*} & H_n(S'^n, S'^n-a') & = & H_n(S'^n, S'^n-a') & = & H_n(S'^n, S'^n-a')
\end{array}$$

其中 $j, j'$ 都是含入映射, 第一行的右面是道路连通支分解.

我们来观察左上角 $H_n(S^n)$ 中的定向 $[S^n]$ 在右下角的像. 以 $o_a$ 记 $S^n$ 在 $a$ 处的局部定向, $o'$ 记 $S'^n$ 在 $a'$ 处的局部定向. 由于坐标邻域 $U_a$ 的局部定向与 $[S^n]$ 协合, 因而 $[S^n]$ 在右上角的像是 $\bigoplus_{a\in A} o_a$. 由引理 2.4 得到它在右下角的像为 $\sum_{a\in A} f_{a*}o_a = \sum_{a\in A} \operatorname{sgn}\det F_a \cdot o'$. 另一方面, $j'_* f_*[S^n] = (\deg f) \cdot j'_*[S'^n] = (\deg f) \cdot o'$. 于是得到所求证的公式. $\square$

满足定理 2.6 中的条件的点 $a'$ 称为映射 $f$ 的一个**正常值**. (注意我们并未假定 $f^{-1}(a')$ 非空; 如果 $f^{-1}(a')$ 是空集, $a'$ 也是正常值.) 从微分拓扑学知道, 假如 $f$ 在整个 $S^n$ 上都是光滑的, 则 $S'^n$ 上的

点几乎全是 $f$ 的正常值, 非正常值的测度是零. 正常值 $a'$ 的每一个原像点 $a$ 自然地联系上一个正负号 $\operatorname{sgn}\det F_a$, 类似于代数方程的根的重数. 这个定理告诉我们, 正常值的原像点的**代数个数** (即按照重数来计算的个数, 不是几何上的点数) 就等于映射的度 $\deg f$; 它不依赖于正常值 $a'$ 的选取, 而是映射 $f$ 的同伦不变量.

**例 2.2** 设 $r : S^n \to S^n$ 是标准球面关于其赤道超平面的反射, 取赤道上一点 $x$. 在该点处适当的局部坐标系中, $r$ 使第一个坐标改变正负号而保持其余坐标不变, 因此 $r$ 的 Jacobi 行列式是负的. 由此可见 $\deg r = -1$.

怎样用局部坐标系来证明对径映射 $A : S^n \to S^n$ 的度是 $(-1)^{n+1}$?

## §3 带系数的同调群

奇异链是奇异单形的整系数有限线性组合 $k_1\sigma_1 + k_2\sigma_2 + \cdots + k_r\sigma_r$, 奇异链的加法是相同奇异单形的系数相加. 一个自然的想法是, 我们何必要限于整数系数呢, 只要系数都取自一个 Abel 群 $G$ 就行了. 这样来推广奇异链的观念, 我们迄今为止建立的同调理论只需作很小的修改. 然而在某些问题中, 选择系数群的自由会给我们很大的方便, 有时甚至是关键性的.

我们将采用张量积的语言来讲. 在本节中我们只需要自由 Abel 群与 $G$ 作张量积的概念和变通的记号 (把 $a \otimes g$ 写成 $ga$), 可以采取一种朴素的讲法. 一般 Abel 群的张量积的定义和性质, 读者可以参看稍后的两节打星号的内容.

### 3.1 自由 Abel 群的张量积函子 $- \otimes G$

设 $G$ 是一个固定的 Abel 群.

**定义 3.1** 设 $A$ 是自由 Abel 群. 我们来定义一个 Abel 群 $A \otimes G$

如下：

$A \otimes G$ 的元素，相对于 $A$ 的一组基 $\{a_i\}$，是形式线性组合

$$\sum_i g_i a_i,$$

其中系数 $g_i \in G$，只有有限多个系数 $\neq 0$，系数为 $0$ 的项可以不写出．如果 $\{a'_{i'}\}$ 是 $A$ 的另一组基，与 $\{a_i\}$ 的关系是

$$a'_{i'} = \sum_i k_{ii'} a_i,$$

其中 $k_{ii'}$ 都是整数，则规定形式线性组合

$$\sum_{i'} g'_{i'} a'_{i'} = \sum_i g_i a_i \quad \text{当且仅当} \quad g_i = \sum_{i'} k_{ii'} g'_{i'}, \ \forall i.$$

(Abel 群 $G$ 中元素的整数倍是本来就有意义的．)

$A \otimes G$ 中元素的加法规定为相对于同一组基的系数相加，

$$\left( \sum_i g_i a_i \right) + \left( \sum_i g'_i a_i \right) := \sum_i (g_i + g'_i) a_i.$$

这个 Abel 群 $A \otimes G$ 称为 $A$ 与 $G$ 的**张量积**．

**定义 3.2**　设 $A, B$ 是自由 Abel 群，$f : A \to B$ 是同态．设 $A$, $B$ 分别取了基 $\{a_i\}$, $\{b_j\}$ 并且 $f(a_i) = \sum_j F_{ij} b_j$，其中 $F_{ij}$ 都是整数．定义同态 $f \otimes \mathrm{id}_G : A \otimes G \to B \otimes G$ 为

$$(f \otimes \mathrm{id}_G) \left( \sum_i g_i a_i \right) := \sum_j \left( \sum_i F_{ij} g_i \right) b_j.$$

不难验证这个定义是与基的取法无关的．

**例 3.1**　$Z \otimes G = G$.

让 $A$ 对应于 $A \otimes G$，让 $f : A \to B$ 对应于 $f \otimes \mathrm{id}_G : A \otimes G \to B \otimes G$，请读者验证，这是一个协变函子，记作 $- \otimes G : \{$自由 Abel 群，同态$\}$

→ {Abel 群, 同态}. 容易看出, 这个函子把链复形变成链复形, 链映射变成链映射, 链同伦变成链同伦. 我们还会用到一个初等的性质:

**命题 3.1** 设 $A, B, C$ 都是自由的 Abel 群. 设 $0 \to A \xrightarrow{f} B \xrightarrow{f'} C \to 0$ 是正合序列. 则下面的序列是正合的:

$$0 \longrightarrow A \otimes G \xrightarrow{f \otimes \mathrm{id}_G} B \otimes G \xrightarrow{f' \otimes \mathrm{id}_G} C \otimes G \longrightarrow 0.$$

**证明** 由于 $C$ 是自由的, 序列 $0 \to A \xrightarrow{f} B \xrightarrow{f'} C \to 0$ 就是裂正合的, 所以对于 $A$ 和 $C$ 的基 $\{a_i\}$ 和 $\{c_k\}$, $B$ 中有一组基 $\{b_i\} \cup \{b_k\}$ 使得 $f(a_i) = b_i$, $f'(b_k) = c_k$. 相对于这样的基, 命题的结论是明显的. □

## *3.2 Abel 群的张量积

设 $A, B, C$ 都是 Abel 群. 函数 $\phi : A \times B \to C$ 称为是**双线性的**, 如果

$$\phi(a_1 + a_2, b) = \phi(a_1, b) + \phi(a_2, b),$$
$$\phi(a, b_1 + b_2) = \phi(a, b_1) + \phi(a, b_2).$$

**定义 3.3** 用 $F(A \times B)$ 表示以集合 $A \times B$ 为基所生成的自由 Abel 群. $F(A \times B)$ 中的元素是有限和 $\sum n_i(a_i, b_i)$, $a_i \in A$, $b_i \in B$, $n_i$ 是整数. 以 $R(A \times B) \subset F(A \times B)$ 记由如下形状的元素所生成的子群:

$$(a_1 + a_2, b) - (a_1, b) - (a_2, b),$$
$$(a, b_1 + b_2) - (a, b_1) - (a, b_2),$$

其中 $a, a_1, a_2 \in A$, $b, b_1, b_2 \in B$. 那么 $A$ 与 $B$ 的**张量积** $A \otimes B$ 定义为商群

$$A \otimes B = F(A \times B)/R(A \times B).$$

元素 $(a,b) \in A \times B$ 所在的陪集记作 $a \otimes b$. $A \otimes B$ 中的元素都可以写成 $\sum a_i \otimes b_i$ 的形状，写法一般不唯一.

函数 $\theta : A \times B \to A \otimes B$, $(a,b) \mapsto a \otimes b$ 是双线性的. 如果 $\overline{\phi} : A \otimes B \to C$ 是一个同态，那么 $\overline{\phi} \circ \theta : A \times B \to C$ 当然是一个双线性函数.

另一方面，设有双线性函数 $\phi : A \times B \to C$. 它可以唯一地扩张成同态 $\widetilde{\phi} : F(A \times B) \to C$, 而 $\phi$ 双线性的假定使 $\widetilde{\phi}$ 在 $R(A \times B)$ 上为 0, 因而 $\widetilde{\phi}$ 诱导出同态 $\overline{\phi} : A \otimes B \to C$ 使下面的三角形图表交换：

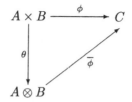

双线性函数与线性函数 (同态) 之间的这种一一对应的转换关系，是张量积运算的特征性质.

**定义 3.4**  设 $f : A \to A'$ 和 $g : B \to B'$ 是同态. 它们的**张量积**是同态

$$f \otimes g : A \otimes B \to A' \otimes B'$$

使得

$$(f \otimes g)(a \otimes b) = f(a) \otimes g(b).$$

这样的同态是存在而且唯一的，因为函数 $A \times B \to A' \otimes B'$, $(a,b) \mapsto f(a) \otimes g(b)$ 是双线性的.

从 $A$ 与 $B$ 得到 $A \otimes B$ 并且从 $f$ 与 $g$ 得到 $f \otimes g$, 既可以看成一种二元运算，也可以看成一个二元函子.

张量积具有函子性质和可加性：

**定理 3.2**  设 $A, B$ 等都是 Abel 群.

(1) **单位律** 以 $\mathrm{id}_A : A \to A$ 表示 $A$ 的恒同自同构. 则

$$\mathrm{id}_A \otimes \mathrm{id}_B = \mathrm{id}_{A\otimes B}.$$

(2) **复合律** 设有 $A \xrightarrow{f} A' \xrightarrow{f'} A''$ 和 $B \xrightarrow{g} B' \xrightarrow{g'} B''$. 则有

$$(f' \circ f) \otimes (g' \circ g) = (f' \otimes g') \circ (f \otimes g).$$

(3) **双线性律** 设 $f, f_1, f_2 : A \to A'$ 和 $g, g_1, g_2 : B \to B'$. 则

$$(f_1 + f_2) \otimes g = f_1 \otimes g + f_2 \otimes g,$$
$$f \otimes (g_1 + g_2) = f \otimes g_1 + f \otimes g_2.$$

(4) **强可加性** 设一族同态 $\{f_i : A \to A'\}$ 是**局部有限的**, 即对于任一 $a \in A$, 使 $f_i(a) \neq 0$ 的指标 $i$ 只有有限多个. 设同态族 $\{g_j : B \to B'\}$ 也是局部有限的. 则

$$\left(\sum_i f_i\right) \otimes g = \sum_i (f_i \otimes g),$$
$$f \otimes \left(\sum_j g_j\right) = \sum_j (f \otimes g_j).$$

张量积作为一种运算具有良好的性质:

**定理 3.3** 设 $A, B, C$ 等都是 Abel 群.

(1) **有单位** 存在同构

$$\mathbf{Z} \otimes A \cong A \cong A \otimes \mathbf{Z} \quad \text{使得} \quad 1 \otimes a \longleftrightarrow a \longleftrightarrow a \otimes 1.$$

(2) **结合律** 存在同构

$$(A \otimes B) \otimes C \cong A \otimes (B \otimes C) \quad \text{使得} \quad (a \otimes b) \otimes c \longleftrightarrow a \otimes (b \otimes c).$$

(3) **交换律** 存在同构

$$A \otimes B \cong B \otimes A \quad \text{使得} \quad a \otimes b \longleftrightarrow b \otimes a.$$

(4) **直和性质**　存在同构

$$\left(\bigoplus_i A_i\right) \otimes B \cong \bigoplus_i (A_i \otimes B) \quad \text{使得} \quad \left(\bigoplus_i a_i\right) \otimes b \longleftrightarrow \bigoplus_i (a_i \otimes b),$$

$$A \otimes \left(\bigoplus_j B_j\right) \cong \bigoplus_j (A \otimes B_j) \quad \text{使得} \quad a \otimes \left(\bigoplus_j b_j\right) \longleftrightarrow \bigoplus_j (a \otimes b_j).$$

以上这些同构都是自然的, 它们与同态的张量积互相协调.

**例 3.2**　作为上述 (1) 和 (4) 的推论, 我们知道如果 $A$ 与 $B$ 分别是以 $\{a_i\}$ 与 $\{b_j\}$ 为基的自由 Abel 群, 那么 $A \otimes B$ 是以 $\{a_i \otimes b_j\}$ 为基的自由 Abel 群.

## *3.3　协变函子 $-\otimes G$

到现在为止, 张量积被看成一个 "二元函子". 我们以后将固定其第二个变元, 使它成为一个一元函子. 具体做法是, 先取定一个 Abel 群 $G$. 任一 Abel 群 $A$ 对应到 Abel 群 $A \otimes G$, 任一同态 $f : A \to A'$ 对应到同态 $f \otimes \mathrm{id}_G : A \otimes G \to A' \otimes G$, 我们得到从 Abel 群范畴到 Abel 群范畴的一个协变函子 $-\otimes G : \{\text{Abel 群, 同态}\} \to \{\text{Abel 群, 同态}\}$. 容易看出, 这个函子把链复形变成链复形, 链映射变成链映射, 链同伦变成链同伦.

**例 3.3**　函子 $-\otimes \mathbf{Z}$ 是范畴 $\{\text{Abel 群, 同态}\}$ 上的恒等函子, 什么都不改变 (定理 3.3 (1)).

张量积函子 $-\otimes G$ 与正合序列的关系是重要问题, 下面的定理是经常用到的.

**定理 3.4**　设 $A, A'$ 等都是 Abel 群.

(1) **裂正合性**　设 $0 \longrightarrow A \xrightarrow{f} A' \xrightarrow{f'} A'' \longrightarrow 0$ 是裂正合的序列. 则下面的序列是裂正合的:

$$0 \longrightarrow A \otimes G \xrightarrow{f \otimes \mathrm{id}} A' \otimes G \xrightarrow{f' \otimes \mathrm{id}} A'' \otimes G \longrightarrow 0.$$

(2) **半正合性** 设 $A \xrightarrow{f} A' \xrightarrow{f'} A'' \to 0$ 是正合序列. 则下面的序列是正合的:

$$A \otimes G \xrightarrow{f \otimes \mathrm{id}} A' \otimes G \xrightarrow{f' \otimes \mathrm{id}} A'' \otimes G \longrightarrow 0.$$

(3) **无挠时的正合性** 设 $0 \longrightarrow A \xrightarrow{f} A' \xrightarrow{f'} A'' \to 0$ 是正合序列, 而且 $G$ 是无挠的, 即 $G$ 中没有有限阶元素. 则下面的序列是正合的:

$$0 \longrightarrow A \otimes G \xrightarrow{f \otimes \mathrm{id}} A' \otimes G \xrightarrow{f' \otimes \mathrm{id}} A'' \otimes G \longrightarrow 0.$$

**例 3.4** $Z_m \otimes Z_n \cong Z_{(m,n)}$, 这里 $(m, n)$ 是最大公因数.

事实上, 在正合序列

$$0 \longrightarrow Z \xrightarrow{m} Z \longrightarrow Z_m \longrightarrow 0$$

上作运算 $- \otimes Z_n$, 得到序列

$$0 \longrightarrow Z_n \xrightarrow{m} Z_n \longrightarrow Z_m \otimes Z_n \longrightarrow 0,$$

定理 3.4 (2) 告诉我们这个序列除左侧外是正合的. 所以

$$Z_m \otimes Z_n \cong \mathrm{coker}\,(Z_n \xrightarrow{m} Z_n) \cong Z_{(m,n)}.$$

由于 $\ker(Z_n \xrightarrow{m} Z_n) \cong Z_{(m,n)} \neq 0$, 上述序列的左侧的确不是正合的. 可见一般说来张量积函子并不保持序列的正合性. 这是需要特别注意的.

## 3.4 带系数的奇异链复形和奇异同调群

设 $G$ 是一个固定的 Abel 群. 奇异链群都是自由 Abel 群, 并且带有天然的基 —— 奇异单形. 我们可以把迄今为止对于奇异同调群作过的讨论, 在施用函子 $- \otimes G$ 后重新做一遍. 为了节省篇幅, 我们将只写出一部分定义, 以便读者与以前作联系和比较.

**定义 3.5** 拓扑空间 $X$ 的 $G$ **系数的奇异链复形**是

$$S_*(X;G) := S_*(X) \otimes G := \{S_q(X;G) = S_q(X) \otimes G, \partial_q \otimes \mathrm{id}_G\}.$$

链复形 $S_*(X;G)$ 的同调群称为 $X$ 的 $G$ **系数的奇异同调群**, 记作

$$H_*(X;G) := H_*(S_*(X;G)).$$

按照这个定义, $H_*(X)$ 其实就是 $\mathbf{Z}$ 系数的同调群 $H_*(X;\mathbf{Z})$, 所以又称为整数系数的同调群. 以后当系数群不写明时, 就理解为整数群.

**定义 3.6** 设 $f : X \to Y$ 是映射. $f$ 所诱导的链映射 $f_\#:$ $S_*(X;G) \to S_*(Y;G)$ 就是 $\{f_\# \otimes \mathrm{id}_G : S_q(X;G) \to S_q(Y;G)\}$. 它所诱导的同调同态 $f_* : H_*(X;G) \to H_*(Y;G)$ 称为 $f$ **所诱导的同调同态**.

这样, 我们得到从拓扑空间的范畴到分次群的范畴的一个协变函子, $G$ **系数的奇异同调函子** $H_*(-;G) : \{空间, 映射\} \to \{分次群, 同态\}$.

**定义 3.7** 拓扑空间 $X$ 的 $G$ **系数的增广奇异链复形**是

$$\widetilde{S}_*(X;G) := \widetilde{S}_*(X) \otimes G := \{\widetilde{S}_q(X;G) = \widetilde{S}_q(X) \otimes G, \widetilde{\partial}_q \otimes \mathrm{id}_G\}.$$

在 0 维, $\widetilde{\partial}_0 \otimes \mathrm{id}_G$ 仍记作 $\epsilon : S_0(X;G) \to G$, 其意义仍是取 0 维链的系数和.

映射 $f : X \to Y$ 所诱导的链映射 $f_\# : \widetilde{S}_*(X;G) \to \widetilde{S}_*(Y;G)$, 在维数 $q \geq 0$ 时与 $f_\# : S_q(X;G) \to S_q(Y;G)$ 相同, 而 $f_\# : \widetilde{S}_{-1}(X;G) \to \widetilde{S}_{-1}(Y;G)$ 规定为 $\mathrm{id}_G : G \to G$.

拓扑空间 $X$ 的 $G$ **系数的简约奇异同调群**定义为

$$\widetilde{H}_*(X;G) := H_*(\widetilde{S}_*(X;G)).$$

映射 $f : X \to Y$ 所诱导的同态 $f_* : \widetilde{H}_*(X;G) \to \widetilde{H}_*(Y;G)$ 规定为链映射 $f_\# : \widetilde{S}_*(X;G) \to \widetilde{S}_*(Y;G)$ 所诱导的同调同态.

**例 3.5**  单点空间 pt 的 $G$ 系数的同调群及简约同调群是

$$H_q(\mathrm{pt}\,;G) = \begin{cases} G, & \text{当 } q = 0, \\ 0, & \text{当 } q \neq 0; \end{cases} \qquad \widetilde{H}_*(\mathrm{pt}\,;G) = 0.$$

对于空间偶的相对同调群, 我们有类似的一系列定义.

**定义 3.8**  空间偶 $(X,A)$ 的 $G$ **系数的相对奇异链复形**定义为

$$S_*(X,A;G) := S_*(X;G)/S_*(A;G) = S_*(X,A) \otimes G.$$

它的同调群称为空间偶 $(X,A)$ 的 $G$ **系数的相对奇异同调群**, 记作

$$H_*(X,A;G) := H_*(S_*(X,A;G)).$$

空间偶的映射 $f:(X,A) \to (Y,B)$ **所诱导的相对链映射** $f_\#:$ $S_*(X,A;G) \to S_*(Y,B;G)$ 是链映射 $f_\#:S_*(X;G) \to S_*(Y;G)$ 的商链映射. 它所诱导的同调同态称为映射 $f:(X,A) \to (Y,B)$ 所诱导的**相对同调的同态** $f_*:H_*(X,A;G) \to H_*(Y,B;G)$.

从链复形的短正合序列

$$0 \longrightarrow S_*(A;G) \xrightarrow{i_\#} S_*(X;G) \xrightarrow{j_\#} S_*(X,A;G) \longrightarrow 0$$

得到正合的同调序列

$$\xrightarrow{\partial_*} H_q(A;G) \xrightarrow{i_*} H_q(X;G) \xrightarrow{j_*} H_q(X,A;G) \xrightarrow{\partial_*} H_{q-1}(A;G) \xrightarrow{i_*},$$

并且这个同调序列对于空间偶的映射来说是自然的.

这样, 我们得到从拓扑空间偶的范畴到分次 Abel 群范畴的 $G$ **系数的相对同调函子** $H_*(-;G):\{$空间偶, 映射$\} \to \{$分次群, 同态$\}$.

请读者把本章第 1 节的定理和论证检查一遍, 确认它们对 $G$ 系数的同调也成立 (需要把 $\mathbf{Z}$ 改成 $G$). 特别要注意的是, $G$ 系数的同调群也有同伦不变性和切除定理.

**习题 3.1**  计算闭曲面的 $G$ 系数的同调群.

**习题 3.2** 设有 Abel 群的短正合列

$$0 \longrightarrow G' \xrightarrow{\phi} G \xrightarrow{\psi} G'' \longrightarrow 0.$$

试证明有链复形的短正合列

$$0 \longrightarrow S_*(X; G') \xrightarrow{\phi} S_*(X; G) \xrightarrow{\psi} S_*(X; G'') \longrightarrow 0,$$

因而有长正合同调序列

$$\xrightarrow{\partial_*} H_q(X; G') \xrightarrow{\phi_*} H_q(X; G) \xrightarrow{\psi_*} H_q(X; G'') \xrightarrow{\partial_*} H_{q-1}(X; G') \xrightarrow{\phi_*}.$$

其中的边缘同态 $\partial_*$ 称为 **Bockstein 同态**, 常记作 $\beta_*$.

试对射影平面与 Klein 瓶, 对于系数序列

$$0 \longrightarrow Z \xrightarrow{2} Z \longrightarrow Z_2 \longrightarrow 0,$$

计算 $\beta_*$.

### 3.5　Eilenberg-Steenrod 公理

Eilenberg 和 Steenrod 1945 年共同提出了公理化同调论, 并在他们 1952 年的名著《代数拓扑学基础》(文献 [6]) 中详细论述了在有限单纯复形偶的范畴上怎样从公理出发把同调群完全决定出来. 这是一个里程碑, 标志着同调论的成熟, 已经能把握住同调群的本质属性. 他们刻画的是空间偶的相对同调群, 所考虑的空间偶范畴有适当的要求, 例如应该能作柱形从而定义映射的同伦. 我们把注意力集中到被列为公理的那些基本性质.

他们是这样说的:

一个**同调论**由三个函数组成:

(1) 对于每个整数 $q$, 每个空间偶 $(X, A)$, 对应着一个 Abel 群 $H_q(X, A)$.

(2) 对于每个整数 $q$, 每个映射 $f : (X, A) \to (Y, B)$, 对应着一个同态 $(f_*)_q : H_q(X, A) \to H_q(Y, B)$.

(3) 对于每个整数 $q$, 每个空间偶 $(X, A)$, 对应着一个同态 $(\partial_*)_q : H_q(X, A) \to H_{q-1}(A)$, 这里 $A$ 代表空间偶 $(A, \emptyset)$.

这些函数要满足下列七条公理. 按惯例, 我们略去 $f_*$ 和 $\partial_*$ 的维数下标.

**公理 1** (单位律)  若 id 是恒同映射, 则 $\mathrm{id}_*$ 是恒同同态.

**公理 2** (复合律)  $(g \circ f)_* = g_* \circ f_*$.

**公理 3** (自然性)  若 $f : (X, A) \to (Y, B)$ 是映射, 则下面的图表交换:

$$
\begin{array}{ccc}
H_q(X, A) & \xrightarrow{\partial_*} & H_{q-1}(A) \\
f_* \downarrow & & \downarrow (f|A)_* \\
H_q(Y, B) & \xrightarrow{\partial_*} & H_{q-1}(B)
\end{array}
$$

**公理 4** (正合性公理)  序列

$$
\xrightarrow{j_*} H_{q+1}(X, A) \xrightarrow{\partial_*} H_q(A) \xrightarrow{i_*} H_q(X) \xrightarrow{j_*} H_q(X, A) \xrightarrow{\partial_*} H_{q-1}(A) \xrightarrow{i_*}
$$

是正合的, 其中 $i : A \to X$ 与 $j : (X, \emptyset) \to (X, A)$ 都是含入映射.

**公理 5** (同伦公理)  若 $f \simeq g : (X, A) \to (Y, B)$ 是同伦的映射, 则 $f_* = g_*$.

**公理 6** (切除公理)  若 $(X, A)$ 是空间偶, $X$ 的开子集 $W$ 满足条件 $\overline{W} \subset \mathrm{Int}\, A$, 则含入映射 $i : (X - W, A - W) \to (X, A)$ 诱导的同态是同构

$$
i_* : H_*(X - W, A - W) \xrightarrow{\cong} H_*(X, A).
$$

**公理 7** (维数公理)  若 pt 是单点空间, 则

$$
H_q(\mathrm{pt}) = \begin{cases} G, & \text{当 } q = 0, \\ 0, & \text{当 } q \neq 0. \end{cases}
$$

设 $G$ 是任意给定的 Abel 群. 我们已经看到, $G$ 系数的奇异同调群满足全部 Eilenberg-Steenrod 公理. 这就证明了满足这些公理的同调论的**存在性**. Eilenberg 和 Steenrod 在有限单纯复形偶的范畴上, 证明了满足这些公理的同调论的**唯一性**.

在拓扑学后来的大发展中, 为处理不同的问题而发现了几个重要的从拓扑范畴到代数范畴的函子, 例如微分拓扑学中的协边论与向量丛的 $K$ 理论, 居然也满足 Eilenberg-Steenrod 的几乎全部的同调公理 (或上同调公理, 见本章最后一节), 只差最后那条其貌不扬的维数公理. 所以它们被统称为广义同调论 (或广义上同调论), 都得益于同调论的方法.

## *3.6　简约同调群的公理

如果不愿意涉及相对同调群, 希望只谈单个空间的简约同调群, 那也可以用一套公理系统来刻画. 所考虑的空间范畴应有适当的要求, 例如应该能作双角锥和映射锥. 我们只叙述其公理.

一个简约同调论由三个函数组成:

(1) 对于每个整数 $q$, 每个空间 $X$, 对应着一个 Abel 群 $\widetilde{H}_q(X)$.

(2) 对于每个整数 $q$, 每个映射 $f : X \to Y$, 对应着一个同态 $(f_*)_q : \widetilde{H}_q(X) \to \widetilde{H}_q(Y)$.

(3) 对于每个整数 $q$, 每个空间 $X$, 对应着一个同构

$$(\Sigma_*)_q : \widetilde{H}_q(X) \xrightarrow{\cong} \widetilde{H}_{q+1}(\Sigma X).$$

这些函数要满足下列六条公理. 按惯例, 我们略去 $f_*$ 和 $\Sigma_*$ 的维数下标.

**公理 1** (单位律)　若 id 是恒同映射, 则 $\mathrm{id}_*$ 是恒同同态.

**公理 2** (复合律)　$(g \circ f)_* = g_* \circ f_*$.

**公理 3** (自然性)　若 $f : X \to Y$ 是映射, 则下面的图表交换:

$$\widetilde{H}_q(X) \xrightarrow{\Sigma_*} \widetilde{H}_{q+1}(\Sigma X)$$

$$f_* \downarrow \qquad \qquad \downarrow (\Sigma f)_*$$

$$\widetilde{H}_q(Y) \xrightarrow{\Sigma_*} \widetilde{H}_{q+1}(\Sigma Y)$$

其中 $\Sigma f : \Sigma X \to \Sigma Y$ 是 $f \times \mathrm{id}_I : X \times I \to Y \times I$ 在双角锥上给出的映射.

**公理 4** (正合性公理)  若 $f : X \to Y$ 是映射, 则序列

$$\widetilde{H}_q(X) \xrightarrow{f_*} \widetilde{H}_q(Y) \xrightarrow{e_*} \widetilde{H}_q(Cf)$$

是正合的, 其中 $e : Y \to Cf$ 是含入映射.

**公理 5** (同伦公理)  若 $f \simeq g : X \to Y$ 是同伦的映射, 则 $f_* = g_*$.

**公理 6** (维数公理)  对于 0 维球面 $S^0$, 有

$$\widetilde{H}_q(S^0) = \begin{cases} G, & \text{当 } q = 0, \\ 0, & \text{当 } q \neq 0. \end{cases}$$

我们已经看到, 简约奇异同调群满足这些公理. 因而满足这些公理的简约同调论是存在的.

简约同调论的公理与 Eilenberg-Steenrod 的公理是相通的. 从简约同调群出发可以构造出空间偶的相对同调群来: 对于空间偶 $(X, A)$, 当 $A$ 非空时, 把 $H_q(X, A)$ 定义为 $\widetilde{H}_q(Ci)$, 其中 $i : A \to X$ 是含入映射; $H_q(X, \emptyset)$ 则定义为 $\widetilde{H}_q(X) \oplus \widetilde{H}_q(S^0)$. 边缘同态 $\partial_* : H_q(X, A) \to H_{q-1}(A, \emptyset)$ 定义为复合同态

$$H_q(X, A) = \widetilde{H}_q(Ci) \xrightarrow{p_*} \widetilde{H}_q(\Sigma A) \xleftarrow[\cong]{\Sigma_*} \widetilde{H}_{q-1}(A) \xrightarrow{\theta} H_{q-1}(A, \emptyset),$$

其中 $p : Ci \to \Sigma A$ 是把 $Ci$ 的下底捏成一点的商映射, $\theta$ 是直和中的自然含入.

# §4　上 同 调 群

由双线性函数引发的对偶性概念在线性代数和分析中起着基本的作用. 在微积分中, 微分形式 $\omega$ 在积分区域 $D$ 上的积分 $\int_D \omega$ 对于 $\omega$ 和 $D$ 都是可加的, 因而是这两者的双线性函数. 微积分的基本定理——Stokes 公式

$$\int_D d\omega = \int_{\partial D} \omega$$

可以解释成: 微分形式与积分区域互相对偶, 外微分算子 $d$ 与边缘算子 $\partial$ 互相对偶.

链可以看作空间中的积分区域, 我们应该探索它的对偶物.

本节将以这个看法为指引, 建立上同调群的理论框架.

## 4.1　同态群 $\mathrm{Hom}\,(A, B)$

**定义 4.1**　设 $A, B$ 是 Abel 群. 以 $\mathrm{Hom}\,(A, B)$ 表示从 $A$ 到 $B$ 的全体同态组成的集合,

$$\mathrm{Hom}\,(A, B) := \{\text{同态 } \phi : A \to B\}.$$

两个同态 $\phi, \psi : A \to B$ 的**和** $\phi + \psi : A \to B$ 定义为

$$(\phi + \psi)(a) := \phi(a) + \psi(a), \quad \text{对于 } a \in A.$$

很明显这的确是个同态. 这样, 对于 $\phi, \psi \in \mathrm{Hom}\,(A, B)$ 有了 $\phi + \psi \in \mathrm{Hom}\,(A, B)$.

在这个加法运算下, $\mathrm{Hom}\,(A, B)$ 成为一个 Abel 群, 称为从 $A$ 到 $B$ 的**同态群**. 其中的零元素是在整个 $A$ 上取值为 0 的同态.

$\mathrm{Hom}\,(A, B)$ 的元素在 $A$ 的元素上的赋值是一个双线性函数, 所以常被看成类似内积的一种乘法, 称为 **Kronecker 积**, 写成

$$\text{Hom}\,(A,B) \times A \xrightarrow{\langle -,-\rangle} B,$$

$$\langle \phi, a \rangle := \phi(a), \quad \forall \phi \in \text{Hom}\,(A,B),\; a \in A.$$

**例 4.1** 对任何 Abel 群 $B$ 都有 $\text{Hom}\,(\boldsymbol{Z}, B) = B$.

Hom 是个二元运算, 有两个变元 $A$ 和 $B$. 我们将固定第二个变元, 得到第一个变元的函子.

## 4.2 反变函子 $\text{Hom}\,(-, G)$

以下设 $G$ 是一个固定的 Abel 群.

每个 Abel 群 $A$ 决定一个 Abel 群 $\text{Hom}\,(A, G)$, 称为 $A$ 的**对偶群**. 要从这个对应得到函子, 我们应该规定, 同态 $f : A \to A'$ 的对偶是什么.

**定义 4.2** 设 $f : A \to A'$ 是同态. 定义其**对偶同态**为

$$\text{Hom}\,(A, G) \xleftarrow{f^{\bullet}} \text{Hom}\,(A', G),$$

$$\langle f^{\bullet}(\phi'), a \rangle := \langle \phi', f(a) \rangle, \quad \forall \phi' \in \text{Hom}\,(A', G),\; a \in A.$$

(换句话说, $f^{\bullet}$ 把同态 $A' \xrightarrow{\phi'} G$ 映成复合同态 $A \xrightarrow{f} A' \xrightarrow{\phi'} G$.) 另一个说法是, 下面的图表交换:

$$
\begin{array}{ccc}
\text{Hom}\,(A, G) \times A & \xrightarrow{\langle -,-\rangle} & G \\
{\scriptstyle f^{\bullet}}\big\uparrow \quad {\scriptstyle f}\big\downarrow & & \big\| \\
\text{Hom}\,(A', G) \times A' & \xrightarrow{\langle -,-\rangle} & G
\end{array}
$$

"取对偶" 是一个反变函子, 记作 $\text{Hom}\,(-, G) : \{\text{Abel 群, 同态}\} \to \{\text{Abel 群, 同态}\}$, 简称 Hom 函子.

**定理 4.1** 设 $A, A'$ 等都是 Abel 群.

(1) **裂正合性** $\text{Hom}\,(A_1 \oplus A_2, G) = \text{Hom}\,(A_1, G) \oplus \text{Hom}\,(A_2, G)$. 换一个说法, 如果 $0 \longrightarrow A \xrightarrow{f} A' \xrightarrow{f'} A'' \longrightarrow 0$ 是裂正合的, 则下面的序列是裂正合的:

$$0 \longleftarrow \operatorname{Hom}(A,G) \xleftarrow{f^{\bullet}} \operatorname{Hom}(A',G) \xleftarrow{f'^{\bullet}} \operatorname{Hom}(A'',G) \longleftarrow 0.$$

(2) **半正合性** 设 $A \xrightarrow{f} A' \xrightarrow{f'} A'' \longrightarrow 0$ 是正合序列. 则下面的序列是正合的:

$$\operatorname{Hom}(A,G) \xleftarrow{f^{\bullet}} \operatorname{Hom}(A',G) \xleftarrow{f'^{\bullet}} \operatorname{Hom}(A'',G) \longleftarrow 0.$$

(3) **直和性质**

$$\operatorname{Hom}\left(\bigoplus_i A_i, G\right) = \prod_i \operatorname{Hom}(A_i, G).$$

注意, 左边是直和, 右边是直积. 当指标 $i$ 的集合为有限时, 直和与直积是同构的, 无限时则是不同构的.

**习题 4.1** 证明定理 4.1. 试用反例说明, (3) 中等号右边应当是直积而不是直和.

**例 4.2** $\operatorname{Hom}(\boldsymbol{Z}_m, G) = {}_mG := \{g \in G \mid mg = 0\}$.

事实上, 在正合序列

$$0 \longrightarrow \boldsymbol{Z} \xrightarrow{m} \boldsymbol{Z} \longrightarrow \boldsymbol{Z}_m \longrightarrow 0$$

上取 Hom, 得到序列 (注意 $\operatorname{Hom}(\boldsymbol{Z}, G) = G$)

$$0 \longleftarrow G \xleftarrow{m} G \longleftarrow \operatorname{Hom}(\boldsymbol{Z}_m, G) \longleftarrow 0.$$

定理 4.1 (2) 告诉我们这个序列除左侧外是正合的, 所以

$$\operatorname{Hom}(\boldsymbol{Z}_m, G) = \ker(G \xrightarrow{m} G) = {}_mG.$$

当 $mG \neq G$ 时, 上述序列的左侧就不是正合的. 可见一般说来 Hom 函子并不保持序列的正合性. 这是需要特别注意的.

## 4.3 上链复形与上同调群

一个链复形的对偶, 几乎是一个链复形, 但由于 Hom 是反变函子, 对偶的边缘算子将不是把维数降低一维而是把维数提高一维. 为此我们需要引进与链复形等等相平行的一套概念.

**定义 4.3** 一个**上链复形** $C^\bullet = \{C^q, \delta^q\}$ 是一串 Abel 群 $C^q$ (称为 $q$ 维**上链群**) 和一串同态 $\delta^q : C^q \to C^{q+1}$ (称为 $q$ 维**上边缘算子**), 排成一个序列

$$\cdots \longleftarrow C^{q+2} \xleftarrow{\delta^{q+1}} C^{q+1} \xleftarrow{\delta^q} C^q \xleftarrow{\delta^{q-1}} C^{q-1} \longleftarrow \cdots,$$

满足条件: 对每个维数 $q$ 都有 $\delta^q \circ \delta^{q-1} = 0$, 即 "两次上边缘为零".

$C^\bullet$ 的 $q$ 维**上闭链群**

$$Z^q(C^\bullet) := \ker \delta^q,$$

其元素称为 $q$ 维**上闭链**; $q$ 维**上边缘链群**

$$B^q(C^\bullet) := \operatorname{im} \delta^{q-1},$$

其元素称为 $q$ 维**上边缘链**. 商群

$$H^q(C^\bullet) := Z^q(C^\bullet)/B^q(C^\bullet)$$

称为 $C^\bullet$ 的 $q$ 维**上同调群**.

**注记 4.2** 上链复形与链复形的差别是形式上的而不是实质性的. 设 $C^\bullet$ 是上链复形. 把 $C^q$ 写成 $C_{-q}$, 把 $\delta^q$ 写成 $\partial_{-q}$, 我们就得到一个链复形 $C_\bullet = \{C_q, \partial_q\}$. 反之亦然. 只需把维数标记改变正负号, 链复形与上链复形可互相转换.

**定义 4.4** 设 $C^\bullet, D^\bullet$ 是上链复形. 一个**上链映射** $f^\bullet : C^\bullet \to D^\bullet$ 是一串同态 $f^\bullet = \{f^q : C^q \to D^q\}$, 满足条件: 对每个维数 $q$ 都有 $\delta^q \circ f^q = f^{q+1} \circ \delta^q$. 它诱导**上同调群的同态** $f^* : H^*(C^\bullet) \to H^*(D^\bullet)$.

**定义 4.5** 两个上链映射 $f^\bullet, g^\bullet : C^\bullet \to D^\bullet$ 称为是**上链同伦的**, 如果存在一串同态 $T^\bullet = \{T^q : C^q \to D^{q-1}\}$ 使得对每个维数 $q$, 都有

$$\delta^{q-1} \circ T^q + T^{q+1} \circ \delta^q = g^q - f^q.$$

$T^\bullet$ 称为联结 $f^\bullet, g^\bullet$ 的一个**上链同伦**, 记号是 $f^\bullet \simeq g^\bullet : C^\bullet \to D^\bullet$ 或 $T^\bullet : f^\bullet \simeq g^\bullet : C^\bullet \to D^\bullet$. 上链同伦的上链映射诱导出相同的上同调

同态.

有了这些定义, 我们可以说 $\mathrm{Hom}\,(-,G)$ 是从链复形的范畴到上链复形的范畴的反变函子.

**定义 4.6** 对于链复形 $C=\{C_q,\partial_q\}$, 定义上链复形 $\mathrm{Hom}\,(C,G)$ 为

$$\mathrm{Hom}\,(C,G):=\{\mathrm{Hom}\,(C_q,G),\ \delta^q:=\partial^{\bullet}_{q+1}\}\,.$$

对于链复形之间的链映射 $f=\{f_q\}:C\to D$, 定义上链映射 $f^{\bullet}:$ $\mathrm{Hom}\,(D,G)\to\mathrm{Hom}\,(C,G)$ 为

$$f^{\bullet}=\{f^q:=f^{\bullet}_q:\mathrm{Hom}\,(D_q,G)\to\mathrm{Hom}\,(C_q,G)\}.$$

对于链映射之间的链同伦 $T=\{T_q\}:f\simeq g:C\to D$, 定义上链同伦 $T^{\bullet}:f^{\bullet}\simeq g^{\bullet}:\mathrm{Hom}\,(D,G)\to\mathrm{Hom}\,(C,G)$ 为

$$T^{\bullet}=\{T^q:=T^{\bullet}_{q-1}:\mathrm{Hom}\,(D_q,G)\to\mathrm{Hom}\,(C_{q-1},G)\}.$$

上链复形 $\mathrm{Hom}\,(C,G)$ 与链复形 $C$ 之间的 **Kronecker 积**

$$\langle-,-\rangle:\mathrm{Hom}\,(C,G)\times C\to G$$

规定为

$$\langle c^p,c_q\rangle:=\begin{cases}\langle c^q,c_q\rangle,&\text{当 }p=q,\\0,&\text{当 }p\neq q.\end{cases}$$

### 4.4　奇异上同调群

设 $G$ 是一个固定的 Abel 群.

我们现在要把为奇异同调群作过的讨论, 在施用函子 $\mathrm{Hom}$ 之后平行地做一遍. 我们也只写出一部分定义, 请读者与以前类似的定义作联系和比较.

**定义 4.7** 拓扑空间 $X$ 的 $G$ **系数的奇异上链复形**是

$$S^*(X;G):=\mathrm{Hom}\,(S_*(X),G)$$

$$:= \{S^q(X;G) = \mathrm{Hom}\,(S_q(X), G), \delta^q = \partial_{q+1}^\bullet\}.$$

由于 $S_q(X)$ 是以 $X$ 中 $q$ 维奇异单形为基的自由 Abel 群, 所以 $X$ 上每个 $G$ 系数上链 $c^q \in S^q(X;G) = \mathrm{Hom}\,(S_q(X), G)$ 可以等同于一个函数 $\{X$ 中 $q$ 维奇异单形$\} \to G$.

上链复形 $S^*(X;G)$ 的上同调群称为 $X$ 的 $G$ **系数的奇异上同调群**, 记作

$$H^*(X;G) := H^*(S^*(X;G)).$$

以后当系数群 $G$ 不写明时, 就理解为整数群 $G = \boldsymbol{Z}$.

**定义 4.8** 设 $f : X \to Y$ 是映射. $f$ **所诱导的上链映射** $f^\# : S^*(Y;G) \to S^*(X;G)$ 就是 $\{f^\bullet_\# : S^q(Y;G) \to S^q(X;G)\}$. 它所诱导的上同调同态 $f^* : H^*(Y;G) \to H^*(X;G)$ 称为 $f$ **所诱导的上同调同态**.

这样, 我们得到从拓扑空间的范畴到分次群的范畴的一个反变函子, $G$ **系数的奇异上同调函子** $H^*(-;G) : \{$空间, 映射$\} \to \{$分次群, 同态$\}$.

**定义 4.9** 拓扑空间 $X$ 的 $G$ **系数的增广奇异上链复形**是

$$\widetilde{S}^*(X;G) := \mathrm{Hom}\,(\widetilde{S}_*(X), G)$$
$$:= \{\widetilde{S}^q(X;G) = \mathrm{Hom}\,(\widetilde{S}_q(X), G), \widetilde{\delta}^q = \widetilde{\partial}_{q+1}^\bullet\}.$$

注意 $\widetilde{S}^{-1}(X;G) = \mathrm{Hom}\,(\boldsymbol{Z}, G) = G$, 而 $\widetilde{\delta}^{-1} := \epsilon^\bullet : G \to S^0(X;G)$ 把每个 $g \in G$ 映成在 $X$ 上所有的点取常数值 $g$ 的函数.

映射 $f : X \to Y$ 所诱导的链映射 $f^\# : \widetilde{S}^*(Y;G) \to \widetilde{S}^*(X;G)$, 在维数 $q \geq 0$ 时与 $f^\# : S^q(Y;G) \to S^q(X;G)$ 相同, 而 $f^\# : \widetilde{S}^{-1}(Y;G) \to \widetilde{S}^{-1}(X;G)$ 规定为 $\mathrm{id}_G : G \to G$.

拓扑空间 $X$ 的 $G$ **系数的简约奇异上同调群**定义为

$$\widetilde{H}^*(X;G) := H^*(\widetilde{S}^*(X;G)).$$

映射 $f : X \to Y$ 所诱导的同态 $f^* : \widetilde{H}^*(Y;G) \to \widetilde{H}^*(X;G)$ 规定为链

映射 $f^{\#} : \widetilde{S}^*(Y;G) \to \widetilde{S}^*(X;G)$ 所诱导的同调同态.

对于空间偶的相对上同调群, 我们有类似的一系列定义.

**定义 4.10**　空间偶 $(X,A)$ 的 $G$ **系数的相对奇异上链复形**定义为

$$S^*(X,A;G) := \mathrm{Hom}\,(S_*(X,A),G).$$

它的上同调群称为空间偶 $(X,A)$ 的 $G$ **系数的相对奇异上同调群**, 记作

$$H^*(X,A;G) := H^*(S^*(X,A;G)).$$

空间偶的映射 $f : (X,A) \to (Y,B)$ **所诱导的相对上链映射** $f^{\#} : S^*(Y,B;G) \to S^*(X,A;G)$ 是链映射 $f_{\#} : S_*(X,A) \to S_*(Y,B)$ 的对偶. 它所诱导的上同调同态称为映射 $f : (X,A) \to (Y,B)$ 所诱导的**相对上同调的同态** $f^* : H^*(Y,B;G) \to H^*(X,A;G)$.

这样, 我们得到从拓扑空间偶的范畴到分次 Abel 群范畴的 $G$ **系数的相对上同调函子** $H^*(-;G) : \{$空间偶, 映射$\} \to \{$ 分次群, 同态$\}$. 它是一个反变函子.

以上这些定义展示了奇异上同调与奇异 (下) 同调之间形式上的相似与对称. 但是我们必须充分注意它们之间概念上的区别, 特别是在链的水平上.

## 4.5　用上链直接描述

我们提到过, $X$ 上每个 $G$ 系数上链 $c^q \in \mathrm{Hom}\,(S_q(X),G)$ 等同于一个函数 $c^q : \{X$ 中 $q$ 维奇异单形$\} \to G$. 链复形的短正合列

$$0 \longrightarrow S_*(A) \xrightarrow{\ i_{\#}\ } S_*(X) \xrightarrow{\ j_{\#}\ } S_*(X,A) \longrightarrow 0$$

是裂正合的, 根据定理 4.1 中 (1), 其对偶

$$0 \longleftarrow S^*(A;G) \xleftarrow{\ i^{\#}\ } S^*(X;G) \xleftarrow{\ j^{\#}\ } S^*(X,A;G) \longleftarrow 0$$

也是裂正合的.

空间偶 $(X, A)$ 的上链 $\bar{c}^q \in S^q(X, A; G) = \mathrm{Hom}\,(S_q(X)/S_q(A), G)$ 可以等同于一个函数 $\bar{c}^q$, 其定义范围为 {$X$ 中 $q$ 维奇异单形} 减去 {$A$ 中 $q$ 维奇异单形}, 取值于 $G$. 它可以自然地扩张为一个函数 $c^q$: {$X$ 中 $q$ 维奇异单形} $\to G$, 使其在 $A$ 中奇异单形上取值为 0 (例如 0 维上链 $\bar{c}^0 \in S^0(X, A; G)$ 无非是一个函数 $\bar{c}^0 : X - A \to G$, 它可以扩张到 $X$ 上使得在 $A$ 上为 0), 这就是 $j^\#(\bar{c}^q)$. 于是, 上链映射 $j^\#$ 把上链复形 $S^*(X, A; G)$ 嵌入上链复形 $S^*(X; G)$ 作为**子**上链复形, 虽然链复形 $S_*(X, A; G)$ 是链复形 $S_*(X; G)$ 的**商**链复形.

另一方面, $S^*(A; G)$ 却是 $S^*(X; G)$ 的商上链复形了. $X$ 的一个上链 $c^q$: {$X$ 中 $q$ 维奇异单形} $\to G$ 在上链映射 $i^\#$ 下的像其实是把这个函数限制在 {$A$ 中 $q$ 维奇异单形} 上, 即 $i^\#(c^q) = c^q|_A$.

对于映射 $f: X \to Y$, 上链映射 $f^\#$ 其实是把 $Y$ 中的函数 $c'^q$: {$Y$ 中 $q$ 维奇异单形} $\to G$ 用 $f$ 拉回到 $X$ 上去, 成为一个函数 $f^\#(c'^q)$: {$X$ 中 $q$ 维奇异单形} $\to G$.

上同调序列中的上边缘同态 $\delta^* : H^q(A; G) \to H^{q+1}(X, A; G)$ 可描述如下. 设上闭链 $z^q \in Z^q(A; G)$ 是上同调类 $[z^q] \in H^q(A; G)$ 的代表. 作为上链它是个函数 $z^q$: {$A$ 中 $q$ 维奇异单形} $\to G$, 作为上闭链它在 $B_q(A)$ 上取值为 0. 把它扩张成函数 $z^q$: {$X$ 中 $q$ 维奇异单形} $\to G$ (在超出原来范围之外的奇异单形上随便取值), 成为 $X$ 的上链. 它在 $X$ 中的上边缘 $\delta^X z^q$ 在 $A$ 上取值为 0 (因为刚才说过 $z^q$ 在 $B_q(A)$ 上取值为 0), 所以 $\delta^X z^q$ 是 $(X, A)$ 的 $q+1$ 维相对上链. 其实它是 $(X, A)$ 的上闭链, 因为 $\delta^{(X,A)}(\delta^X z^q) = \delta^X(\delta^X z^q) = 0$. 相对上同调类 $[\delta^X z^q] \in H^{q+1}(X, A; G)$ 就是 $\delta^*[z^q]$.

**习题 4.2** 证明: 拓扑空间 $X$ 是道路连通的当且仅当 $H^0(X) = \mathbb{Z}$.

**习题 4.3** 设 $X = \bigcup_{\lambda \in \Lambda} X_\lambda$ 是 $X$ 的道路连通支分解, $A_\lambda = A \cap X_\lambda$.

证明: 有直积分解

$$H^*(X, A) = \prod_{\lambda \in \Lambda} H^*(X_\lambda, A_\lambda),$$

即对每个维数 $q$ 有 $H^q(X, A) = \prod_{\lambda \in \Lambda} H^q(X_\lambda, A_\lambda)$.

**习题 4.4**    试写出上同调的 Mayer-Vietoris 序列.

**习题 4.5**    计算球面的上同调群 $H^*(S^n; G)$.

## 4.6  上同调的 Eilenberg-Steenrod 公理

上同调群 $H^*(X, A; G)$ 有哪些基本性质? 我们又需要把以前关于下同调群的定理和论证对照检查一遍. 让我们还是用 Eilenberg-Steenrod 的说法, 把上同调群的最基本的性质也以公理系统的形式列出, 它们与下同调的公理系统是对偶的.

一个**上同调论**由三个函数组成:    (注意, 为了排版的方便, 我们隐去了上同调群记号中的 $G$.)

(1) 对于每个整数 $q$, 每个空间偶 $(X, A)$, 对应着一个 Abel 群 $H^q(X, A)$.

(2) 对于每个整数 $q$, 每个映射 $f : (X, A) \to (Y, B)$, 对应着一个同态 $(f^*)^q : H^q(Y, B) \to H^q(X, A)$.

(3) 对于每个整数 $q$, 每个空间偶 $(X, A)$, 对应着一个同态 $(\delta^*)^q : H^q(A) \to H^{q+1}(X, A)$, 这里 $A$ 代表空间偶 $(A, \emptyset)$.

这些函数要满足下列七条公理. 按惯例, 我们略去 $f^*$ 和 $\delta^*$ 的维数上标.

**公理 1** (单位律)    若 id 是恒同映射, 则 id* 是恒同同态.

**公理 2** (复合律)    $(g \circ f)^* = f^* \circ g^*$.

**公理 3** (自然性)    若 $f : (X, A) \to (Y, B)$ 是映射, 则下面的图表交换:

$$H^{q+1}(X,A) \xleftarrow{\delta^*} H^q(A)$$

$$f^* \uparrow \qquad \uparrow (f|A)^*$$

$$H^{q+1}(Y,B) \xleftarrow{\delta^*} H^q(B)$$

**公理 4** (正合性公理) 序列

$$\xleftarrow{j^*} H^{q+1}(X,A) \xleftarrow{\delta^*} H^q(A) \xleftarrow{i^*} H^q(X) \xleftarrow{j^*} H^q(X,A) \xleftarrow{\delta^*} H^{q-1}(A) \xleftarrow{i^*}$$

是正合的, 其中 $i: A \to X$ 与 $j:(X,\emptyset) \to (X,A)$ 都是含入映射.

**公理 5** (同伦公理) 若 $f \simeq g:(X,A) \to (Y,B)$ 是同伦的映射, 则 $f^* = g^*$.

**公理 6** (切除公理) 若 $(X,A)$ 是空间偶, $X$ 的开子集 $W$ 满足条件 $\overline{W} \subset \operatorname{Int} A$, 则含入映射 $i:(X-W, A-W) \to (X,A)$ 诱导的同态是同构

$$i^*: H^*(X,A) \xrightarrow{\cong} H^*(X-W, A-W).$$

**公理 7** (维数公理) 若 pt 是单点空间, 则

$$H^q(\text{pt}) = \begin{cases} G, & \text{当 } q = 0, \\ 0, & \text{当 } q \neq 0. \end{cases}$$

请读者自己验证奇异上同调群满足上述 Eilenberg-Steenrod 公理, 从而证明满足这些公理的上同调论的存在性. (Eilenberg 和 Steenrod 在有限单纯复形偶的范畴上, 证明了满足这些公理的上同调论的唯一性.) 本章讲过的关于奇异同调群的定理也都有其上同调版本.

*习题 4.6 试草拟简约同调论公理的上同调版本.

### 4.7 上下同调群的 Kronecker 积

在讨论对偶性问题时, Kronecker 积是个非常有用的概念. 根据上链复形的定义, 我们有 Kronecker 积的交换图表

$$S^{q+1}(X, A; G) \times S_{q+1}(X, A) \xrightarrow{\langle -, - \rangle} G$$

$$\delta \uparrow \qquad \partial \downarrow \qquad \|$$

$$S^q(X, A; G) \quad \times \quad S_q(X, A) \xrightarrow{\langle -, - \rangle} G$$

用式子来写，就是

$$\langle \delta c^q, c_{q+1} \rangle = \langle c^q, \partial c_{q+1} \rangle, \qquad \forall c^q \in S^q(X, A; G), \ c_{q+1} \in S_{q+1}(X, A).$$

把上下链的 Kronecker 积限制在闭链群和边缘链群上看，我们得到

$$Z^q(X, A; G) \times Z_q(X, A) \xrightarrow{\langle -, - \rangle} G,$$

$$Z^q(X, A; G) \times B_q(X, A) \xrightarrow{\langle -, - \rangle} 0,$$

$$B^q(X, A; G) \times Z_q(X, A) \xrightarrow{\langle -, - \rangle} 0.$$

由于 Kronecker 积是双线性的，我们可以过渡到同调群去，定义**上下同调群的 Kronecker 积**

$$H^q(X, A; G) \times H_q(X, A) \xrightarrow{\langle -, - \rangle} G,$$

$$\langle [z^q], [z_q] \rangle := \langle z^q, z_q \rangle, \qquad \forall z^q \in Z^q(X, A; G), \ z_q \in Z_q(X, A).$$

像定义 4.6 中一样，我们常把 Kronecker 积的概念扩充成

$$\langle -, - \rangle : H^*(X, A; G) \times H_*(X, A) \longrightarrow G,$$

总是认为不同维数的上下同调群之间的 Kronecker 积等于 0.

这个 Kronecker 积是自然的，即对于映射 $f : (X, A) \to (Y, B)$ 有交换图表

$$H^q(X, A; G) \times H_q(X, A) \xrightarrow{\langle -, - \rangle} G$$

$$f^* \uparrow \qquad f_* \downarrow \qquad \|$$

$$H^q(Y, B; G) \times H_q(Y, B) \xrightarrow{\langle -, - \rangle} G$$

或者用式子来写

$$\langle f^*[z'^q], [z_q]\rangle = \langle [z'^q], f_*[z_q]\rangle, \quad \forall z'^q \in Z^q(Y, B; G), \ z_q \in Z_q(X, A).$$

读者还应该检验一下，Kronecker 积与上下同调正合序列是协调的，即有交换图表 (第一行中隐去了上同调群记号中的 $G$)

$$H^{q+1}(X,A) \xleftarrow{\delta^*} \widetilde{H}^q(A) \xleftarrow{i^*} \widetilde{H}^q(X) \xleftarrow{j^*} H^q(X,A) \xleftarrow{\delta^*} \widetilde{H}^{q-1}(A)$$

$$\times \qquad \times \qquad \times \qquad \times \qquad \times$$

$$H_{q+1}(X,A) \xrightarrow{\partial_*} \widetilde{H}_q(A) \xrightarrow{i_*} \widetilde{H}_q(X) \xrightarrow{j_*} H_q(X,A) \xrightarrow{\partial_*} \widetilde{H}_{q-1}(A)$$

$$\downarrow \langle -,- \rangle \qquad \downarrow \langle -,- \rangle \qquad \downarrow \langle -,- \rangle \qquad \downarrow \langle -,- \rangle \qquad \downarrow \langle -,- \rangle$$

$$G =\!=\!= G =\!=\!= G =\!=\!= G =\!=\!= G$$

**习题 4.7** 检验这图表右边那块的交换性.

**思考题 4.8** 试讨论上下同调的 Mayer-Vietoris 序列之间的对偶性.

**定义 4.11** 上下同调群的 Kronecker 积提供给我们一个同态

$$\kappa : H^q(X, A; G) \to \mathrm{Hom}\,(H_q(X, A), G),$$

$$\kappa([z^q])([z_q]) := \langle [z^q], [z_q]\rangle.$$

**定理 4.3** 同态 $\kappa : H^q(X, A; G) \to \mathrm{Hom}\,(H_q(X, A), G)$ 是满同态，并且存在同态 $\iota : \mathrm{Hom}\,(H_q(X, A), G) \to H^q(X, A; G)$ 使得 $\kappa \circ \iota = \mathrm{id} : \mathrm{Hom}\,(H_q(X, A), G) \to \mathrm{Hom}\,(H_q(X, A), G)$, 因而 $\mathrm{Hom}\,(H_q(X, A), G)$ 是 $H^q(X, A; G)$ 的直和加项. 如果 $H_{q-1}(X, A)$ 是自由的, 则 $\kappa$ 是个同构.

**\*证明** 为记号简单起见，我们将用 $S_q, Z_q, B_q, H_q$ 分别代表整数系数的 $S_q(X, A), Z_q(S_*(X, A)), B_q(S_*(X, A)), H_q(X, A)$.

(A) 证明 $\kappa$ 是满同态. 设 $\phi \in \mathrm{Hom}\,(H_q, G)$. 同态 $\phi : H_q = Z_q/B_q \to G$ 决定一个同态 $\phi' : Z_q \to G$, $\langle \phi', z_q\rangle = \langle \phi, [z_q]\rangle$, 它把 $B_q$ 映

成 0. 假如我们能证明 $\phi' : Z_q \to G$ 可以扩张成同态 $\bar{\phi} : S_q \to G$, 就能完成定理的证明. 理由如下:

(1) 这样的扩张是个上链 $\bar{\phi} \in S^q(X, A; G)$.

(2) 它是个上闭链, 因为对于任意的链 $c_{q+1} \in S_{q+1}$,

$$\langle \delta\bar{\phi}, c_{q+1} \rangle = \langle \bar{\phi}, \partial c_{q+1} \rangle = \langle \phi', \partial c_{q+1} \rangle = 0.$$

所以它决定一个上同调类 $[\bar{\phi}] \in H^q(X, A; G)$.

(3) $\kappa([\bar{\phi}]) = \phi \in \mathrm{Hom}\,(H_q, G)$, 因为对于任意的闭链 $z_q \in Z_q$,

$$\kappa([\bar{\phi}])([z_q]) = \langle [\bar{\phi}], [z_q] \rangle = \langle \bar{\phi}, z_q \rangle = \langle \phi', z_q \rangle = \langle \phi, [z_q] \rangle = \phi([z_q]).$$

现在来说明为什么同态 $\phi' : Z_q \to G$ 可以扩张成同态 $\bar{\phi} : S_q \to G$. 我们有短正合列 $0 \to Z_q \to S_q \xrightarrow{\partial} B_{q-1} \to 0$. $B_{q-1}$ 作为自由 Abel 群 $S_{q-1}$ 的子群也是自由的, 因此上述序列是裂正合的, $Z_q$ 是 $S_q$ 的直和加项. 所以 $Z_q$ 上的任意同态都能扩张到 $S_q$ 上去.

(B) 同态 $\iota$ 的定义. 上面 (A) 中从同态 $\phi : H_q \to G$ 得到同态 $\bar{\phi} : S_q \to G$ 的做法是可加的, 即 $\overline{\phi_1 + \phi_2} = \bar{\phi}_1 + \bar{\phi}_2$. 所以式子 $\iota(\phi) = [\bar{\phi}]$ 所定义的对应 $\iota : \mathrm{Hom}\,(H_q(X, A), G) \to H^q(X, A; G)$ 是一个同态, 满足 $\kappa \circ \iota(\phi) = \phi$.

(C) 考察 $\kappa$ 的核. 设 $z^q \in Z^q(S^*(X, A; G))$ 使得 $\kappa([z^q]) = 0 \in \mathrm{Hom}\,(H_q, G)$. 则对所有的 $z_q \in Z_q$ 有 $\langle z^q, z_q \rangle = \langle [z^q], [z_q] \rangle = 0$. 作为上链, $z^q$ 是个同态, $z^q : S_q \to G$, 现在它把 $Z_q$ 映成 0. 所以它诱导一个同态 $\psi : B_{q-1} \to G$, 使得 $\langle \psi, \partial c_q \rangle = \langle z^q, c_q \rangle, \forall c_q \in S_q$.

假如我们能证明, 这个同态 $\psi : B_{q-1} \to G$ 可以扩张成同态 $\bar{\psi} : S_{q-1} \to G$, 就能证明 $\kappa$ 是单同态. 理由如下:

(1) 这样的扩张是个上链 $\bar{\psi} \in S^{q-1}(X, A; G)$.

(2) $\delta\bar{\psi} = z^q$, 因为对于任意的链 $c_q \in S_q$,

$$\langle \delta\bar{\psi}, c_q \rangle = \langle \bar{\psi}, \partial c_q \rangle = \langle \psi, \partial c_q \rangle = \langle z^q, c_q \rangle.$$

所以上同调类 $[z^q] = 0 \in H^q(X, A; G)$.

现在来说明为什么同态 $\psi : B_{q-1} \to G$ 可以扩张成同态 $\bar{\psi} : S_{q-1} \to G$. 我们有短正合列 $0 \to B_{q-1} \to Z_{q-1} \to H_{q-1} \to 0$. 根据假定 $H_{q-1}$ 是自由的, 因此上述序列是裂正合的, $B_{q-1}$ 是 $Z_{q-1}$ 的直和加项. 所以 $B_{q-1}$ 上的任意同态都能扩张到 $Z_{q-1}$ 上去, 并且如前面 (A) 中所说还能进一步扩张到 $S_{q-1}$ 上去. □

**习题 4.9** 设映射 $f : S^n \to S^n$ 的度是 $d \in \mathbf{Z}$. 试证明上同调的同态 $f^* : \widetilde{H}^n(S^n; G) \to \widetilde{H}^n(S^n; G)$ 把每个元素映成自己的 $d$ 倍.

**习题 4.10** 计算闭曲面的整数系数上同调群.

**习题 4.11** 设有 Abel 群的短正合列

$$0 \longrightarrow G' \xrightarrow{\phi} G \xrightarrow{\psi} G'' \longrightarrow 0.$$

试证明有上链复形的短正合列

$$0 \longrightarrow S^*(X; G') \xrightarrow{\phi} S^*(X; G) \xrightarrow{\psi} S^*(X; G'') \longrightarrow 0,$$

因而有长的正合上同调序列

$$\xrightarrow{\delta^*} H^q(X; G') \xrightarrow{\phi^*} H^q(X; G) \xrightarrow{\psi^*} H^q(X; G'') \xrightarrow{\delta^*} H^{q+1}(X; G) \xrightarrow{\phi^*},$$

其中的上边缘同态 $\delta^*$ 称为 **Bockstein 同态**, 常记作 $\beta^*$.

试对射影平面与 Klein 瓶, 对于系数序列

$$0 \longrightarrow \mathbf{Z} \xrightarrow{2} \mathbf{Z} \longrightarrow \mathbf{Z}_2 \longrightarrow 0,$$

计算 $\beta^*$.

## 4.8 域系数的奇异链群与同调群

整数群 $\mathbf{Z}$ 是标准的系数群, 当我们未指明系数群时, 都应理解为整数系数. 除此以外, 最常用的系数群是整数模 $p$ 群 $\mathbf{Z}_p$ ($p$ 是素数), 有理数群 $\mathbf{Q}$, 实数群 $\mathbf{R}$, 复数群 $\mathbf{C}$. 它们都是域, 于是链群、上链群、同调群、上同调群等都可以自然地看作线性空间, 线性代数

的强有力的方法和工具就可以用了. 我们现在就来讨论这种以域作为系数群的情形.

取定一个域 $F$. 下面讲到线性空间和线性映射, 都是以 $F$ 为系数域的.

对于域 $F$ 上的任意线性空间 $L$, 让我们以 $\mathrm{Hom}_F(L, F)$ 记 $L$ 的对偶线性空间, 即全体线性函数 $L \to F$ 所组成的线性空间. 在线性代数意义下的对偶 (以后简称**线性对偶**), 是一个反变函子, 记作

$$\mathrm{Hom}_F(-, F) : \{\text{线性空间, 线性映射}\} \to \{\text{线性空间, 线性映射}\}.$$

设 $A$ 是自由 Abel 群, 以 $\{a_i\}$ 为基. 则 $A \otimes F$ 可以自然地看成域 $F$ 上的以 $\{a_i\}$ 为基的线性空间; $\mathrm{Hom}(A, F)$ 也可以自然地看成全体函数 $\{a_i\} \to F$ 组成的线性空间. 于是它们是线性代数意义下的对偶

$$\mathrm{Hom}(A, F) = \mathrm{Hom}_F(A \otimes F, F).$$

让我们换个说法, 把这件事说得更仔细一点.

对于任意的自由 Abel 群 $A$, 张量积 $A \otimes F$ (这里我们暂时忘记 $F$ 中的乘法, 只考虑 $F$ 的加法运算形成的 Abel 群, 来做张量积) 是个 Abel 群. 我们可以定义一个乘法, $F$ 的元素乘上 $A \otimes F$ 的元素得出 $A \otimes F$ 的元素, 如下:

$$\lambda \cdot \left(\sum a_i \otimes \mu_i\right) := \sum a_i \otimes (\lambda \cdot \mu_i), \qquad \text{其中 } \lambda, \mu_i \in F, a_i \in A.$$

容易验证, 在这乘法下 $A \otimes F$ 成为域 $F$ 上的一个线性空间; 而且对于同态 $f : A \to A'$, 张量积同态 $f \otimes \mathrm{id}_F : A \otimes F \to A' \otimes F$ 成为一个线性映射. 于是, 张量积函子 $- \otimes F$ 就成了从自由 Abel 群范畴到线性空间范畴的一个协变函子

$$- \otimes F : \{\text{Abel 群, 同态}\} \to \{\text{线性空间, 线性映射}\}.$$

类似地, 对于任意的自由 Abel 群 $A$, 同态群 $\mathrm{Hom}(A, F)$ (我们也暂时忘记 $F$ 中的乘法, 只考虑 $F$ 的加法运算形成的 Abel 群,

来取 Hom) 是个 Abel 群. 我们可以定义一个乘法, $F$ 的元素乘上 Hom $(A, F)$ 的元素得出 Hom $(A, F)$ 的元素, 如下:

$$(\lambda \cdot \phi)(a) := \lambda \cdot (\phi(a)), \quad \text{即} \quad \langle \lambda \cdot \phi, a \rangle := \lambda \cdot \langle \phi, a \rangle.$$

容易验证, 在这乘法下 Hom $(A, F)$ 成为域 $F$ 上的一个线性空间; 而且对于同态 $f : A \to A'$, 对偶同态 $f^\bullet : \text{Hom}\,(A', F) \to \text{Hom}\,(A, F)$ 成为一个线性映射. 于是, 函子 Hom $(-, F)$ 就成了从自由 Abel 群范畴到域 $F$ 上的线性空间范畴的一个反变函子

$$\text{Hom}\,(-, F) : \{\text{Abel 群, 同态}\} \to \{\text{线性空间, 线性映射}\}.$$

这两个函子之间有线性对偶的关系:

**命题 4.4** 设 $A$ 是自由 Abel 群. 则线性映射

$$\omega : \text{Hom}\,(A, F) \to \text{Hom}_F (A \otimes F, F),$$

$$\langle \omega(\phi), a \otimes \lambda \rangle := \langle \phi, a \rangle \cdot \lambda, \quad \forall \phi \in \text{Hom}\,(A, F),\ a \in A,\ \lambda \in F$$

是个同构, 而且它与同态 $f : A \to A'$ 的对偶同态 $f^\bullet$ 可交换. 换句话说, 用 $\omega$ 我们可以把两个反变函子等同起来

$$\text{Hom}\,(-, F) = \text{Hom}_F(- \otimes F, F) :$$

$$\{\text{Abel 群, 同态}\} \to \{\text{线性空间, 线性映射}\}.$$

**证明** (1) 不难验证 $\omega$ 的确是个线性映射.

(2) $\omega$ 是单的. 如果 $\omega(\phi) = 0$, 则对任何 $a \in A$ 有

$$0 = \langle \omega(\phi), a \otimes 1 \rangle = \langle \phi, a \rangle \cdot 1 = \langle \phi, a \rangle,$$

所以 $\phi = 0 \in \text{Hom}\,(A, F)$.

(3) $\omega$ 是满的. 设 $\psi : A \otimes F \to F$ 是线性函数, 定义 $\phi : A \to F$ 为 $\phi(a) := \psi(a \otimes 1)$. 易见这是 Abel 群的同态, $\phi \in \text{Hom}\,(A, F)$. 验证 $\omega(\phi) = \psi$:

$$\langle \omega(\phi), a \otimes \lambda \rangle = \langle \phi, a \rangle \cdot \lambda = \psi(a \otimes 1) \cdot \lambda = \psi(a \otimes \lambda),$$

最后一个等号因为 $\psi$ 是线性函数.

(4) $\omega$ 与 $f^\bullet$ 可交换. 设 $\phi' \in \mathrm{Hom}\,(A', F)$. 验算: 对于任意的 $a \in A$ 和 $\lambda \in F$,

$$
\begin{aligned}
\langle (f \otimes \mathrm{id}_F)^\bullet \,\omega(\phi'), a \otimes \lambda \rangle &= \langle \omega(\phi'), (f \otimes \mathrm{id}_F)(a \otimes \lambda) \rangle \\
&= \langle \omega(\phi'), f(a) \otimes \lambda \rangle = \langle \phi', f(a) \rangle \cdot \lambda \\
&= \langle f^\bullet(\phi'), a \rangle \cdot \lambda = \langle \omega f^\bullet(\phi'), a \otimes \lambda \rangle. \qquad \square
\end{aligned}
$$

**注记 4.5**　其实这个命题不但对自由 Abel 群 $A$ 成立, 对一般 Abel 群 $A$ 也是成立的. 因为按照前面关于一般 Abel 群张量积的讲法去理解, 上面这一番论述并不限于自由的 Abel 群 $A$.

这样, 对于系数域 $F$, 空间偶的奇异链复形 $S_*(X, A; F) = S_*(X, A) \otimes F$ 与奇异上链复形 $S^*(X, A; F) = \mathrm{Hom}\,(S_*(X, A), F)$ 都是域 $F$ 上的线性空间, 并且有线性对偶

$$
S^*(X, A; F) = \mathrm{Hom}\,_F(S_*(X, A; F), F).
$$

在同调群的水平上也有线性对偶

$$
H^*(X, A; F) = \mathrm{Hom}\,_F(H_*(X, A; F), F).
$$

更确切地说, 是有

**定理 4.6**　Kronecker 积 $H^q(X, A; F) \times H_q(X, A; F) \to F$ 给出的线性映射 $\kappa : H^q(X, A; F) \to \mathrm{Hom}\,_F(H_q(X, A; F), F)$ 是同构.

**证明**　平行于定理 4.3 的证明. 注意, 在线性空间的范畴里, 线性映射的扩张从来不成问题. $\qquad \square$

## 4.9　de Rham 定理简介

设 $X$ 是光滑流形. 以 $\Omega^q(X)$ 记 $X$ 上的 $q$ 次微分形式组成的 (实系数) 线性空间, 以 $d : \Omega^q(X) \to \Omega^{q+1}(X)$ 记外微分算子. 则 $\{\Omega^*(X), d\}$ 是以实数域 $\boldsymbol{R}$ 为系数域的上链复形, 其上同调记作

$H^*_{\mathrm{DR}}(X)$, 称为 $X$ 的 de Rham 上同调.

微分几何中的这个概念正好可与奇异上同调作类比. $q$ 次微分形式相当于 $q$ 维上链, 外微分算子相当于上边缘算子, 闭微分形式相当于上闭链, 恰当微分形式相当于上边缘链.

**定理 4.7 (de Rham 定理)** 光滑流形的 de Rham 上同调同构于实系数的奇异上同调, 即 $H^*_{\mathrm{DR}}(X) \cong H^*(X; \boldsymbol{R})$.

详细一点说,

(1) 以 $S_q^{\mathrm{smooth}}(X; \boldsymbol{R})$ 记以光滑奇异单形 $\sigma: \Delta_q \to X$ 为基的实线性空间, 含入链映射

$$S_*^{\mathrm{smooth}}(X; \boldsymbol{R}) \to S_*(X; \boldsymbol{R})$$

是一个链同伦等价. 因而它的 Kronecker 对偶

$$S^*(X; \boldsymbol{R}) \to S_{\mathrm{smooth}}^*(X; \boldsymbol{R})$$

是一个上链同伦等价.

(2) $q$ 次微分形式在 $q$ 维链上的积分, 给出一个双线性函数

$$\Omega^q(X) \times S_q^{\mathrm{smooth}}(X; \boldsymbol{R}) \to \boldsymbol{R}, \qquad (\omega, \sigma) \mapsto \int_\sigma \omega.$$

Stokes 公式说

$$\int_{\partial\sigma} \omega = \int_\sigma d\omega,$$

换句话说, 外微分算子与边缘算子对偶. 这给我们一个上链映射

$$\Omega_*(X) \to \mathrm{Hom}_{\boldsymbol{R}}(S_*^{\mathrm{smooth}}(X; \boldsymbol{R}), \boldsymbol{R}) = S_{\mathrm{smooth}}^*(X; \boldsymbol{R}).$$

它是一个上链同伦等价.

这两件事合起来就得到 de Rham 定理.

微分形式可以相乘. 一个 $p$ 次微分形式 $\varphi \in \Omega^p(X)$ 与一个 $q$ 次微分形式 $\psi \in \Omega^q(X)$ 的外积是一个 $p+q$ 次微分形式 $\varphi \wedge \psi \in \Omega^{p+q}(X)$,

其外微分公式是

$$d(\varphi \wedge \psi) = \mathrm{d}\varphi \wedge \psi + (-1)^p \varphi \wedge \mathrm{d}\psi.$$

因而两个闭微分形式的外积还是闭微分形式. 由此引出 de Rham 上同调类之间的外积, 使得 de Rham 上同调 $H_{\mathrm{DR}}^*(X)$ 自然地成为一个环.

我们在第四章将会讲到, 拓扑空间的奇异上链之间也可以定义一种乘法, 称为上积, 使得上同调 $H^*(X; \boldsymbol{R})$ 也成为一个环. 这样, 定理 4.7 所说的同构将不但是线性空间的同构, 而且还是环的同构.

de Rham 定理是代数拓扑学与微分几何学之间的主要桥梁, 非常重要. 读者可以参看文献 [2], [3].

# 第三章 胞腔同调

本章的中心课题是同调群和上同调群的计算. 许多常用的空间都可以剖分成形状简单的小块, 因而我们将研究由标准砖块构筑而成的空间. 这是复形概念的由来. 历史上最先研究的是单纯复形, 其砖块是单形, 建立链群与同调群的方式称为单纯同调论. 后来使用更多的是胞腔复形, 其砖块是胞腔, 建立链群与同调群的方式称为胞腔同调论. 胞腔复形比单纯复形灵活, 剖分所需的胞腔个数少, 计算方便.

为了简化讨论, 集中读者的注意力, 我们采取以下方针:

- 胞腔复形的一些同伦性质将作为基本事实引用, 不给出证明.

- 主要讨论**有限**胞腔复形, 避开有关无限复形的技术性问题.

- 虽然我们讨论胞腔复形偶, 但建议初学者专注于单个胞腔复形, 即子复形为空的情况.

## §1 胞腔复形与胞腔映射

胞腔复形说明怎样用粘贴胞腔的方法从无到有地把一个空间建造出来.

### 1.1 胞腔复形

**定义 1.1** 拓扑空间 $Y$ 称为一个 $q$ 维**闭胞腔**, 如果它同胚于 $q$ 维实心球 $D^q$. 拓扑空间 $Y$ 称为一个 $q$ 维**胞腔**, 如果它同胚于 $q$ 维开实心球 $\text{Int}\, D^q := D^q - S^{q-1}$.

**定义 1.2**    Hausdorff 空间 $X$ 上的一个**胞腔剖分**或 **CW 剖分**, 是指把 $X$ 分解为互不相交的子集 $\{e_i^q\}$ 的并集 (对于每个维数 $q \geq 0$, $i$ 属于某个指标集 $\Lambda_q$), 使得:

(1) 每个 $e_i^q$ 是一个 $q$ 维胞腔, 且存在连续映射 $\varphi_i^q : D^q \to X$ 把 Int $D^q$ 同胚地映成 $e_i^q$, 这 $\varphi_i^q$ 称为 $e_i^q$ 的**特征映射**, 只要求存在, 不要求唯一;

(2) 胞腔 $e_i^q$ 的边缘 $\dot{e}_i^q := \bar{e}_i^q - e_i^q$ 的每一点都属于低于 $q$ 维的胞腔.

如果胞腔个数是无限的, 则还要求满足两个条件:

(3) (闭包有限) 每个胞腔 $e_i^q$ 的闭包只与有限多个胞腔相交;

(4) (弱拓扑) $X$ 的任意子集 $F$ 是闭集当且仅当对于每个胞腔 $e_i^q$, 交集 $F \cap \bar{e}_i^q$ 都是紧的.

这后两个条件 (Closure finite 和 Weak topology) 是 CW 名称的由来.

取定了胞腔剖分的空间, 称为**胞腔复形**或 **CW 复形**. 其胞腔的最大维数称为这胞腔复形的**维数**; 如果没有最大的维数, 就说它是无限维的. 如果胞腔个数是有限的, 就说它是**有限胞腔复形**, 这时 $X$ 是紧的 Hausdorff 空间.

记 $X^k = \bigcup\limits_{q \leq k} e_i^q$ 为维数 $\leq k$ 的全体胞腔的并集. 由条件 (2) 知 $X^k$ 是 $X$ 中闭子集, 称为 $X$ 的 $k$ 维**骨架**.

胞腔复形的另一个定义, 更好地反映逐步构建的观念:

**定义 1.3**    拓扑空间 $X$ 上的一个**胞腔剖分**或 **CW 剖分**, 是指在 $X$ 中取定了一个闭子空间上升阶梯

$$\emptyset = X^{-1} \subset X^0 \subset X^1 \subset \cdots \subset X^{q-1} \subset X^q \subset \cdots, \qquad \bigcup_{q=0}^{\infty} X^q = X,$$

$X^q$ 称为 $X$ 的 $q$ 维**骨架**, 使得:

(a) 对每个维数 $q \geq 0$, $X^q$ 是在 $X^{q-1}$ 上粘贴若干 $q$ 维胞腔而

成. 准确地说, 有一个映射 $\dot{\varphi}^q : \coprod_{i \in \Lambda_q} S_i^{q-1} \to X^{q-1}$, $X^q$ 就是用 $\dot{\varphi}^q$ 把 $\coprod_{i \in \Lambda_q} D_i^q$ 粘贴到 $X^{q-1}$ 上去得到的空间 $X^{q-1} \cup_{\dot{\varphi}^q} \coprod_{i \in \Lambda_q} D_i^q$. 这里 $\Lambda_q$ 是一个指标集, $\coprod_{i \in \Lambda_q} S_i^{q-1}$ 表示无交并, $S^{q-1}$ 的这些拷贝 $\{S_i^{q-1}\}$ 互不相交地拼在一起, 各自成一开集; 也可以说成是空间 $\Lambda_q \times S^{q-1}$, $\Lambda_q$ 取离散拓扑. 粘入后的每个 $\operatorname{Int} D_i^q$ 记作 $e_i^q$, 称为剖分里的一个 $q$ 维胞腔, 是 $X^q - X^{q-1}$ 的一个道路连通分支; $D_i^q$ 被粘入 $X^q$ 而引起的粘入映射 $\varphi_i^q : D^q \to X$ 称为胞腔 $e_i^q$ 的**特征映射**, $\dot{\varphi}_i^q := \varphi_i^q | S^{q-1} : S^{q-1} \to X^{q-1}$ 称为该胞腔的**粘贴映射**.

(b) (弱拓扑) $X$ 的任意子集 $F$ 是闭集当且仅当对于每个维数 $q$, 交集 $F \cap X^q$ 都是 $X^q$ 中的闭集.

取定了胞腔剖分的空间, 称为**胞腔复形**或 **CW 复形**. 如果胞腔总数是有限的, 就说是**有限胞腔复形**.

这两个定义其实是等价的, 我们不去论证了. 图 3.1 是示意图. 图 3.2 是环面的几个不同的胞腔剖分, 左图是最经济的胞腔剖分, 右图是一个单纯剖分 (定义 3.1), 所需单形个数较多, 使用不便. 中间的图是一个正则胞腔复形 (见第五章定义 1.1).

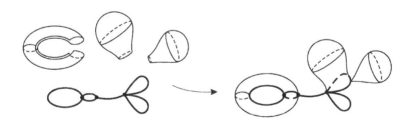

图 3.1  胞腔复形

**例 1.1**  0 维的胞腔复形是离散的拓扑空间.

**例 1.2**  单纯复形可以自然地看成胞腔复形, 其胞腔是开单形.

**例 1.3**  $n$ 维球面 $S^n$ 可以剖分成只有两个胞腔, 一个是 0 维的，另一个是 $n$ 维的，后者的粘贴映射是常值映射 $S^{n-1} \to \mathrm{pt}$. 这显示胞腔剖分比单纯剖分更灵活、更经济.

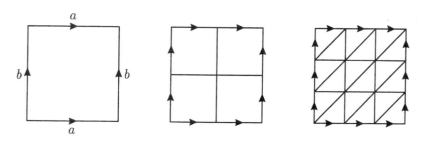

图 3.2　环面的几个胞腔剖分

**事实 1.1**　有限胞腔复形是紧的 Hausdorff 空间. 胞腔复形总是正规空间，而且任一紧子集只与有限多个胞腔相交.

**例 1.4**　设 $X, Y$ 是胞腔复形，胞腔的集合分别是 $\{e_i^p\}$ 和 $\{e_j^q\}$. 定义**乘积复形** $X \times Y$ 如下：其胞腔集合是 $\{e_i^p \times e_j^q\}$, 骨架是 $(X \times Y)^r = \bigcup\limits_{p+q=r} X^p \times Y^q$, 胞腔 $e_i^p \times e_j^q$ 的特征映射是乘积映射

$$\varphi_i^p \times \varphi_j^q : D^p \times D^q \to X \times Y.$$

当 $X, Y$ 至少有一个是有限胞腔复形时，这样定义的乘积复形确实是乘积空间 $X \times Y$ 的胞腔剖分.

单位区间 $I$ 总是剖分成两个顶点一条棱组成的胞腔复形，于是胞腔复形上的柱形 $X \times I$ 有其自然的乘积剖分.

当 $X, Y$ 都是无限复形时，乘积复形与乘积空间虽然点集相同，拓扑却不一定相同：前者的拓扑是弱拓扑，闭集可能比后者的多. 但是两者的奇异单形是相同的，因为奇异单形的像集是紧的 (用事实 1.1). 所以就奇异同调论而言，我们不必担心这种差别.

**定义 1.4**　设 $X$ 是 CW 复形. 闭子集 $A \subset X$ 称为**子复形**, 如果 $A$ 是 $X$ 的一些胞腔的并集. 这时 $A$ 具有显然的 CW 剖分，且

$A^k = A \cap X^k$.

例如每个维数的骨架 $X^k$ 都是 $X$ 的子复形.

**定义 1.5**　设 $X$ 是 CW 复形, $A$ 是其子复形. 则 $(X, A)$ 称为一个**胞腔复形偶**或 **CW 复形偶**.

## 1.2　胞腔映射

**定义 1.6**　设 $(X, A)$ 与 $(Y, B)$ 都是胞腔复形偶. 映射 $f : (X, A) \to (Y, B)$ 称为是**胞腔映射**, 如果对于所有的维数 $k$, 都有 $f(X^k) \subset Y^k$.

**思考题 1.1**　(1) 设 $X$ 是 CW 复形, $A$ 是子复形. 试给商空间 $X/A$ 一个胞腔剖分.

(2) 设 $(X, A)$ 是胞腔复形偶, $f : A \to Y$ 是胞腔映射. 试给贴空间 $Y \cup_f X$ 一个胞腔剖分.

(3) 设 $X, Y$ 是胞腔复形, $f : X \to Y$ 是胞腔映射. 试给映射锥 $Cf$ 一个胞腔剖分.

**事实 1.2 (胞腔逼近定理)**　设 $(X, A)$ 与 $(Y, B)$ 都是胞腔复形偶, $f : (X, A) \to (Y, B)$ 是任意的映射, 则一定存在胞腔映射 $g : (X, A) \to (Y, B)$ 使得 $g \simeq f : (X, A) \to (Y, B)$. 这样的 $g$ 称为 $f$ 的**胞腔逼近**. 换句话说, 胞腔复形偶之间的任意映射都有胞腔逼近.

进一步说, 如果 $f$ 在 $A$ 上的限制 $f|A : A \to B$ 本来就是胞腔映射, 则胞腔逼近 $g : (X, A) \to (Y, B)$ 可以取得使 $g \simeq f \operatorname{rel} A : (X, A) \to (Y, B)$.

## *1.3　拓扑空间的 CW 逼近

胞腔复形是带有胞腔剖分的拓扑空间. 并非所有的拓扑空间都能有胞腔剖分, 例如第一章思考题 3.6 中的空间就没有胞腔剖分.

但是就同调论而言, 讨论胞腔复形并不损失普遍性, 因为每个拓扑空间都可以用 CW 复形来逼近. 确切的含义如下:

**定义 1.7**　设 $X$ 是拓扑空间. 对任意拓扑空间 $Z$, 以 $[Z, X]$ 记

映射 $Z \to X$ 的同伦类的集合. 映射 $f : X \to Y$ 诱导的函数记作

$$\underline{f} : [Z, X] \to [Z, Y],$$

定义为

$$\underline{f}(\text{映射 } Z \xrightarrow{\alpha} X \text{ 的同伦类}) = (\text{映射 } Z \xrightarrow{f \circ \alpha} Y \text{ 的同伦类}).$$

设 $X, Y$ 是拓扑空间. 映射 $f : X \to Y$ 称为一个**弱同伦等价**, 如果对于每个有限 CW 复形 $K$, $f$ 所诱导的函数

$$\underline{f} : [K, X] \to [K, Y]$$

都是一一对应.

注意, 弱同伦等价是一种映射, 并不是拓扑空间之间的一种等价关系.

**定义 1.8** 从一个 CW 复形 $K$ 到拓扑空间 $X$ 的一个弱同伦等价 $\phi : K \to X$ 称为拓扑空间 $X$ 的一个 **CW 逼近**. (参看文献 [20] p.69.)

**例 1.5** 设 $X, Y$ 都是胞腔复形. 例 1.4 中的乘积复形 $X \times Y$ 是乘积空间 $X \times Y$ 的 CW 逼近.

**事实 1.3** (1) 每个拓扑空间 $X$ 都一定有 CW 逼近 $\phi : K \to X$ 存在. 这样的 CW 复形 $K$ 的同伦型被 $X$ 所唯一决定.

(2) 拓扑空间 $X$ 的 CW 逼近 $\phi : K \to X$ 一定诱导奇异同调群的同构

$$\phi_* : H_*(K) \xrightarrow{\cong} H_*(X).$$

(3) 设空间 $X$ 有 CW 逼近 $\phi : K \to X$, 空间 $Y$ 有 CW 逼近 $\psi : L \to Y$. 设 $f : X \to Y$ 是映射. 则存在胞腔映射 $\tilde{f} : K \to L$ 使得 $\psi \circ \tilde{f} \simeq f \circ \phi$, 亦即使得图表

$$
\begin{array}{ccc}
K & \xrightarrow{\ \tilde{f}\ } & L \\
\phi \downarrow & & \downarrow \psi \\
X & \xrightarrow{\ f\ } & Y
\end{array}
$$

是同伦交换的; 并且这样的胞腔映射 $\tilde{f}$ 在同伦的意义下是唯一的. (参看文献 [20] p.70.)

不但如此, 还可以模仿构作奇异链复形的办法来构作 CW 逼近, 得到函子式的 "半单纯" CW 逼近 (参看文献 [9] pp.145—152):

**事实 1.4**　存在一个协变函子

$$S:\{拓扑空间, 连续映射\} \to \{胞腔复形, 胞腔映射\},$$

并且对每个空间 $X$ 存在一个弱同伦等价 $\pi^X : S(X) \to X$, 使得:

(1) 对每个映射 $f : X \to Y$ 有交换图表

$$
\begin{array}{ccc}
S(X) & \xrightarrow{\ S(f)\ } & S(Y) \\
\pi^X \downarrow & & \downarrow \pi^Y \\
X & \xrightarrow{\ f\ } & Y
\end{array}
$$

(2) $S(X)$ 的胞腔一一对应于 $X$ 中的奇异单形, 映射 $\pi^X : S(X) \to X$ 恰好把 $S(X)$ 的胞腔链复形 (定义见本章第 2 节) $C_*(S(X))$ 同构地映成 $X$ 的奇异链复形 $S_*(X)$.

(3) 若子空间 $A \subset X$, 则子复形 $S(A) \subset S(X)$.

CW 逼近的概念和上述事实都可以推广到拓扑空间偶和胞腔复形偶上去.

## §2　胞腔链复形与胞腔链映射

**引理 2.1**　设 $(Y, B)$ 是胞腔复形偶, $Y - B$ 全部由 $k$ 维胞腔组

成. 则

$$\begin{cases} H_q(Y, B) = 0, & \text{当 } q \neq k, \\ H_k(Y, B) = \bigoplus \mathbf{Z}. \end{cases}$$

这里的直和是对 $Y - B$ 中的 $k$ 维胞腔求和的.

**证明**  $Y$ 是在 $B$ 上粘贴若干 $k$ 维胞腔而得. 设特征映射

$$\varphi: \coprod_{e_i^k \in Y - B} (D_i^k, S_i^{k-1}) \to (Y, B)$$

把 $0 \in D_i^k$ 映到 $\hat{e}_i^k \in e_i^k$. 以 $\overset{\circ}{D}{}^k$ 记开圆盘 $\text{Int}\, D^k$, 我们有交换图表

$$\begin{array}{ccccc}
H_*\left(\coprod(D_i^k, S_i^{k-1})\right) & \underset{\text{同伦}}{\overset{\cong}{\longrightarrow}} & H_*\left(\coprod(D_i^k, D_i^k - 0)\right) & \underset{\text{切除}}{\overset{\cong}{\longleftarrow}} & H_*\left(\coprod(\overset{\circ}{D}{}_i^k, \overset{\circ}{D}{}_i^k - 0)\right) \\
\varphi_* \downarrow & & \varphi_* \downarrow & & \varphi_* \downarrow \text{ 同胚} \\
H_*(Y, B) & \underset{\text{同伦}}{\overset{\cong}{\longrightarrow}} & H_*(Y, Y - \{\hat{e}_i^k\}) & \underset{\text{切除}}{\overset{\cong}{\longleftarrow}} & H_*\left(\coprod(e_i^k, e_i^k - \hat{e}_i^k)\right),
\end{array}$$

这里取并是对所有胞腔 $e_i^k \in Y - B$ 取的. 标着同伦的同构是由于形变收缩. 右侧的 $\varphi_*$ 是同构, 所以左侧的 $\varphi_*$ 也是同构. 于是

$$\bigoplus_{e_i^k \in Y - B} H_*(D_i^k, S_i^{k-1}) = H_*\left(\coprod_{e_i^k \in Y - B} (D_i^k, S_i^{k-1})\right) \overset{\varphi_*}{\longrightarrow} H_*(Y, B)$$

是同构. □

**习题 2.1**  证明: 特征映射 $\varphi_i^q : (D^q, S^{q-1}) \to (\bar{e}_i^q, \dot{e}_i^q)$ 诱导同调群的同构 $\varphi_{i*}^q : H_*(D^q, S^{q-1}) \to H_*(\bar{e}_i^q, \dot{e}_i^q)$.

**引理 2.2**  设 $(X, A)$ 是胞腔复形偶. 则含入映射诱导出

$$\begin{cases} H_q(X^k \cup A, A) = 0, & \text{当 } k < q, \\ H_q(X^k \cup A, A) \cong H_q(X, A), & \text{当 } k > q. \end{cases}$$

**证明**  看由含入映射诱导的图表

$$0 = H_q(X^{-1} \cup A, A) \rightarrow H_q(X^0 \cup A, A) \rightarrow \cdots \rightarrow H_q(X^{q-1} \cup A, A)$$

$$H_q(X^{q+1} \cup A, A) \rightarrow H_q(X^{q+2} \cup A, A) \rightarrow \cdots \rightarrow H_q(X^m \cup A, A) \rightarrow \cdots$$

我们先证明上面一行各同态都是同构，下面一行各同态也都是同构. 例如下面一行第一个同态，可以嵌入三元组 $(X^{q+2} \cup A, X^{q+1} \cup A, A)$ 的正合同调序列，在它左右两侧的群分别是

$$H_{q+1}(X^{q+2} \cup A, X^{q+1} \cup A) \quad \text{和} \quad H_q(X^{q+2} \cup A, X^{q+1} \cup A).$$

根据引理 2.1，两侧的群都是 0，所以这个同态是同构.

如果我们的胞腔复形是有限维的，则当 $m$ 充分大时 $H_q(X^m \cup A, A) = H_q(X, A)$，引理得证.

设 $X$ 是无限维的. 我们来证明含入映射诱导的同态

$$j_* : H_q(X^{q+1} \cup A, A) \rightarrow H_q(X, A)$$

是同构.

对 $(X, A)$ 的任一奇异闭链 $z_q$，由于每个奇异单形都是紧的，所以一定能找到充分大的 $m$ 使得 $z_q$ 落在 $X^m$ 中，因而是 $(X^m \cup A, A)$ 中的闭链. 这说明 $H_q(X, A)$ 的任意元素 $[z_q]$ 都在某个 $H_q(X^m \cup A, A) \rightarrow H_q(X, A)$ 的像中；由于 $H_q(X^{q+1} \cup A, A) \rightarrow H_q(X^m \cup A, A)$ 是同构，因此 $[z_q]$ 也在 $H_q(X^{q+1} \cup A, A) \rightarrow H_q(X, A)$ 的像中. 于是 $j_*$ 是满同态.

另一方面，如果 $(X^{q+1} \cup A, A)$ 的闭链 $z_q$ 在 $j_*$ 的核中，则在 $(X, A)$ 中看 $z_q = \partial c_{q+1}$. 同刚才一样，可以找到充分大的 $m$ 使得 $c_{q+1}$ 落在 $X^m$ 中，因而 $z_q$ 是 $(X^m \cup A, A)$ 中的边缘链. 这说明 $[z_q]$ 在某个 $H_q(X^m \cup A, A)$ 中的像为 0；由于 $H_q(X^{q+1} \cup A, A) \rightarrow H_q(X^m \cup A, A)$ 是同构，因此 $[z_q] = 0$. 于是 $j_*$ 又是单同态. $\square$

**定义 2.1** 设 $(X, A)$ 是胞腔复形偶. $(X, A)$ 的 $q$ 维**胞腔链群**定义为

$$C_q(X, A) := H_q(X^q \cup A, X^{q-1} \cup A).$$

根据引理 2.1, 它是自由 Abel 群. **胞腔边缘算子**

$$\partial_q : C_q(X, A) \to C_{q-1}(X, A)$$

定义为三元组 $(X^q \cup A, X^{q-1} \cup A, X^{q-2} \cup A)$ 的正合同调序列中的同态

$$H_q(X^q \cup A, X^{q-1} \cup A) \xrightarrow{\partial_*} H_{q-1}(X^{q-1} \cup A, X^{q-2} \cup A).$$

**命题 2.3** $C_*(X, A) := \{C_q(X, A), \partial_q\}$ 是一个链复形.

这个链复形就称为 $(X, A)$ 的**胞腔链复形**.

**证明** 我们需要证明 $\partial_q \partial_{q+1} = 0$. 根据第二章命题 1.13, $\partial_q$ 可以分解为

$$H_q(X^q \cup A, X^{q-1} \cup A) \xrightarrow{\partial_*} H_{q-1}(X^{q-1} \cup A, A)$$
$$\xrightarrow{j_*} H_{q-1}(X^{q-1} \cup A, X^{q-2} \cup A),$$

其中 $j$ 是含入映射. 利用这个分解, 我们把 $\partial_q \partial_{q+1}$ 放进图表

$$
\begin{array}{c}
H_{q+1}(X^{q+1} \cup A, X^q \cup A) \\
\downarrow{\scriptstyle \partial_*} \quad \searrow{\scriptstyle \partial_{q+1}} \\
H_q(X^q \cup A, A) \xrightarrow{j_*} H_q(X^q \cup A, X^{q-1} \cup A) \xrightarrow{\partial_*} H_{q-1}(X^{q-1} \cup A, A) \\
\searrow{\scriptstyle \partial_q} \qquad\qquad \downarrow{\scriptstyle j_*} \\
H_{q-1}(X^{q-1} \cup A, X^{q-2} \cup A)
\end{array}
$$

横行是三元组的同调序列, 所以 $\partial_q \partial_{q+1} = 0$. □

**定义 2.2** 设 $(X, A), (Y, B)$ 是胞腔复形偶, $f : (X, A) \to (Y, B)$ 是胞腔映射. 它决定一个**胞腔链映射**

$$f_\#^C = \{f_q^C\} : C_*(X, A) \to C_*(Y, B),$$

$f_q^C : C_q(X, A) \to C_q(Y, B)$ 规定为 $f$ 所诱导的同态

$$f_* : H_q(X^q \cup A, X^{q-1} \cup A) \to H_q(Y^q \cup B, Y^{q-1} \cup B).$$

**命题 2.4** $f_\#^C = \{f_q^C\} : C_*(X, A) \to C_*(Y, B)$ 是一个链映射.

**证明** 图表

$$
\begin{array}{ccc}
C_q(X, A) & \xrightarrow{\ \partial_q\ } & C_{q-1}(X, A) \\
{\scriptstyle f_q^C}\downarrow & & \downarrow{\scriptstyle f_{q-1}^C} \\
C_q(Y, B) & \xrightarrow{\ \partial_q\ } & C_{q-1}(Y, B)
\end{array}
$$

其实就是图表

$$
\begin{array}{ccc}
H_q(X^q \cup A, X^{q-1} \cup A) & \xrightarrow{\ \partial_*\ } & H_{q-1}(X^{q-1} \cup A, X^{q-2} \cup A) \\
{\scriptstyle f_*}\downarrow & & \downarrow{\scriptstyle f_*} \\
H_q(Y^q \cup B, Y^{q-1} \cup B) & \xrightarrow{\ \partial_*\ } & H_{q-1}(Y^{q-1} \cup B, Y^{q-2} \cup B),
\end{array}
$$

其交换性是根据三元组同调序列的自然性. □

# §3 胞腔同调定理

## 3.1 胞腔同调定理

**定理 3.1** 设 $(X, A)$ 是胞腔复形偶. 则 $H_*(C_*(X, A)) \cong H_*(X, A)$. 更具体地说, 在由含入映射诱导出的图表

$$C_q(X, A) = H_q(X^q \cup A, X^{q-1} \cup A) \xleftarrow{\ j_*\ } H_q(X^q \cup A, A) \xrightarrow{\ i_*\ } H_q(X, A)$$

中, $i_*$ 是满同态, $j_*$ 是单同态, $\operatorname{im} j_* = Z_q(C_*(X, A))$, 并且 $i_* j_*^{-1} :$ $Z_q(C_*(X, A)) \to H_*(X, A)$ 决定一个同构

$$\Theta : H_*(C_*(X, A)) \xrightarrow{\cong} H_*(X, A).$$

$$
\begin{array}{ccc}
H_{q+1}(\overline{X}^{q+1}, \overline{X}^q) & & \boxed{H_{q-1}(\overline{X}^{q-2}, A)} \\
\downarrow \partial_* \quad \searrow^{\partial_{q+1}} & & \downarrow i_* \\
\boxed{H_q(\overline{X}^{q-1}, A)} \xrightarrow{i_*} H_q(\overline{X}^q, A) \xrightarrow{j_*} H_q(\overline{X}^q, \overline{X}^{q-1}) \xrightarrow{\partial_*} H_{q-1}(\overline{X}^{q-1}, A) \\
\downarrow i_* \qquad\qquad \searrow^{\partial_q} \quad \downarrow j_* \\
\underline{H_q(\overline{X}^{q+1}, A)} \qquad\qquad H_{q-1}(\overline{X}^{q-1}, \overline{X}^{q-2}) \\
\downarrow j_* \\
\boxed{H_q(\overline{X}^{q+1}, \overline{X}^q)}
\end{array}
$$

**证明**　上面的交换图表中, 横行竖列都是三元组的正合同调序列. 为记号简单起见, 我们令 $\overline{X}^q = X^q \cup A$. 根据引理 2.1 和 2.2, 方框中的群都是 0, 画横线的群其实是 $H_*(X, A)$. 因此得知含入映射诱导的同态 $i_* : H_q(\overline{X}^q, A) \to H_q(X, A)$ 是满同态, $j_* : H_q(\overline{X}^q, A) \to C_q(X, A)$ 是单同态. 从下面那三角形的交换性知 $Z_q(C_*(X, A)) = \operatorname{im} j_*$, 因而 $j_*^{-1} : Z_q(C_*(X, A)) \to H_q(\overline{X}^q, A)$ 是个同构. 从上面那三角形的交换性知道 $j_*^{-1} B_q(C_*(X, A)) = \operatorname{im} \partial_* = \ker i_*$. 于是 $i_* j_*^{-1}$ 决定一个同构

$$\Theta : H_*(C_*(X, A)) \to H_*(X, A). \qquad \square$$

**注记 3.2**　用链来描述同构 $\Theta : H_*(C_*(X, A)) \to H_*(X, A)$. 设同调类 $y \in H_q(C_*(X, A))$ 有代表闭链 $z \in Z_q(C_*(X, A)) \subset C_q(X, A) = H_q(\overline{X}^q, \overline{X}^{q-1})$. 从上面图表中横的正合列知道, 作为奇异同调类的 $z$ 含有一个奇异链 $\zeta \in S_q(\overline{X}^q)$ 满足 $\partial \zeta \in S_{q-1}(A)$. 它的同调类 $[\zeta] \in H_q(X, A)$ 就是 $\Theta(y)$.

**定理 3.3**　设 $(X, A), (Y, B)$ 是胞腔复形偶, $f : (X, A) \to (Y, B)$ 是胞腔映射. 则有交换图表

$$H_*(C_*(X,A)) \xrightarrow{\ f_*^C\ } H_*(C_*(Y,B))$$

$$\Theta \Big\downarrow \cong \qquad\qquad \Theta \Big\downarrow \cong$$

$$H_*(X,A) \xrightarrow{\ f_*\ } H_*(Y,B)$$

**证明** 沿用定理 3.1 证明中的记号. 根据定理 3.1, 上述图表来自下面的图表

$$H_q(\overline{X}^q, \overline{X}^{q-1}) \xleftarrow{\ j_*\ } H_q(\overline{X}^q, A) \xrightarrow{\ i_*\ } H_q(X,A)$$

$$f_* \Big\downarrow \qquad\qquad f_* \Big\downarrow \qquad\qquad \Big\downarrow f_*$$

$$H_q(\overline{Y}^q, \overline{Y}^{q-1}) \xleftarrow{\ j_*\ } H_q(\overline{Y}^q, B) \xrightarrow{\ i_*\ } H_q(Y,B)$$

由于奇异同调的函子性质, 这个图表中两个方块都是交换的. □

### 3.2 胞腔同调定理的推论

第一个推论指出胞腔同调的明显的优点: 胞腔链复形很小.

**推论 3.4** 若 $(X,A)$ 是有限胞腔复形偶, 则 $H_*(X,A)$ 是有限生成的 Abel 群. 而且如果 $X - A$ 中没有 $q$ 维胞腔, 则 $H_q(X,A) = 0$.

**证明** 根据引理 2.1, 胞腔链群 $C_q(X,A)$ 是有限生成的自由 Abel 群, 生成元的个数等于 $X - A$ 中 $q$ 维胞腔的个数. □

下面这个推论很重要, 可以认为是胞腔复形范畴上的切除定理 (或切除公理).

**推论 3.5 (胞腔切除定理)** 设 $(X,A)$ 是胞腔复形偶. 则商映射 $\pi : (X,A) \to (X/A, A/A)$ 诱导同构

$$\pi_* : H_*(X,A) \to H_*(X/A, A/A) = \widetilde{H}_*(X/A).$$

**证明** $X/A$ 有胞腔剖分使得商映射 $\pi$ 是胞腔映射, 把 $X - A$ 的每个胞腔同胚地映成 $X/A - A/A$ 的相应的胞腔. 于是根据引理 2.1, 胞腔链映射 $\pi_*^C : C_*(X,A) \to C_*(X/A, A/A)$ 是同构. 所以 $\pi_* : H_*(X,A) \to H_*(X/A, A/A)$ 也是同构. □

**推论 3.6**  设 $(X, A)$ 与 $(Y, B)$ 都是胞腔复形偶, $f : (X, A) \to$ $(Y, B)$ 是**相对同胚** (即 $f$ 是连续映射但不必是胞腔映射, 而 $f$ 在商空间上诱导的映射 $\bar{f} : X/A \to Y/B$ 是同胚). 则 $f$ 诱导同调群的同构 $f_* : H_*(X, A) \overset{\cong}{\to} H_*(Y, B)$.

**证明**  因为 $\bar{f} : (X/A, A/A) \to (Y/B, B/B)$ 是同胚, 用推论 3.5. □

胞腔切除定理的另一常用形式是:

**推论 3.7**  设 $X$ 是胞腔复形, $X_1, X_2$ 是子复形. 则 $\{X_1, X_2\}$ 是 Mayer-Vietoris 耦. 也就是说, 含入映射 $i : (X_1, X_1 \cap X_2) \to (X_1 \cup X_2, X_2)$ 诱导相对同调群的同构

$$i_* : H_*(X_1, X_1 \cap X_2) \overset{\cong}{\to} H_*(X_1 \cup X_2, X_2).$$

**证明**  因为 $X_1/X_1 \cap X_2 = X_1 \cup X_2/X_2$, 然后用推论 3.5 以及第二章定理 1.9.    □

**推论 3.8 (Mayer-Vietoris 正合序列)**  设 $X$ 是胞腔复形, $X_1, X_2, A_1, A_2$ 是子复形. 则有 Mayer-Vietoris 正合序列

$$\to H_q(X_1 \cap X_2) \overset{差}{\to} H_q(X_1) \oplus H_q(X_2) \overset{和}{\to} H_q(X_1 \cup X_2) \overset{\partial_*}{\to} H_{q-1}(X_1 \cap X_2) \to$$

和相对的 Mayer-Vietoris 正合序列

$$\cdots \to H_q(X, A_1 \cap A_2) \overset{差}{\to} H_q(X, A_1) \oplus H_q(X, A_2) \overset{和}{\to}$$
$$H_q(X, A_1 \cup A_2) \overset{\partial_*}{\to} H_{q-1}(X, A_1 \cap A_2) \to \cdots.$$

**证明**  在链复形的水平上有短正合序列

$$0 \to C_*(X_1 \cap X_2) \overset{差}{\to} C_*(X_1) \oplus C_*(X_2) \overset{和}{\to} C_*(X_1 \cup X_2) \to 0,$$

$$0 \to C_*(X, A_1 \cap A_2) \overset{差}{\to} C_*(X, A_1) \oplus C_*(X, A_2) \overset{和}{\to} C_*(X, A_1 \cup A_2) \to 0,$$

因此得到正合的同调序列.    □

从 Eilenberg-Steenrod 公理系统的角度看, 同调论由三个函数组成: 空间偶的同调群, 映射诱导的同调同态, 空间偶同调序列中的

边缘同态. 定理 3.1 说 $\Theta$ 是两种同调群之间的同构, 为了说明 $\Theta$ 是从胞腔同调论到奇异同调论的一个自然的变换, 除定理 3.3 之外, 还应该补充一条定理.

**定理 3.9** 设 $(X, A)$ 是胞腔复形偶. 则含入映射给出胞腔链复形的短正合列

$$0 \longrightarrow C_*(A) \xrightarrow{i_\#} C_*(X) \xrightarrow{j_\#} C_*(X, A) \longrightarrow 0.$$

由此得到胞腔同调的一个同调序列. 这个同调序列在同构 $\Theta$ 下对应于奇异同调的同调序列, 即图表

$$
\begin{array}{ccccccc}
H_q(C_*(A)) & \xrightarrow{i_*} & H_q(C_*(X)) & \xrightarrow{j_*} & H_q(C_*(X, A)) & \xrightarrow{\partial_*^C} & H_{q-1}(C_*(A)) \\
\downarrow{\scriptstyle\Theta} & & \downarrow{\scriptstyle\Theta} & & \downarrow{\scriptstyle\Theta} & & \downarrow{\scriptstyle\Theta} \\
H_q(A) & \xrightarrow{i_*} & H_q(X) & \xrightarrow{j_*} & H_q(X, A) & \xrightarrow{\partial_*} & H_{q-1}(A)
\end{array}
$$

是交换的.

**\*证明** 沿用定理 3.1 证明中的记号. 胞腔链复形的短正合列是由于 $X^q - X^{q-1} = (A^q - A^{q-1}) \sqcup (\overline{X}^q - \overline{X}^{q-1})$ 以及引理 2.1. 图表中左边和中间方块的交换性来自定理 3.3. 我们来证明右边方块的交换性.

设同调类 $y \in H_q(C_*(X, A))$. 用注记 3.2, $y$ 有代表闭链

$$z \in Z_q(C_*(X, A)) \subset H_q(\overline{X}^q, \overline{X}^{q-1}).$$

$z$ 有一个代表链 $\zeta \in S_q(\overline{X}^q)$ 满足 $\partial \zeta \in S_{q-1}(A)$, 其同调类 $[\zeta] \in H_q(X, A)$ 就是 $\Theta(y)$. 根据 $\partial_*$ 的定义, $\partial_* \Theta(y) = [\partial \zeta] \in H_{q-1}(A)$.

看含入映射诱导的同态

$$H_q(X^q, A^{q-1}) \to H_q(X^q, A^q) \to H_q(\overline{X}^q, A),$$

第二个同态是同构, 根据胞腔切除定理 (推论 3.7). 第一个同态是满的, 因为在三元组 $(X^q, A^q, A^{q-1})$ 的正合同调序列中 $H_{q-1}(A^q, A^{q-1}) =$

0 (引理 2.1). 因此, 上述 $z$ 的代表链 $\zeta$ 可以取得使 $\zeta \in S_q(X^q)$ 并满足 $\partial\zeta \in S_{q-1}(A^{q-1})$.

这样, 根据 $\partial_*^C$ 的定义, $\partial_*^C(y)$ 作为 $H_{q-1}(C_*(A))$ 中同调类其代表闭链是 $[\partial\zeta] \in Z_{q-1}(C_*(A)) \subset H_{q-1}(A^{q-1}, A^{q-2})$. 再根据注记 3.2, $\Theta\partial_*^C(y)$ 也是 $[\partial\zeta] \in H_{q-1}(A)$. □

### 3.3 带系数的胞腔同调与胞腔上同调

设 $G$ 是系数群. 仿照第二章第 3 节, 胞腔复形偶 $(X, A)$ 的 $G$ 系数胞腔链复形 $C_*(X, A; G)$ 定义为 $C_*(X, A) \otimes G$. $C_q(X, A; G) = H_q(X^q \cup A, X^{q-1} \cup A) \otimes G$ 可以等同于 $H_q(X^q \cup A, X^{q-1} \cup A; G)$. 因而本节中关于胞腔同调的全部讨论可以平行地推广到 $G$ 系数的情形. 请读者自己检查一遍, 这里不赘述.

对于上同调, 仿照第二章第 4 节, 胞腔复形偶 $(X, A)$ 的 $G$ 系数胞腔上链复形 $C^*(X, A; G)$ 定义为 $\mathrm{Hom}(C_*(X, A), G)$. $C^q(X, A; G) = \mathrm{Hom}(H_q(X^q \cup A, X^{q-1} \cup A), G)$ 可以等同于 $H^q(X^q \cup A, X^{q-1} \cup A; G)$ (参看第二章定理 4.3). 本节中关于胞腔下同调的全部讨论可以对偶地推广到上同调. 我们只就整数系数的情形写出最主要的定理, 读者可自行补出证明.

**定理 3.10** 设 $(X, A)$ 是胞腔复形偶. 则 $H^*(C^*(X, A)) \cong H^*(X, A)$. 更具体地说, 在由含入映射诱导出的图表

$$C^q(X, A) = H^q(X^q \cup A, X^{q-1} \cup A) \xrightarrow{j^*} H^q(X^q \cup A, A) \xleftarrow{i^*} H_q(X, A)$$

中, $i^*$ 是单同态, $j^*$ 是满同态, $\mathrm{im}\, i^* = j^* Z^q(C^*(X, A))$, 并且 $j^{*-1}i^*$ 决定一个同构 $\Theta^* : H^*(X, A) \xrightarrow{\cong} H^*(C^*(X, A))$. 还有, 对于 $x \in H_q(C_*(X, A))$, $\xi \in H^q(X, A)$ 有

$$\langle \Theta^*(\xi), x \rangle = \langle \xi, \Theta(x) \rangle,$$

这里左方是胞腔同调的 Kronecker 积, 右方是奇异同调的 Kronecker

积.                                                                          □

**定理 3.11**    设 $(X, A), (Y, B)$ 是胞腔复形偶, $f : (X, A) \to (Y, B)$ 是胞腔映射. 则有交换图表

$$
\begin{array}{ccc}
H^*(C^*(X, A)) & \xleftarrow{\quad f^{C*} \quad} & H^*(C^*(Y,B)) \\
\Theta^* \Big\uparrow \cong & & \Theta^* \Big\uparrow \cong \\
H^*(X,A) & \xleftarrow{\quad f^* \quad} & H^*(Y,B)
\end{array}
$$

                                                                            □

**定理 3.12**    设 $(X, A)$ 是胞腔复形偶. 则含入映射给出胞腔链复形的短正合列

$$0 \longleftarrow C^*(A) \xleftarrow{\; i^{\#} \;} C^*(X) \xleftarrow{\; j^{\#} \;} C^*(X, A) \longleftarrow 0.$$

由此得到胞腔同调的一个上同调序列. 这个上同调序列在 $\Theta^*$ 下对应于奇异同调的上同调序列, 即图表

$$
\begin{array}{ccccccc}
H^q(C^*(A)) & \xleftarrow{\; i^* \;} & H^q(C^*(X)) & \xleftarrow{\; j^* \;} & H^q(C^*(X,A)) & \xleftarrow{\; \delta^{C*} \;} & H^{q-1}(C^*(A)) \\
\Big\uparrow \Theta^* & & \Big\uparrow \Theta^* & & \Big\uparrow \Theta^* & & \Big\uparrow \Theta^* \\
H^q(A) & \xleftarrow{\; i^* \;} & H^q(X) & \xleftarrow{\; j^* \;} & H^q(X,A) & \xleftarrow{\; \delta^* \;} & H^{q-1}(A)
\end{array}
$$

是交换的.                                                                    □

定理 3.10, 3.11 和 3.12 说明 $\Theta^*$ 是从奇异上同调论到胞腔上同调论的一个自然的同构.

## 3.4  单纯复形与单纯映射

欧几里得空间 $\mathbf{R}^N$ (维数 $N$ 充分大) 中的 $q+1$ 个点 $a_0, \cdots, a_q$ 处于**一般位置**, 是指它们不在同一个 $q-1$ 维平面上, 或者说, 是指 $q$ 个向量

$$a_1 - a_0, \; \cdots, \; a_q - a_0$$

线性无关.

设 $a_0, a_1, \cdots, a_q$ 是 $\boldsymbol{R}^N$ 中 $q+1$ 个处于一般位置的点. 它们决定一个 $q$ 维平面, 其上的点 $x$ 可以唯一地表成

$$x = x_0 a_0 + x_1 a_1 + \cdots + x_q a_q, \quad \text{其中} \ x_0 + x_1 + \cdots + x_q = 1.$$

式中的实数 $x_0, x_1, \cdots, x_q$ 称为该点的重心坐标.

点集

$$s^q = \left\{ \sum_{i=0}^{q} x_i a_i \ \middle| \ \forall x_i > 0, \ \sum_{i=0}^{q} x_i = 1 \right\}$$

和它的闭包 $\bar{s}^q$ 分别称为以 $a_0, a_1, \cdots, a_q$ 为顶点的 (或者说, 由 $a_0, a_1, \cdots, a_q$ 张成的) $q$ 维**开单形**和**闭单形**. 开单形 $s^q$ 称为闭单形 $\bar{s}^q$ 的**内部**. 点集 $\bar{s}^q - s^q$ 称为开单形 $s^q$ 或闭单形 $\bar{s}^q$ 的**边缘**, 记作 $\dot{s}^q$. 注意, 0 维的开单形与闭单形没有区别, 0 维单形的边缘是空集.

第一章中定义的标准 $q$ 维单形 $\Delta_q$ 就是各坐标轴上的单位点 $e_0, \cdots, e_q$ 所张成的闭单形. 为了与胞腔复形的语言一致, 我们约定, 除另有声明者外, 以后我们说到单形时总是指开单形.

一个单形被它的顶点集合所决定. 在 $q$ 维单形 $s^q$ 的 $q+1$ 个顶点中, 任意取 $r+1$ 个顶点 $(0 \le r \le q)$ 所张成的 (开) 单形, 称为 $s^q$ 的一个 $r$ 维**面**. 0 维面就是顶点. $q$ 维面只有一个, 就是 $s^q$ 自己; 其余的面称为 $s^q$ 的**真面**. $s^q$ 的边缘, 恰好是 $s^q$ 的所有真面的并集.

**定义 3.1** 欧几里得空间 $\boldsymbol{R}^N$ 中有限多个单形组成的集合 $K = \{s_i^q\}$ 称为一个 (有限的) **单纯复形**, 如果它满足以下两个条件:

(1) $K$ 中单形的面都在 $K$ 中;

(2) $K$ 中的单形两两不相交.

$K$ 中全体单形的并集记作 $|K|$, 称为 $K$ 的**多面体**. 它是 $\boldsymbol{R}^N$ 的紧子集.

**定义 3.2** 设 $K, L$ 是单纯复形. 映射 $f: |K| \to |L|$ 称为一个**单**

**纯映射**, 如果它满足以下两个条件:

(1) $f$ 把 $K$ 的每个单形都映成 $L$ 的一个单形;

(2) $f$ 在 $K$ 的每个单形上都是线性的.

于是单纯映射 $f$ 把 $K$ 的顶点映成 $L$ 的顶点, 并且如果 $a_0, \cdots, a_q$ 是 $K$ 中一个单形的顶点, 在该单形上就有表达式

$$f(x_0 a_0 + \cdots + x_q a_q) = x_0 f(a_0) + \cdots + x_q f(a_q), \quad \text{当 } \forall x_i > 0, \sum x_i = 1.$$

(注意, $L$ 的顶点 $f(a_0), \cdots, f(a_q)$ 中可以有重复, 去掉重复之后它们张成 $L$ 的一个单形.)

单纯映射的复合, 显然还是单纯映射. 于是我们得到一个范畴 {单纯复形, 单纯映射 }.

**例 3.1** 标准单形 $\Delta_q$ 的所有的面, 组成一个单纯复形, 仍记作 $\Delta_q$. 一个单形 $s^q$ 的所有的面组成一个单纯复形, 仍记作 $\bar{s}^q$. 一个单形 $s^q$ 的所有的真面组成一个单纯复形, 仍记作 $\dot{s}^q$. 如果 $a_0, \cdots, a_q$ 是单形 $s^q$ 的顶点, 则线性映射 $(a_0 \cdots a_q): \Delta_q \to \bar{s}^q$ (见第一章例 3.1) 是一个单纯映射.

设 $K$ 是有限单纯复形. 则 $K$ 可以自然地看成有限胞腔复形, 其胞腔是 (开) 单形. 单纯映射显然是胞腔映射.

$K$ 中维数 $\leq k$ 的全体单形组成的集合 $K^k$, 称为 $K$ 的 $k$ 维**骨架**. 单纯复形 $L$ 称为 $K$ 的**子复形**, 如果 $L$ 的每个单形都是 $K$ 中的单形. 这时 $(K, L)$ 称为一个**单纯复形偶**.

## 3.5 单纯链复形与单纯链映射

设 $K$ 是单纯复形, 看成胞腔复形. 引理 2.1 告诉我们, 胞腔链群 $C_q(K) = H_q(K^q, K^{q-1})$ 有这样一组基, 每个 $q$ 维胞腔 (通过该胞腔的特征映射) 提供一个基元素.

若 $K$ 的 $q$ 维单形 $s^q$ 的顶点已取好一个排列顺序 $a_0, a_1, \cdots, a_q$,

我们用线性映射 $(a_0a_1\cdots a_q):(\Delta_q,\dot\Delta_q)\to(\bar s^q,\dot s^q)$ 作为胞腔 $s^q$ 的特征映射. 第二章例 1.3 和例 1.4 告诉我们, 这个线性奇异单形的同调类 $[a_0a_1\cdots a_q]$ 是 $H_q(\bar s_q,\dot s_q)\cong Z$ 的生成元, 并且顶点顺序的改变会改变这同调类的正负号, 看置换的奇偶性而定. 为语言和记号简单起见, 我们把这样产生的基元素 $[a_0a_1\cdots a_q]\in H_q(K_q,K_{q-1})$ 称为 $s^q$ 的一个定向, 记作 $a_0a_1\cdots a_q$.

于是我们得到单纯同调论中的概念: 单形 $s^q$ 顶点的一个排列称为 $s^q$ 的一个**定向**, 偶置换保持定向, 奇置换改变定向; 每个 $q$ 维单形各取一个定向, 共同组成**单纯链群** $C_q(K)$ 的基.

单纯链的边缘算子是三元组 $(K^q,K^{q-1},K^{q-2})$ 的边缘同态, 后者又是由奇异链的边缘来定义的. 用线性奇异单形来算一算容易验证, 作为单纯链群的基元素的有向单形, 其边缘应该是

$$\partial(a_0a_1\cdots a_q)=\sum_{i=0}^{q}(-1)^i a_0a_1\cdots\widehat{a_i}\cdots a_q,$$

其中 $\widehat{a_i}$ 表示把 $a_i$ 略去. 这正是单纯同调论中有向单形边缘算子的定义公式. 这样我们就定出了**单纯链复形** $C_*(K)$.

设 $f:K\to L$ 是单纯复形之间的单纯映射, 把 $K$ 中单形 $s^q$ 的顶点 $a_0,a_1,\cdots,a_q$ 分别映成 $b_0,b_1,\cdots,b_q$. 则根据胞腔链映射的定义, 容易算得

$$f_\#^C(a_0a_1\cdots a_q)=\begin{cases}b_0b_1\cdots b_q,&\text{如果 }f(s^q)\text{ 是 }L\text{ 中的 }q\text{ 维单形},\\0,&\text{如果 }f(s^q)\text{ 落入 }L\text{ 的 }q-1\text{ 维骨架}.\end{cases}$$

这正是单纯同调论中**单纯链映射** $f_\#:C_*(K)\to C_*(L)$ 的定义公式.

这样, 我们从奇异同调论出发推导出了单纯链复形和单纯链映射所应有的构造.

从此, 在单纯复形上, 我们可以用单纯闭链来代表同调类, 从

图形上更好地理解同调类.

**例 3.2** 环面 $T^2$ 的一个单纯剖分 $K$ 如图 3.2 的右图. 由于正方形的上下边叠合、左右边叠合, $K$ 有 9 个顶点, 27 条棱, 18 个三角形. 从第一章的例 6.5 我们已经知道 $H_0(T^2) = \mathbf{Z}$, $H_1(T^2) = \mathbf{Z} \oplus \mathbf{Z}$, $H_2(T^2) = \mathbf{Z}$. 现在我们可以具体写出它们的基.

$H_0(K)$ 的基是 $[v]$, 这里 $v$ 是任意顶点, 通常我们取正方形角上的顶点.

$H_1(K)$ 的基是 $\{[a], [b]\}$, 这里的闭链 $a$ 是图中三个带向右箭头的有向单形之和, 闭链 $b$ 是三个带向上箭头的有向单形之和. 理由是, $a, b$ 分别是环面的纬圆、经圆 (现在都是三角形) 的 1 维同调群的生成元, 而我们已知 $H_1(T^2)$ 是经圆、纬圆的 1 维同调群的直和.

$H_2(K)$ 的基是 $[t]$, 这里 $t$ 是全体三角形 (都取反时针定向) 之和. 原因是, $K$ 上的 2 维闭链在每两个相邻三角形上的系数必须相等, 所以必定是 $t$ 的倍数. 于是闭链群 $Z_2(K) = \mathbf{Z}$, 以 $t$ 为生成元.

**思考题 3.1** 对于单纯复形偶 $(K, A)$, 怎样用有向单形来描述单纯链复形 $C_*(K, A)$ 的构成?

**注记 3.13** 把我们的讨论稍作修改, 就能从 Eilenberg-Steenrod 公理出发 (而不是从奇异同调出发) 把单纯链复形和单纯链映射构作出来. 这就是 Eilenberg 和 Steenrod 在有限单纯复形的范畴上证明同调论唯一性的思路.

### 3.6 有序单纯复形

既然单形的定向是用顶点顺序来描述的, 给每个单形取一个定向的最简单的办法是给每个单形规定一个顶点顺序. 所以有序单纯复形的概念非常方便.

**定义 3.3** 当我们说单纯复形 $K$ 是**有序的**, 是指 $K$ 的每个单形都排定了顶点顺序, 而且单形的顶点顺序与其各个面的顶点顺序一致. 换句话说, $K$ 的序是指 $K$ 的顶点的一个偏序, 使得每个单形的顶点是全序的. 有序单纯复形的子复形当然也是有序单纯复形. 在有序单纯复形中, 单形都是有序单形, 其顶点总是按规定的顺序写出. 于是每个单形都已取好了一个 (由其序决定的) 定向.

设 $K$ 是有序单纯复形. $K$ 的全体有序单形 $a_0a_1\cdots a_q$ 组成单纯链复形 $C_*(K)$ 的基. 另一方面, 每个有序单形 $a_0a_1\cdots a_q$ 可以看成 $K$ 上的 (线性) 奇异单形, 是奇异链复形 $S_*(K)$ 的基的成员. 这样我们得到一个含入同态 $\theta: C_*(K) \to S_*(K)$. 不难看出有下面命题.

**命题 3.14** 对于有序单纯复形 $K$ 来说, $\theta: C_*(K) \to S_*(K)$ 是一个链映射. 它所诱导的同调同态 $\theta_*$ 和上同调同态 $\theta^*$ 恰好就是定理 3.1 与 3.10 中的同构

$$\Theta: H_*(C_*(K)) \xrightarrow{\cong} H_*(K) \quad \text{与} \quad \Theta: H^*(K) \xrightarrow{\cong} H^*(C^*(K)). \qquad \square$$

伴随着有序单纯复形的, 还有保序单纯映射的概念:

**定义 3.4** 设 $K, L$ 都是有序单纯复形. 单纯映射 $f: K \to L$ 称为是**保序的**, 如果 $K$ 中的两个顶点 $a < a'$ 蕴涵在 $L$ 中 $f(a) \leq f(a')$.

**例 3.3** 设 $K, L$ 都是单纯复形, $f: K \to L$ 是单纯映射. 对于 $L$ 的任意一个序, 总能取 $K$ 的一个序使得 $f$ 成为保序的.

## §4  胞腔同调的计算

为记号简单起见, 本节中我们只考虑胞腔复形 $X$ 而不考虑胞腔复形偶 $(X, A)$. 其实只需作很小的修改, 就可以适用于胞腔复形偶: 只需把骨架 $X^q$ 都换成骨架 $\overline{X}^q := X^q \cup A$ 就行了.

### 4.1  胞腔的定向

设 $X$ 是胞腔复形, $e_i^q$ 是其中的一个 $q$ 维胞腔. 我们知道 (习题 2.1) $e_i^q$ 的特征映射诱导出一个同构 $H_q(D^q, S^{q-1}) \to H_q(\bar{e}_i^q, \dot{e}_i^q)$.

**定义 4.1** 同调群 $H_q(\bar{e}_i^q, \dot{e}_i^q) \cong Z$ 的一个生成元称为胞腔 $e_i^q$ 的

一个**定向**. 取定了定向的胞腔称为**有向胞腔**.

通常当我们说到一个胞腔 $e_i^q$ 时, 总认为已经取好了一个特征映射 $\varphi_i^q : (D^q, S^{q-1}) \to (\bar{e}_i^q, \dot{e}_i^q)$. $D^q$ 的标准定向 $\varepsilon^q \in H_q(D^q, S^{q-1})$ (第二章定义 2.4) 的像 $\varphi_{i*}^q(\varepsilon^q) \in H_q(\bar{e}_i^q, \dot{e}_i^q)$ 称为 $e_i^q$ 的由这个**特征映射所决定的定向**. (特征映射实际上在胞腔内部引进了坐标, 所以能决定定向.) 为了记号简单起见, 这个有向胞腔我们仍记作 $e_i^q$.

## 4.2 胞腔链群的基

**命题 4.1** 有向胞腔 $\{e_i^q\}$ 组成 $C_q(X)$ 的基, 而一个 $q$ 维胞腔链 $c_q$ 在 $e_i^q$ 上的系数, 可以通过含入映射所诱导的同态 $\eta_{i*} : C_q(X) = H_q(X^q, X^{q-1}) \to H_q(X^q, X^q - e_i^q) = H_q(\bar{e}_i^q, \dot{e}_i^q)$ 得出.

**证明** 从引理 2.1 的证明我们知道

$$\bigoplus_{e_i^q \in X} H_*(D_i^q, S_i^{q-1}) = H_* \left( \coprod_{e_i^q \in X} (D_i^q, S_i^{q-1}) \right) \xrightarrow{\varphi_*} H_*(X^q, X^{q-1})$$

是同构, 所以有向胞腔 $\{e_i^q = \varphi_{i*}^q(\varepsilon^q)\}$ 组成 $H_q(X^q, X^{q-1})$ 的基.

对于两个 $q$ 维胞腔 $e_i^q$ 和 $e_{i'}^q$, 含入映射诱导同态的复合

$$H_q(\bar{e}_i^q, \dot{e}_i^q) \to H_q(X^q, X^{q-1}) \to H_q(X^q, X^q - e_{i'}^q)$$

当 $i = i'$ 时是恒同, 当 $i \neq i'$ 时为 0. 因此得到命题的第二个结论.

$\Box$

## 4.3 胞腔链映射的描述

设 $f : X \to Y$ 是胞腔映射, $f_\# : C_*(X) \to C_*(Y)$. 以 $\{e_i^q\}$, $\{e_j'^q\}$ 分别记 $X, Y$ 中胞腔的集合. 则在 $q$ 维胞腔链群上, 链映射 $f_\#$ 可以写成 $f_\#(e_i^q) = \sum_j F_{ij}^q e_j'^q$. 怎样求出这系数矩阵 $F^q := (F_{ij}^q)$ ?

考虑交换图表

$$H_q(D^q, S^{q-1}) \xrightarrow{\varphi_{i*}} H_q(X^q, X^{q-1}) \xrightarrow{f_*} H_q(Y^q, Y^{q-1})$$

$$\pi_* \downarrow \qquad\qquad \pi_* \downarrow \qquad\qquad \pi_* \downarrow$$

$$\widetilde{H}_q(D^q/S^{q-1}) \xrightarrow{\overline{\varphi}_{i*}} \widetilde{H}_q(X^q/X^{q-1}) \xrightarrow{\overline{f}_*} \widetilde{H}_q(Y^q/Y^{q-1})$$

$$\longrightarrow H_q(Y^q, Y^q - e_j') \xleftarrow[\cong]{\varphi_{j*}'} H_q(D^q, S^{q-1})$$

$$\downarrow \pi_* \qquad\qquad\qquad \downarrow \pi_*$$

$$\longrightarrow \widetilde{H}_q(Y^q/Y^q - e_j') \xleftarrow[\cong]{\overline{\varphi}_{j*}'} \widetilde{H}_q(D^q/S^{q-1})$$

这图表中未标明的同态都是含入映射所诱导；各 $\pi$ 都表示商映射，根据推论 3.5, 这些 $\pi_*$ 都是同构； $\varphi_i$ 表示 $e_i^q$ 的特征映射， $\overline{\varphi}_i$ 表示 $\varphi_i$ 在商空间上所导出的映射，等等. 下面一行最右边的映射 $\overline{\varphi}_j'$ 其实是同胚，所以可逆. 根据命题 4.1, 系数 $F_{ij}^q$ 应该由上面一行的复合同态给出，所以也应该由下面一行的复合同态给出，即

**命题 4.2**　$F_{ij}^q$ 等于复合映射

$$D^q/S^{q-1} \xrightarrow{\overline{\varphi}_i} X^q/X^{q-1} \xrightarrow{\overline{f}} Y^q/Y^q - e_j' \xleftarrow[\cong]{\overline{\varphi}_j'} D^q/S^{q-1}$$

的度.　　　　　　　　　　　　　　　　　　　　　　　　　　□

与第二章定理 2.6 结合起来，我们得到

**推论 4.3**　如果 $b \in e_j'^q$, 并且在每一点 $x \in f^{-1}(b) \cap e_i^q$ 处， $f|e_i^q$ 的 Jacobi 矩阵 $F_x$ 都非退化，则胞腔链映射的系数

$$F_{ij}^q = \sum_{x \in f^{-1}(b) \cap e_i^q} \operatorname{sgn} \det F_x.$$

　　　　　　　　　　　　　　　　　　　　　　　　　　　□

## 4.4　胞腔边缘同态的描述

设 $X$ 是胞腔复形，以 $\{e_i^q\}$ 记 $X$ 中胞腔的集合. 则在 $q$ 维胞腔链群上，边缘同态 $\partial_q$ 可以写成 $\partial_q(e_i^q) = \sum_j [e_i^q : e_j^{q-1}] e_j^{q-1}$. 系数 $[e_i^q : e_j^{q-1}]$ 称为那两个胞腔之间的**关联系数**, 组成的矩阵 $([e_i^q : e_j^{q-1}])$

称为**关联矩阵**.

设 $\varphi_i$, $\varphi_j$ 分别是胞腔 $e_i^q$, $e_j^{q-1}$ 的特征映射, $\dot\varphi_i = \varphi_i | S^{q-1} :$ $S^{q-1} \to X^{q-1}$ 是 $e_i^q$ 的粘贴映射. 根据关联系数 $[e_i^q : e_j^{q-1}]$ 的定义, 我们考虑交换图表

$$
\begin{array}{ccccc}
H_q(D^q, S^{q-1}) & \xrightarrow{\varphi_{i*}} & H_q(X^q, X^{q-1}) & \xrightarrow{\partial_*} & H_{q-1}(X^{q-1}, X^{q-2}) \\
\downarrow{\partial_*} & & \downarrow{\partial_*} & & \downarrow{\pi_*} \\
\widetilde{H}_{q-1}(S^{q-1}) & \xrightarrow{\dot\varphi_{i*}} & \widetilde{H}_{q-1}(X^{q-1}) & \xrightarrow{\pi_*} & \widetilde{H}_{q-1}(X^{q-1}/X^{q-2})
\end{array}
$$

$$
\begin{array}{ccc}
\longrightarrow & H_{q-1}(X^{q-1}, X^{q-1} - e_j^{q-1}) & \xleftarrow[\cong]{\varphi_{j*}} H_{q-1}(D^{q-1}, S^{q-2}) \\
& \downarrow{\pi_*} & \downarrow{\pi_*} \\
\longrightarrow & \widetilde{H}_{q-1}(X^{q-1}/X^{q-1} - e_j^{q-1}) & \xleftarrow[\cong]{\overline\varphi_{j*}} \widetilde{H}_{q-1}(D^{q-1}/S^{q-2})
\end{array}
$$

其中未标明的同态都是含入映射所诱导; 各 $\pi$ 都表示商映射, 根据推论 3.5 向下的 $\pi_*$ 都是同构; $\varphi_i$ 表示 $e_i^q$ 的特征映射, $\overline\varphi_j$ 表示 $\varphi_j$ 所导出的映射. 下一行最右边的映射 $\overline\varphi_j$ 是可逆的. 根据命题 4.1, 关联系数 $[e_i^q : e_j^{q-1}]$ 应该由上面一行的复合同态给出, 所以也应该由下面一行的复合同态给出, 即

**命题 4.4** 关联系数 $[e_i^q : e_j^{q-1}]$ 等于复合映射

$$
S^{q-1} \xrightarrow{\dot\varphi_i} X^{q-1} \xrightarrow{\pi} X^{q-1}/X^{q-1} - e_j^{q-1} \xleftarrow[\cong]{\overline\varphi_j} D^{q-1}/S^{q-2}
$$

的度. □

这里应当指出, 左端的 $S^{q-1}$ 取的是标准定向, 右端的 $D^{q-1}/S^{q-2}$ 的定向则由 $D^{q-1}$ 的标准定向得来.

与第二章定理 2.6 结合起来, 我们得到

**推论 4.5** 如果 $b \in e_j^{q-1}$, 并且在 $S^{q-1}$ 上与标准定向相协调的局部坐标系中, $\dot\varphi_i$ 在每一点 $x \in \dot\varphi_i^{-1}(b)$ 处的 Jacobi 矩阵 $\dot\Phi_x$ 都非退

化, 则关联系数

$$[e_i^q : e_j^{q-1}] = \sum_{x \in \dot{\varphi}_i^{-1}(b)} \operatorname{sgn} \det \dot{\Phi}_x. \qquad \square$$

**例 4.1** 环面 $T^2$ 的最精简的剖分 $J$ 如图 3.2 的左图. 只有一个 0 维胞腔 $v$, 两个 1 维胞腔 $a, b$, 一个 2 维胞腔 $t$. 如图取好它们的定向. 用命题 4.4 或推论 4.5, 求得关联系数是 $[a:v] = [b:v] = 0$, $[t:a] = [t:b] = 0$. 写成矩阵, 就是

$$\partial \begin{pmatrix} a \\ b \end{pmatrix} = \begin{pmatrix} 0 \\ 0 \end{pmatrix} v, \qquad \partial t = \begin{pmatrix} 0 & 0 \end{pmatrix} \begin{pmatrix} a \\ b \end{pmatrix}.$$

因此 $C_*(J) = Z_*(J) = H_*(J)$. 所以 $H_0(J)$ 的基是 $[v]$, $H_1(J)$ 的基是 $\{[a], [b]\}$, $H_2(J)$ 的基是 $[t]$.

请读者与例 3.2 对比. 那里我们曾引用第一章的例 6.5, 现在却不需要. 一个好的胞腔剖分使我们能更简捷更直观地算出环面的同调群, 并且写出一组基来.

### 4.5 实射影空间的同调群

为记号简单起见, 在本节中我们用 $P^n$ 来表示实射影空间 $RP^n$. 我们知道, $P^n$ 是把 $S^n$ 上每一对对径点叠合成一点所得的空间, 叠合映射记作 $\pi_{(n)} : S^n \to P^n$. 不同维数的实射影空间之间的关系如下表:

$$
\begin{array}{ccccccccc}
R^1 & \subset & R^2 & \subset & \cdots & \subset & R^n & \subset & R^{n+1} & \subset & \cdots \\
\cup & & \cup & & & & \cup & & \cup & & \\
S^0 & \subset & S^1 & \subset & \cdots & \subset & S^{n-1} & \subset & S^n & \subset & \cdots \\
\downarrow & & \downarrow & & & & \downarrow & & \downarrow & & \\
P^0 & \subset & P^1 & \subset & \cdots & \subset & P^{n-1} & \subset & P^n & \subset & \cdots
\end{array}
$$

若把 $D^n$ 看成 $S^n$ 中以赤道 $S^{n-1}$ 为边缘的上半球面, 则 $\pi_{(n)}$ 把 $D^n$ 映成 $P^n$ 并把 $D^n - S^{n-1}$ 同胚地映成 $P^n - P^{n-1}$, 而把 $S^{n-1}$ 叠合

成 $P^{n-1}$. 因此 $P^n$ 是在 $P^{n-1}$ 上粘贴一个 $n$ 维胞腔 $e^n$ 而得, 粘贴映射就是 $\pi_{(n-1)}$.

由此可见, $P^n$ 有一个胞腔复形结构 $\{e^0, e^1, \cdots, e^n\}$, 使其 $q$ 维骨架恰是 $P^q$, $q$ 维胞腔 $e^q$ 的粘贴映射恰是 $\pi_{(q-1)} : S^{q-1} \to P^{q-1}$.

于是 $C_q(P^n)$ 是由有向胞腔 $e^q$ 生成的无限循环群, $0 \le q \le n$.

为计算关联系数 $[e^q : e^{q-1}]$, 取一点 $b \in e^{q-1}$. 它在粘贴映射 $\pi_{(q-1)}$ 下的原像是 $S^{q-1}$ 中的一对对径点 $a, a'$. 由于 $S^{q-1}$ 上对径映射的度是 $(-1)^q$, 所以 $a, a'$ 这两个原像点的重数相差 $(-1)^q$ 倍. 调整 $e^q$ 的定向可使 $a$ 的重数为正. 因此, 根据命题 4.4, $[e^q : e^{q-1}] = 1 + (-1)^q$.

这样, 链复形 $C_*(P^n)$ 呈下列形状:

$$\overset{0 \text{维}}{\boldsymbol{Z}} \xleftarrow{0} \overset{1 \text{维}}{\boldsymbol{Z}} \xleftarrow{2} \cdots \xleftarrow{0} \overset{\text{奇维}}{\boldsymbol{Z}} \xleftarrow{2} \overset{\text{偶维}}{\boldsymbol{Z}} \xleftarrow{0} \overset{\text{奇维}}{\boldsymbol{Z}} \xleftarrow{2} \cdots \xleftarrow{1+(-1)^n} \overset{n \text{维}}{\boldsymbol{Z}}.$$

因此有

**定理 4.6** 实射影空间的整系数同调群是

$$H_q(\boldsymbol{R}P^n) = \begin{cases} \boldsymbol{Z}, & \text{当 } q = 0 \text{ 或 } q = n = \text{奇数}, \\ \boldsymbol{Z}_2, & \text{当 } q = \text{奇数且 } 0 < q < n, \\ 0, & \text{对所有其他的 } q. \end{cases} \qquad \square$$

现在来看看 $\boldsymbol{Z}_2$ 系数的同调. 链复形 $C_*(P^n; \boldsymbol{Z}_2)$ 呈下列形状:

$$\overset{0 \text{维}}{\boldsymbol{Z}_2} \xleftarrow{0} \overset{1 \text{维}}{\boldsymbol{Z}_2} \xleftarrow{0} \cdots \xleftarrow{0} \overset{\text{奇维}}{\boldsymbol{Z}_2} \xleftarrow{0} \overset{\text{偶维}}{\boldsymbol{Z}_2} \xleftarrow{0} \overset{\text{奇维}}{\boldsymbol{Z}_2} \xleftarrow{0} \cdots \xleftarrow{0} \overset{n \text{维}}{\boldsymbol{Z}_2}.$$

因此有

**定理 4.7** 实射影空间的 $\boldsymbol{Z}_2$ 系数同调群是

$$H_q(\boldsymbol{R}P^n; \boldsymbol{Z}_2) = \begin{cases} \boldsymbol{Z}_2, & \text{当 } 0 \le q \le n, \\ 0, & \text{对所有其他的 } q. \end{cases} \qquad \square$$

**习题 4.1** 试用胞腔剖分计算 (可定向的与不可定向的) 闭曲面的整数系数的同调群, 以及 $\boldsymbol{Z}_2$ 系数的同调群.

**\*习题 4.2**　设 $p, q$ 是互素的自然数. 定义透镜空间 $L(p,q)$ 如下：记 $D^3 = \{(z,t) \mid z \in \boldsymbol{C}, t \in \boldsymbol{R}, |z|^2 + t^2 \leq 1\}$. 设从上半球面到下半球面的映射 $f: S^2_+ \to S^2_-$ 是 $f(z,t) = (ze^{2\pi qi/p}, -t)$. 定义

$$L(p,q) := D^3/\{x \sim f(x), \forall x \in S^2_+\}.$$

试给出 $L(p,q)$ 的一个胞腔剖分，并计算其同调群.

### 4.6　乘积复形的胞腔链复形

设 $X, Y$ 是胞腔复形, 胞腔的集合分别是 $\{e_i^p\}$ 和 $\{e_j^q\}$. 例 1.4 已定义乘积复形, $X \times Y$ 的胞腔集合是 $\{e_i^p \times e_j^q\}$, 骨架是 $(X \times Y)^r = \bigcup_{p+q=r} X^p \times Y^q$, 胞腔 $e_i^p \times e_j^q$ 的特征映射是特征映射的乘积

$$\varphi_i^p \times \varphi_j^q : D^p \times D^q \to X \times Y.$$

**定理 4.8**　乘积复形 $X \times Y$ 的胞腔链群 $C_r(X \times Y)$ 的基是有向胞腔的集合 $\{e_i^p \times e_j^q \mid e_i^p \in X, e_j^q \in Y, p+q = r\}$. 关联系数是

$$[e_i^p \times e_j^q : e_{i'}^{p-1} \times e_j^q] = [e_i^p : e_{i'}^{p-1}],$$
$$[e_i^p \times e_j^q : e_i^p \times e_{j'}^{q-1}] = (-1)^p[e_j^q : e_{j'}^{q-1}],$$

所以

$$\partial(e_i^p \times e_j^q) = (\partial e_i^p) \times e_j^q + (-1)^p e_i^p \times (\partial e_j^q).$$

请读者注意公式里的那个正负号 $(-1)^p$. 如果没有它, 边缘算子的基本要求 $\partial\partial = 0$ 就不满足.

**\*证明要点**　关联系数的计算, 可以用命题 4.4 或推论 4.5 来做. 关键在于把涉及的那些标准定向搞清楚.

设 $D^p$ 的标准定向由坐标 $(x_1, \cdots, x_p)$ 给出, $D^p$ 的边缘 $S^{p-1}$ 的标准定向由局部坐标 $(\xi_1, \cdots, \xi_{p-1})$ 给出, 则按照 "外法线方向在前" 的规定 (第二章命题 2.5), 坐标变换行列式

$$\det \frac{\partial(\xi_0, \xi_1, \cdots, \xi_{p-1})}{\partial(x_1, \cdots, x_p)} > 0,$$

其中 $\xi_0$ 是局部的外法线坐标. 类似地, 设 $D^q$ 的标准定向由坐标 $(y_1, \cdots, y_q)$ 给出, $D^q$ 的边缘 $S^{q-1}$ 的标准定向由局部坐标 $(\eta_1, \cdots, \eta_{q-1})$ 给出, 坐标变换行列式

$$\det \frac{\partial(\eta_0, \eta_1, \cdots, \eta_{q-1})}{\partial(y_1, \cdots, y_q)} > 0,$$

其中 $\eta_0$ 是局部的外法线坐标.

现在考虑 $D^p \times D^q$, 其标准定向由坐标 $(x_1, \cdots, x_p, y_1, \cdots, y_q)$ 给出. $D^p \times D^q$ 的边缘是 $S^{p-1} \times D^q \cup D^p \times S^{q-1}$.

在 $S^{p-1} \times D^q$ 部分, 局部坐标是 $(\xi_1, \cdots, \xi_{p-1}, y_1, \cdots, y_q)$, 外法线坐标是 $\xi_0$, 坐标变换行列式是

$$\det \frac{\partial(\xi_0, \xi_1, \cdots, \xi_{p-1}, y_1, \cdots, y_q)}{\partial(x_1, \cdots, x_p, y_1, \cdots, y_q)} = \det \frac{\partial(\xi_0, \xi_1, \cdots, \xi_{p-1})}{\partial(x_1, \cdots, x_p)} > 0.$$

所以 $S^{p-1} \times D^q$ 上局部坐标 $(\xi_1, \cdots, \xi_{p-1}, y_1, \cdots, y_q)$ 决定的定向与 $D^p \times D^q$ 边缘上的标准定向是一致的.

而在 $D^p \times S^{q-1}$ 部分, 局部坐标是 $(x_1, \cdots, x_p, \eta_1, \cdots, \eta_{q-1})$, 外法线坐标是 $\eta_0$, 按照 "外法线方向在前" 的规定, 坐标变换行列式应该是

$$\det \frac{\partial(\eta_0, x_1, \cdots, x_p, \eta_1, \cdots, \eta_{q-1})}{\partial(x_1, \cdots, x_p, y_1, \cdots, y_q)}$$
$$= (-1)^p \det \frac{\partial(x_1, \cdots, x_p, \eta_0, \eta_1, \cdots, \eta_{q-1})}{\partial(x_1, \cdots, x_p, y_1, \cdots, y_q)}$$
$$= (-1)^p \det \frac{\partial(\eta_0, \eta_1, \cdots, \eta_{q-1})}{\partial(y_1, \cdots, y_q)},$$

其正负号是 $(-1)^p$, 所以 $D^p \times S^{q-1}$ 上局部坐标 $(x_1, \cdots, x_p, \eta_1, \cdots, \eta_{q-1})$ 决定的定向与 $D^p \times D^q$ 边缘上的标准定向未必相同, 相差一个正负号 $(-1)^p$. 这就是那个神秘的正负号的由来. □

**命题 4.9** 设 $t : X \times Y \to Y \times X$, $(u, v) \mapsto (v, u)$ 是交换两个因子的映射, 它是一个胞腔映射, 把 $X \times Y$ 的胞腔 $e_i^p \times e_j^q$ 映成 $Y \times X$ 的

胞腔 $e_j^q \times e_i^p$. 则 $t$ 所诱导的胞腔链映射 $t_\# : C_*(X \times Y) \to C_*(Y \times X)$
是

$$t_\#(e_i^p \times e_j^q) = (-1)^{pq} e_j^q \times e_i^p. \qquad \square$$

公式里的那个正负号 $(-1)^{pq}$ 很重要. 少了它 $t_\#$ 就不能与边缘算
子相交换, 就不是链映射了. 它来源于从坐标系 $(x_1, \cdots, x_p, y_1, \cdots, y_q)$
到坐标系 $(y_1, \cdots, y_q, x_1, \cdots, x_p)$ 的坐标变换行列式.

## §5    Euler 示性数与 Morse 不等式

### 5.1  有限生成 Abel 群的构造定理

我们来复习关于有限生成 Abel 群的基本事实. 一个有限生成的
自由 Abel 群 $A$ 同构于 $r$ (自然数) 个 $\boldsymbol{Z}$ 的直和

$$\boldsymbol{Z}^r = \overbrace{\boldsymbol{Z} \oplus \cdots \oplus \boldsymbol{Z}}^{r}.$$

设 $B \subset A$ 是一个子群. 则存在 $A$ 的基 $\{a_1, \cdots, a_r\}$ 和自然数

$$n_1 \,|\, n_2 \,|\, \cdots \,|\, n_s \text{ (每个除尽后一个)}, \quad s \le r,$$

使得 $\{n_1 a_1, \cdots, n_s a_s\}$ 是 $B$ 的基.

有限生成的 Abel 群总是有限生成的自由 Abel 群的商群, 因此
有

**定理 5.1 (有限生成 Abel 群的构造定理)**    设 $A$ 是有限生成的
Abel 群. 则 $A$ 唯一地决定了非负整数 $r, t$ 以及一串大于 1 的整数
$n_1 | n_2 | \cdots | n_t$ (每个除尽后一个), 使得

$$A \cong \boldsymbol{Z}^r \oplus \boldsymbol{Z}_{n_1} \oplus \cdots \oplus \boldsymbol{Z}_{n_t}.$$

整数 $r$ 称为 $A$ 的**秩**, 记作 $\mathrm{rk}\, A$; 整数 $n_1, n_2, \cdots, n_t$ 称为 $A$ 的**挠系数**.

$$\qquad \square$$

**推论 5.2** 设 $A$ 是有限生成的 Abel 群. $A$ 中的有限阶的元素组成 $A$ 的一个有限子群 $T_A$, 称为 $A$ 的**挠子群**. 则商群 $A/T_A$ 是秩为 $r = \operatorname{rk} A$ 的自由 Abel 群, 称为 $A$ 的**自由部分**, 并且 $A \cong \mathbf{Z}^r \oplus T_A$.

$\square$

**定理 5.3** 设 Abel 群的短正合列 $0 \to A \to B \to C \to 0$ 中的 $A$, $B$, $C$ 都是有限生成的. 则 $\operatorname{rk} B = \operatorname{rk} A + \operatorname{rk} C$. $\square$

**定义 5.1** 设 $A$ 是有限生成的 Abel 群, $p$ 是素数. $A$ 中的阶为 $p$ 的方幂的元素组成 $A$ 的一个子群, 记作 $A(p)$, 称为 $A$ 的 $p$ **分量**. $A(p)$ 的循环群分解 $\mathbf{Z}_{p^{m_1}} \oplus \cdots \oplus \mathbf{Z}_{p^{m_{t(p)}}}$ 的长度 $t(p)$ 称为 $A$ 的 $p$ **秩**, 记作 $\operatorname{rk}_p A$.

**定理 5.4 (有限 Abel 群的 $p$ 分量分解定理)** 设 $A$ 是有限 Abel 群. 则 $A$ 是其各 $p$ 分量的直和, 即

$$A = \bigoplus_{\text{素数} p} A(p).$$

$A$ 的标准分解式 (定理 5.1) 的长度 $t$ 等于 $A$ 的 $p$ 秩的 (对于所有素数 $p$ 的) 最大值. $\square$

**例 5.1** 设自然数 $m, n$ 互素, 即最大公因数 $(m, n) = 1$, 则

$$\mathbf{Z}_m \oplus \mathbf{Z}_n \cong \mathbf{Z}_{mn}.$$

## 5.2 整数系数的情形

**定理 5.5 (Morse 不等式)** 设 $X$ 是有限胞腔复形. 以 $\beta_q$ 记其同调群 $H_q(X)$ 的秩, 称为 $X$ 的 $q$ 维 **Betti 数**. 以 $\alpha_q$ 记 $X$ 中 $q$ 维胞腔的个数. 定义多项式

$$P_X(t) := \sum_q \beta_q t^q,$$

$$Q_X(t) := \sum_q \alpha_q t^q,$$

$P_X$ 称为 $X$ 的 **Poincaré 多项式**. 则存在非负整数系数的多项式 $R(t)$ 使得

$$Q_X(t) - P_X(t) = (1+t)R(t).$$

**证明**　把定理 5.3 用到短正合序列

$$0 \to Z_q \to C_q \to B_{q-1} \to 0,$$

$$0 \to B_q \to Z_q \to H_q \to 0,$$

得到

$$\sum_q (\mathrm{rk}\, C_q)t^q = \sum_q (\mathrm{rk}\, Z_q)t^q + t\sum_q (\mathrm{rk}\, B_q)t^q,$$

$$\sum_q (\mathrm{rk}\, Z_q)t^q = \sum_q (\mathrm{rk}\, B_q)t^q + \sum_q (\mathrm{rk}\, H_q)t^q.$$

相加得

$$\sum_q (\mathrm{rk}\, C_q)t^q = \sum_q (\mathrm{rk}\, H_q)t^q + (1+t)\sum_q (\mathrm{rk}\, B_q)t^q,$$

就是我们所要的等式.　　　　　　　　　　　　　　　　　　□

从这个定理立即得到

**推论 5.6 (Euler 示性数)**

$$\sum_q (-1)^q \alpha_q = \sum_q (-1)^q \beta_q$$

是 $X$ 的同伦不变量. 这个整数称为 $X$ 的 **Euler 示性数**, 记作 $\chi(X)$.

**证明**　在定理 5.5 取 $t = -1$ 即得.　　　　　　　　　　□

**推论 5.7 (第一组 Morse 不等式)**　对于所有的 $q$, 都有

$$\alpha_q \geq \beta_q.$$

**证明**　定理 5.5 等式右边多项式每个系数都非负.　　　　□

**推论 5.8 (第二组 Morse 不等式)**　对于所有的 $q$, 都有

$$\alpha_q - \alpha_{q-1} + \cdots + (-1)^q \alpha_0 \geq \beta_q - \beta_{q-1} + \cdots + (-1)^q \beta_0.$$

**证明** 在定理 5.5 等式两边的多项式都截取 $t$ 的方幂不超过 $q$ 的部分, 然后以 $t = -1$ 代入. $\qquad\square$

**推论 5.9 (空缺原理)** 如果对于所有的 $q$ 都有 $\alpha_q \alpha_{q+1} = 0$, 则对于所有的 $q$ 都有 $\beta_q = \alpha_q$.

**证明** $Q_X(t)$ 的任意两个相邻的系数至少有一个是 0, 因而定理 5.5 等式右边的多项式也有此性质. 这迫使 $R(t) = 0$. 所以 $Q_X(t) = P_X(t)$. $\qquad\square$

### 5.3 域系数的情形

设 $(X, A)$ 是胞腔复形偶. 第 3 节的讨论完全可以平行地照搬到域 $F$ 系数的情形. 定义 $C_q(X, A; F) := H_q(X^q \cup A, X^{q-1} \cup A; F)$, 它是以有向胞腔 $\{e_i^q \mid e_i^q \in X - A\}$ 为基的线性空间, 得到链复形 $C_*(X, A; F) = C_*(X, A) \otimes F$, 等等. 从而得到

**定理 5.10** (域系数的胞腔同调定理) 设 $(X, A)$ 是胞腔复形偶, $F$ 是域. 则

$$H_*(C_*(X, A; F)) \cong H_*(X, A; F). \qquad\square$$

**定理 5.11 (域 $F$ 系数的 Morse 不等式)** 设 $X$ 是有限胞腔复形. 以 $\beta_q^F$ 记其同调群 $H_q(X; F)$ 的 (作为域 $F$ 上线性空间的) 维数, 称为 $X$ 的域 $F$ 系数的 $q$ 维 Betti 数. 定义多项式

$$P_X^F(t) := \sum_q \beta_q^F t^q,$$

称为 $X$ 的域 $F$ 系数的 Poincaré 多项式. 则存在非负整数系数的多项式 $R(t)$ 使得

$$Q_X(t) - P_X^F(t) = (1 + t)R(t).$$

**证明** 证明与定理 5.5 的证明平行, 因为线性空间的维数也有对于短正合列的可加性. □

于是同样有域 $F$ 系数的

**推论 5.12 (Euler 示性数)**

$$\chi(X) = \sum_q (-1)^q \beta_q^F. \qquad \square$$

**推论 5.13 (第一组 Morse 不等式)** 对于所有的 $q$, 都有

$$\alpha_q \geq \beta_q^F. \qquad \square$$

**推论 5.14 (第二组 Morse 不等式)** 对于所有的 $q$, 都有

$$\alpha_q - \alpha_{q-1} + \cdots + (-1)^q \alpha_0 \geq \beta_q^F - \beta_{q-1}^F + \cdots + (-1)^q \beta_0^F. \qquad \square$$

**注记 5.15** 在本章第 7 节的推论 7.4 我们将看到, 当域 $F$ 的特征 $p$ 为 0 时, $\beta_q^F(X) = \beta_q(X)$. 当域 $F$ 的特征 $p > 0$ 时,

$$\beta_q^F(X) = \beta_q(X) + \operatorname{rk}_p(H_q(X)) + \operatorname{rk}_p(H_{q-1}(X)).$$

可见 $\beta_q^F(X)$ 与域 $F$ 的特征 $p$ 有关, 我们将把它写成 $\beta_q^{(p)}(X)$, 称为 **特征 $p$ 的 Betti 数**.

当特征 $p > 0$ 时, $\beta_q^{(p)}(X)$ 可能会比 $\beta_q(X)$ 大, 所以特征 $p$ 的 Morse 不等式会比整数系数的强.

**例 5.2** 对于实射影空间 $RP^n$, 定理 4.6 和注记 5.15 告诉我们

$$\beta_q^{(2)} = 1, \quad 0 \leq q \leq n.$$

所以推论 5.13 告诉我们

$$\alpha_q \geq 1, \quad 0 \leq q \leq n.$$

## 5.4 Morse 临界点理论介绍

先简单回顾 Morse 理论的基本概念和事实. 读者可参看文献 [14].

设 $M$ 是紧的 $n$ 维光滑流形, $f : M \to \boldsymbol{R}$ 是光滑函数. 点 $p \in M$ 称为 $f$ 的**临界点**, 如果在 $p$ 处 $df = 0$. 这就是说, 如果在点 $p$ 附近的局部坐标 $(x_1, \cdots, x_n)$ 中有

$$\left.\frac{\partial f}{\partial x_1}\right|_p = \cdots = \left.\frac{\partial f}{\partial x_n}\right|_p = 0.$$

临界点 $p$ 称为**非退化的**, 如果 Hesse 矩阵

$$H_p = \left(\frac{\partial^2 f}{\partial x_i \partial x_j}\right)\bigg|_p$$

是非退化的. $H_p$ 的负特征值的个数称为非退化临界点 $p$ 的**指数**.

图 3.3 提供一种看法: 先把 $M$ 嵌入一个维数充分大的欧氏空间 $V$, 然后把 $M$ 放在乘积 $V \times \boldsymbol{R}$ 中, 以 $f$ 为高度函数. 这样, $f$ 的临界点就是那些切空间水平的点.

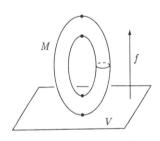

图 3.3　Morse 函数

**引理 5.16 (Morse 引理)**　设 $p$ 是 $f$ 的非退化临界点, 指数为 $\lambda$. 则在 $p$ 点的某邻域 $U$ 中有以 $p$ 为原点的局部坐标 $(y_1, \cdots, y_n)$, 使得 $f$ 的表达式是

$$f(x) = f(p) - y_1^2 - \cdots - y_\lambda^2 + y_{\lambda+1}^2 + \cdots + y_n^2. \qquad \square$$

由此可见, 非退化的临界点是孤立的.

记 $M^a := \{x \in M \mid f(x) \le a\}$, $\quad M_a^b := \{x \in M \mid a \le f(x) \le b\}$.

**引理 5.17**　设 $M_a^b$ 中没有临界点. 则 $M^a$ 与 $M^b$ 同胚, 并且 $M^a$ 是 $M^b$ 的形变收缩核.　　　　　□

**引理 5.18**　设 $M_a^b$ 中只有一个临界点, 它位于 $M_a^b$ 的内部, 是指数为 $\lambda$ 的非退化临界点. 则 $M^b$ 同胚于 $M^a \cup_{\partial D^\lambda \times D^{n-\lambda}} D^\lambda \times D^{n-\lambda}$, 因而 $M^b$ 同伦等价于 $M^a$ 上贴一个 $\lambda$ 维胞腔.　　　　　□

图 3.4 是示意图, 左边的图形可变形成右边的图形.

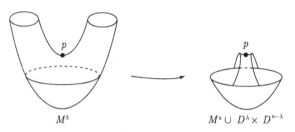

$$M^b \qquad\qquad M^a \cup D^\lambda \times D^{n-\lambda}$$

图 3.4　$M^b$ 是在 $M^a$ 上贴胞腔

光滑函数 $f : M \to \mathbf{R}$ 称为一个**Morse 函数**, 如果它的所有临界点都是非退化的. 每个光滑流形 $M$ 上都有许多 Morse 函数存在. 事实上, 每个连续函数 $M \to \mathbf{R}$ 都可以用 Morse 函数来逼近.

**定理 5.19**　设 $M$ 是紧的光滑流形, $f : M \to \mathbf{R}$ 是一个 Morse 函数. 则 $M$ 同伦等价于一个有限胞腔复形, 其 $q$ 维胞腔一一对应于 $f$ 的指数为 $q$ 的临界点, 其关联系数也可以从 $f$ 求出.　　　　　□

**定理 5.20 (Morse 不等式)**　设 $M$ 是紧的光滑流形, $f : M \to \mathbf{R}$ 是一个 Morse 函数, 以 $\mu_q$ 记其指数为 $q$ 的临界点的个数. 定义多项式 $Q_f(t) := \sum\limits_q \mu_q t^q$, 称为函数 $f$ 的 Morse 多项式. 则存在非负整数系数的多项式 $R(t)$ 使得

$$Q_f(t) - P_X(t) = (1+t)R(t).\qquad\qquad\square$$

于是本节关于胞腔个数 $\{\alpha_q\}$ 的各个不等式, 都可以改写成关于 Morse 函数临界点个数 $\{\mu_q\}$ 的不等式. 这才是 Morse 不等式的本来面目, Morse 正是在研究临界点时发现这些不等式的.

**例 5.3** 实射影空间 $RP^n$ 上的 Morse 函数至少有 $n+1$ 个临界点.

**习题 5.1** 试证明环面 $T^2$ 上的 Morse 函数至少有 4 个临界点.

**思考题 5.2** 试在环面 $T^2$ 上构造一个只有 3 个临界点的光滑函数.

**习题 5.3** 试在实射影空间 $RP^n$ 上构造一个只有 $n+1$ 个临界点的 Morse 函数.

**习题 5.4** 试在复射影空间 $CP^n$ 上构造一个只有 $n+1$ 个临界点的 Morse 函数.

**习题 5.5** 设可定向闭曲面 $M$ 上的一个 Morse 函数 $f$ 只有一个极大点, 也只有一个极小点. 试证明 $f$ 的鞍点个数等于 $M$ 的 1 维 Betti 数.

# §6  自由链复形

本节讲一个非常好用的定理及一些推论. 其后的几小节是纯代数的证明, 可以暂时跳过, 有空时再读, 不影响对本书主线的理解.

**定义 6.1** 链复形 $C = \{C_q, \partial_q\}$ 称为是**自由的**, 如果每个 $C_q$ 都是自由 Abel 群.

**定理 6.1** 设 $C, C'$ 都是自由链复形. 那么 $C$ 与 $C'$ 链同伦等价的充要条件是它们的同调群同构. 换句话说, $C \simeq C' \Longleftrightarrow H_*(C) \cong H_*(C')$.  $\square$

**推论 6.2** 设 $C, C'$ 都是自由链复形, 并且 $H_*(C) \cong H_*(C')$. 那么对任意的系数群 $G$, 都有

$$H_*(C; G) \cong H_*(C'; G), \quad H^*(C; G) \cong H^*(C'; G),$$

这里 $H_*(C; G)$ 表示 $G$ 系数的链复形 $C \otimes G$ 的同调群, $H^*(C; G)$ 表示 $G$ 系数的上链复形 $\mathrm{Hom}(C, G)$ 的上同调群.  $\square$

由于奇异链复形和胞腔链复形都是自由链复形, 我们有

**推论 6.3**  对于拓扑空间 $X$ 和拓扑空间偶 $(X, A)$，其整数系数的奇异同调完全决定了其任意系数的奇异同调和奇异上同调.    □

**推论 6.4**  对于 CW 复形 $X$ 和 CW 复形偶 $(X, A)$，其任意系数的奇异同调和奇异上同调都可以用胞腔链复形来计算.    □

## 6.1  自由 Abel 群的特殊性质

**命题 6.5 (自由 Abel 群的投射性质)**  设 $F$ 是自由 Abel 群.
设 $\pi : A \to B$ 是满同态，$\beta : F \to B$ 是同态. 则存在同态 $\alpha : F \to A$
(如下面图表所示) 使得 $\pi \circ \alpha = \beta$.

$$
\begin{array}{ccc}
 & F & \\
{}^{\alpha}\swarrow & \downarrow{}^{\beta} & \\
A \xrightarrow{\ \pi\ } & B \longrightarrow & 0
\end{array}
$$
    □

**命题 6.6**  自由 Abel 群的子群也是自由 Abel 群.    □

## 6.2  自由链复形的特殊性质

**命题 6.7** (定理 6.1 的特例)  设 $C$ 是自由链复形，并且 $H_*(C) = 0$.
则 $C \simeq 0$，即 $\mathrm{id} \simeq 0 : C \to C$.

**证明**  根据命题 6.6 与 6.5，$B_{q-1} \subset C_{q-1}$ 是自由的，并且有同态
$k_{q-1} : B_{q-1} \to C_q$ 使

$$
\partial_q \circ k_{q-1} = \mathrm{id} : B_{q-1} \to B_{q-1},
$$

从而 $C_q = Z_q \oplus k_{q-1} B_{q-1}$.

$$
\begin{array}{ccc}
 & B_{q-1} & \\
{}^{k_{q-1}}\swarrow & \| & \\
0 \longrightarrow Z_q \longrightarrow C_q \xrightarrow{\ \partial_q\ } & B_{q-1} \longrightarrow & 0
\end{array}
$$

由于 $H_*(C) = 0$, 所以 $Z_{q-1} = B_{q-1}$, 于是 $C_q = Z_q \oplus k_{q-1} Z_{q-1}$. 命 $T_q : C_q \to C_{q+1}$ 为 $T_q(z_q \oplus k_{q-1} z_{q-1}) = k_q z_q$, 则容易验证 $\partial T + T \partial = \text{id}$.

$\square$

### 6.3 代数映射锥

**定义 6.2** 设有链复形 $C, C'$ 及链映射 $f : C \to C'$. 定义 $f$ 的**代数映射锥** 为链复形 $Cf = \{\widehat{C}_q, \widehat{\partial}_q\}$, 其中

$$\widehat{C}_q := C'_q \oplus C_{q-1}, \quad \widehat{\partial}_q(c'_q, c_{q-1}) = (\partial' c'_q + f c_{q-1}, -\partial c_{q-1}).$$

易见 $\widehat{\partial}\widehat{\partial} = 0$, 所以这是一个链复形.

**命题 6.8** 链映射 $f : C \to C'$ 所诱导的同态 $f_* : H_*(C) \to H_*(C')$ 为同构的充要条件是 $H_*(Cf) = 0$.

**证明** 构造一个链复形

$$C^+ = \{C^+_q, \partial^+_q\}, \quad C^+_q = C_{q-1}, \quad \partial^+_q = -\partial_{q-1}.$$

从形式上看, $C^+$ 是把 $C$ 的维数升高. 定义链映射 $C' \xrightarrow{i} \widehat{C} \xrightarrow{p} C^+$ 为 $i(c'_q) = (c'_q, 0)$, $p(c'_q, c_{q-1}) = c_{q-1}$. 我们得到链复形的短正合序列

$$0 \longrightarrow C' \xrightarrow{i} \widehat{C} \xrightarrow{p} C^+ \longrightarrow 0.$$

于是有正合同调序列

$$\cdots \longrightarrow H_{q+1}(\widehat{C}) \xrightarrow{p_*} H_{q+1}(C^+) \xrightarrow{\partial_*} H_q(C') \xrightarrow{i_*} H_q(\widehat{C}) \longrightarrow \cdots$$
$$\Big\| \qquad \nearrow f_*$$
$$H_q(C)$$

从 $\partial_*$ 的定义知上面图表中的三角形是交换的, 因此 $f_*$ 被嵌入长正合序列

$$\cdots \longrightarrow H_{q+1}(\widehat{C}) \xrightarrow{p_*} H_q(C) \xrightarrow{f_*} H_q(C') \xrightarrow{i_*} H_q(\widehat{C}) \longrightarrow \cdots$$

由此得本命题的结论. □

**命题 6.9** 设 $f : C \to C'$ 是链映射. 如果代数映射锥 $Cf \simeq 0$, 则 $f$ 是链同伦等价.

**证明** 我们先证明以下两件事:

(1) $i \simeq 0 : C' \to \widehat{C}$ 当且仅当 $f$ 有右同伦逆, 即存在链映射 $g : C' \to C$ 使 $fg \simeq \mathrm{id}' : C' \to C'$.

(2) $p \simeq 0 : \widehat{C} \to C^+$ 当且仅当 $f$ 有左同伦逆, 即存在链映射 $h : C' \to C$ 使 $hf \simeq \mathrm{id} : C \to C$.

(1) 的证明. $i \simeq 0 : C' \to \widehat{C}$ 的含义是存在 $S_q : C'_q \to \widehat{C}_{q+1}$ 使

$$\widehat{\partial}_{q+1} S_q + S_{q-1} \partial'_q = i_q.$$

按直和 $\widehat{C}_{q+1} = C'_{q+1} \oplus C_q$ 作分解, 记 $S_q(c'_q) = (T_q(c'_q), g(c'_q))$, 得到两个同态 $T_q : C'_q \to C'_{q+1}$ 和 $g : C'_q \to C_q$, 上式成为两个式子

$$\begin{cases} \partial' T + fg + T\partial' = \mathrm{id}', \\ -\partial g + g\partial' = 0. \end{cases}$$

这恰好是说 $g : C' \to C$ 是链映射, 而且 $fg \simeq \mathrm{id}'$.

(2) 的证明是类似的.

现在来证明命题. 如果 $Cf \simeq 0$, 则 $Cf$ 的恒同链映射 $\widehat{\mathrm{id}} \simeq 0$. 因而 $i = \widehat{\mathrm{id}} \circ i \simeq 0 \circ i = 0 : C' \to \widehat{C}$ 并且 $p = p \circ \widehat{\mathrm{id}} \simeq p \circ 0 = 0 : \widehat{C} \to C^+$. 从上面的 (1), (2) 知 $f$ 有右同伦逆 $g : C' \to C$ 和左同伦逆 $h : C' \to C$. 这时 $gf = (\mathrm{id})gf \simeq (hf)gf = h(fg)f \simeq h(\mathrm{id}')f = hf \simeq \mathrm{id}$, 所以 $g$ 也是 $f$ 的左同伦逆, 因而是 $f$ 的同伦逆. □

**注记 6.10** 命题 6.8 和 6.9 中我们并没有假定 $C, C'$ 是自由链复形. 如果 $C, C'$ 都是自由链复形, 那么命题 6.9 给出的条件是充分必要的, 即: 当 $f$ 是链同伦等价时, 也一定有代数映射锥 $Cf \simeq 0$.

这是因为从命题 6.9 证明中的 (1), (2) 知 $p \simeq 0$ 和 $i \simeq 0$, 因而 $p_* = 0$ 和 $i_* = 0$. 于是从命题 6.8 证明中的正合序列得知 $H_*(\widehat{C}) = 0$.

然后命题 6.7 告诉我们 $\widehat{C} \simeq 0$.

由命题 6.8, 6.7 和 6.9 可知

**命题 6.11** 若 $C$, $C'$ 是自由链复形, 并有链映射 $f : C \to C'$ 诱导出同构 $f_* : H_*(C) \xrightarrow{\cong} H_*(C')$, 则 $f$ 是链同伦等价, 即 $f : C \simeq C'$.

$\square$

## 6.4 从同调同态构作链映射

**命题 6.12** 设 $C$ 是自由链复形, $C'$ 是链复形. 设有同态 $\varphi : H_*(C) \to H_*(C')$. 则存在链映射 $f : C \to C'$ 使得 $f_* = \varphi$.

**证明** $C$ 是自由链复形, 所以 $Z_q$ 与 $B_q$ 都是自由 Abel 群. 根据命题 6.5, 存在 $\rho_q : Z_q \to Z'_q$ 使下面图表右面的方块交换. 图表中

$$
\begin{array}{ccccccccc}
0 & \longrightarrow & B_q & \longrightarrow & Z_q & \longrightarrow & H_q & \longrightarrow & 0 \\
& & \downarrow{\scriptstyle \rho_q} & & \downarrow{\scriptstyle \rho_q} & & \downarrow{\scriptstyle \varphi_q} & & \\
0 & \longrightarrow & B'_q & \longrightarrow & Z'_q & \longrightarrow & H'_q & \longrightarrow & 0
\end{array}
$$

上下两行的正合性保证了 $\rho_q : B_q \to B'_q$. 我们要设法把 $\rho_q : Z_q \to Z'_q$ 扩张成为 $f_q : C_q \to C'_q$.

利用命题 6.7 证明中的直和分解 $C_q = Z_q \oplus k_{q-1} B_{q-1}$, 看图表

$$
\begin{array}{ccccccccc}
0 & \longrightarrow & Z_q & \longrightarrow & C_q & \xrightarrow{\ \partial\ } & B_{q-1} & \longrightarrow & 0 \\
& & \downarrow{\scriptstyle \rho_q} & & & \nwarrow{\scriptstyle k_{q-1}} & \| & & \\
& & & & & & B_{q-1} & & \\
& & & & \nearrow{\scriptstyle \tau_{q-1}} & & \downarrow{\scriptstyle \rho_{q-1}} & & \\
0 & \longrightarrow & Z'_q & \longrightarrow & C'_q & \xrightarrow[\ \partial'\ ]{} & B'_{q-1} & \longrightarrow & 0
\end{array}
$$

根据命题 6.5, 存在 $\tau_{q-1} : B_{q-1} \to C'_q$ 使 $\rho_{q-1} = \partial' \tau_{q-1}$.

定义 $f_q : C_q \to C'_q$ 为

$$
f_q(z_q \oplus k_{q-1} b_{q-1}) = \rho_q(z_q) + \tau_{q-1}(b_{q-1}).
$$

容易验证 $\partial' f = f\partial$, 即 $f$ 是链映射, 而且显然 $f_* = \varphi$. □

### 6.5　定理 6.1 的证明

**定理 6.1 的证明**　必要性是明显的. 充分性由命题 6.12, 6.11 衔接而得. □

**注记 6.13**　命题 6.7 (因而定理 6.1 也是) 当 $C$ 不自由时不对.

反例 1: $C = \{C_q, \partial_q\}$, 所有的 $C_q = \mathbf{Z}_4$, $\partial_q = 2$.

反例 2: $C = \{C_q, \partial_q\}$, 其中 $C_0 = C_2 = \mathbf{Z}_2$, $C_1 = \mathbf{Z}_4$, 其余的 $C_q = 0$; 边缘同态 $\partial_1, \partial_2 \neq 0$, 其余的 $\partial_q = 0$.

本节关于自由链复形的讨论, 完全适用于由域 $F$ 上的线性空间和线性映射组成的链复形. 原因是线性空间都有基, 也有类似于命题 6.5 与 6.6 的性质, 而这两个性质是本节的基础. 其实, 线性空间的代数性质比自由 Abel 群还要好, 因为这时同调群也是线性空间, 也有基. 于是我们有

**定理 6.14**　设 $F$ 是一个域. 设 $C$ 是由域 $F$ 上的线性空间和线性映射组成的链复形. 把分次线性空间 $H_*(C)$ 看成链复形 (边缘算子都取 0), 以 $HC$ 记之. 则 $C$ 与 $HC$ 同伦等价, 即 $C \simeq HC$. □

**注记 6.15**　定理 6.1 说明, 对自由链复形来说, 整数系数同调群决定了任意系数的同调群与上同调群. 那么对于自由链复形之间的链映射, 整数系数的同调同态是否能决定其任意系数的同调同态与上同调同态呢? 这问题归结为另一个问题: 对于自由链复形之间的链映射 $f, g : C \to C'$, 如果它们诱导相同的同调同态 $f_* = g_* : H_*(C) \to H_*(C')$, 是不是一定有链同伦 $f \simeq g : C \to C'$? 下面的例子和命题说明, 一般说来回答是否定的, 但是在添加一些条件之后, 回答是肯定的.

**例 6.1**　设 $C = E(\mathbf{Z}_2, 0)$, $C' = E(\mathbf{Z}_2, 1)$ 都是初等链复形 (见定义 7.1). 链映射 $C \to C'$ 其实取决于其 1 维链群上的同态 $C_1 \to C_1'$ 即 $\mathbf{Z} \to \mathbf{Z}$. 由 $f_1 = \mathrm{id}_{\mathbf{Z}}$ 决定了一个链映射 $f : C \to C'$. 虽然它诱导

的同调同态 $f_* = 0 : H_*(C) \to H_*(C')$, 但是 $f$ 不链同伦于 0, 而且在 $Z_2$ 系数的同调群上诱导的同态 $f_* \neq 0 : H_*(C; Z_2) \to H_*(C'; Z_2)$.

**命题 6.16** 设 $C, C'$ 都是自由链复形, 并且设 $H_*(C)$ 和 $H_*(C')$ 都是自由的. 如果链映射 $f, g : C \to C'$ 诱导相同的同调同态 $f_* = g_* : H_*(C) \to H_*(C')$, 就一定有链同伦 $f \simeq g : C \to C'$.

**证明** 把分次群 $H_*(C)$ 看成链复形 (边缘算子都取 0), 以 $HC$ 记之. 则 $H_*(HC) = H_*(C)$. 根据命题 6.12, 存在链映射 $\phi : C \to HC$ 使得 $\phi_*$ 是恒同自同构 $\mathrm{id}_{H_*(C)}$. 根据命题 6.11, 链映射 $\phi : C \to HC$ 是链同伦等价. 设 $\psi : HC \to C$ 是其同伦逆.

类似地, 把分次群 $H_*(C')$ 看成链复形 $HC'$, 有互逆的链同伦等价 $\phi' : C' \to HC'$ 和 $\psi' : HC' \to C'$ 使得 $\phi'_*$ 和 $\psi'_*$ 都是恒同自同构 $\mathrm{id}_{H_*(C')}$. 于是

$$f \simeq (\psi' \circ \phi') \circ f \circ (\psi \circ \phi) = \psi' \circ (\phi' \circ f \circ \psi) \circ \phi.$$

既然链复形 $HC, HC'$ 的边缘算子都是 0, 一个链映射 $HC \to HC'$ 和它所诱导的同调同态 $H_*(HC) \to H_*(HC')$ 应该没有差别. 所以

$$\phi' \circ f \circ \psi = (\phi' \circ f \circ \psi)_* = \mathrm{id}_{H_*(C')} \circ f_* \circ \mathrm{id}_{H_*(C)} = f_* : HC \to HC'.$$

于是 $f \simeq \psi' \circ f_* \circ \phi$. 对于 $g$ 同样有 $g \simeq \psi' \circ g_* \circ \phi$. 所以

$$f \simeq \psi' \circ f_* \circ \phi = \psi' \circ g_* \circ \phi \simeq g. \qquad \square$$

## §7  万有系数定理

设 $X$ 是有限胞腔复形. 推论 6.3 告诉我们, 从 $H_*(X)$ 能把 $X$ 的任意系数的上下同调群都决定出来, 本节将讨论如何进行计算. 基本的想法体现在一个例子里:

**例 7.1**  设有限胞腔复形 $X$ 的同调群是

$$H_0(X) \cong \mathbf{Z}, \quad H_1(X) \cong \mathbf{Z}_3, \quad \text{其他的 } H_q(X) = 0.$$

求 $H_*(X; \mathbf{Z}_2)$ 与 $H^*(X; \mathbf{Z}_3)$.

我们先来找一个自由链复形 $C$, 使得 $H_*(C) \cong H_*(X)$. 由于 $H_0(X) \cong \mathbf{Z}$, 取一个链复形 $C'$ 其 0 维链群是 $\mathbf{Z}$, 其余链群全是 0. 它的同调群除 0 维是 $\mathbf{Z}$ 外其他全是 0. 考虑到 $H_1(X) = \mathbf{Z}_3$, 再取一个链复形 $C''$, 其 1 维和 2 维链群是 $\mathbf{Z}$, 其余链群是 0, 而边缘同态 $\partial : C''_2 \to C''_1$ 是 $\mathbf{Z} \xrightarrow{3} \mathbf{Z}$. 明显地, $H_*(C'')$ 在 1 维是 $\mathbf{Z}_3$, 其他各维都是 0. 于是链复形的直和 $C := C' \oplus C''$ 是自由链复形, 并且

$$H_*(C) = H_*(C') \oplus H_*(C'') \cong H_*(X).$$

根据推论 6.2, 得到

$$H_q(X; \mathbf{Z}_2) \cong H_q(C'; \mathbf{Z}_2) \oplus H_q(C''; \mathbf{Z}_2) = \begin{cases} \mathbf{Z}_2, & \text{当 } q = 0, \\ 0, & \text{对其他的 } q, \end{cases}$$

$$H^q(X; \mathbf{Z}_3) \cong H^q(C'; \mathbf{Z}_3) \oplus H^q(C''; \mathbf{Z}_3) = \begin{cases} \mathbf{Z}_3, & \text{当 } q = 0, 1, 2, \\ 0, & \text{对其他的 } q. \end{cases}$$

这个例子的方法其实是普遍适用的. 我们把一般形式写出来.

## 7.1  初等链复形的同调

**定义 7.1**  设 $n$ 是整数, $k$ 是自然数. 我们定义两种**初等链复形**:

$$E(\mathbf{Z}, n): \quad 0 \longleftarrow \overset{n\,\text{维}}{\mathbf{Z}} \longleftarrow 0,$$

$$E(\mathbf{Z}_k, n): \quad 0 \longleftarrow \overset{n\,\text{维}}{\mathbf{Z}} \overset{k}{\longleftarrow} \mathbf{Z} \longleftarrow 0,$$

它们的整数系数同调群是

$$H_q(E(\boldsymbol{Z},n)) = \begin{cases} \boldsymbol{Z}, & \text{当 } q = n, \\ 0, & \text{当 } q \neq n, \end{cases}$$

$$H_q(E(\boldsymbol{Z}_k,n)) = \begin{cases} \boldsymbol{Z}_k, & \text{当 } q = n, \\ 0, & \text{当 } q \neq n. \end{cases}$$

**定义 7.2** 设 $G$ 是 Abel 群，$k$ 是自然数. 我们采用记号

$$G_k := G/kG = \operatorname{coker}\{G \xrightarrow{k} G\}, \quad {}_kG := \ker\{G \xrightarrow{k} G\}.$$

于是有正合序列

$$0 \longrightarrow {}_kG \longrightarrow G \xrightarrow{k} G \longrightarrow G_k \longrightarrow 0.$$

**引理 7.1** 初等链复形的以 $G$ 为系数的同调群和上同调群是

$$H_q(E(\boldsymbol{Z},n);G) = H^q(E(\boldsymbol{Z},n);G) = \begin{cases} G, & \text{当 } q = n, \\ 0, & \text{当 } q \neq n, \end{cases}$$

$$H_q(E(\boldsymbol{Z}_k,n);G) = \begin{cases} G_k, & \text{当 } q = n, \\ {}_kG, & \text{当 } q = n+1, \\ 0, & \text{当 } q \neq n, n+1, \end{cases}$$

$$H^q(E(\boldsymbol{Z}_k,n);G) = \begin{cases} {}_kG, & \text{当 } q = n, \\ G_k, & \text{当 } q = n+1, \\ 0, & \text{当 } q \neq n, n+1. \end{cases}$$

**证明** 链复形 $E(\boldsymbol{Z},n)\otimes G$ 和上链复形 $\operatorname{Hom}(E(\boldsymbol{Z},n),G)$ 分别形如

$$0 \longleftarrow \overset{n\text{维}}{G} \longleftarrow 0, \qquad 0 \longrightarrow \overset{n\text{维}}{G} \xrightarrow{0}.$$

而 $E(\boldsymbol{Z}_k,n)\otimes G$ 和 $\operatorname{Hom}(E(\boldsymbol{Z}_k,n),G)$ 分别形如

$$0 \longleftarrow \overset{n\text{维}}{G} \xleftarrow{k} G \longleftarrow 0, \qquad 0 \longrightarrow \overset{n\text{维}}{G} \xrightarrow{k} G \longrightarrow 0.$$

由此得到同调群和上同调群.                              $\square$

## 7.2  万有系数定理的朴素形式

**定理 7.2 (万有系数定理的朴素形式)**  设 $X$ 是有限胞腔复形. 如果
$$H_q(X) = \bigoplus_{i=1}^{\beta_q} \boldsymbol{Z} \oplus \bigoplus_{i=1}^{\gamma_q} \boldsymbol{Z}_{k_i^{(q)}},$$
则我们有
$$H_q(X;G) \cong \bigoplus_{i=1}^{\beta_q} G \oplus \bigoplus_{i=1}^{\gamma_q} G_{k_i^{(q)}} \oplus \bigoplus_{i=1}^{\gamma_{q-1}} {}_{k_i^{(q-1)}} G,$$
$$H^q(X;G) \cong \bigoplus_{i=1}^{\beta_q} G \oplus \bigoplus_{i=1}^{\gamma_q} {}_{k_i^{(q)}} G \oplus \bigoplus_{i=1}^{\gamma_{q-1}} G_{k_i^{(q-1)}}.$$

**证明**  用初等链复形的直和构造一个自由链复形
$$D := \bigoplus_q \left( \bigoplus_{i=1}^{\beta_q} E(\boldsymbol{Z}, q) \oplus \bigoplus_{i=1}^{\gamma_q} E(\boldsymbol{Z}_{k_i^{(q)}}, q) \right).$$

易见 $H_*(D) \cong H_*(X)$. 所以根据定理 6.1, 我们可以用 $D$ 代替 $X$ 来计算同调群和上同调群. 然后从引理 7.1 得到结论.            $\square$

**推论 7.3**  设 $X$ 是有限胞腔复形, $H_q(X) \cong F_q \oplus T_q$, 其中 $F_q$ 是自由 Abel 群, $T_q$ 是有限 Abel 群. 则 $H^q(X) \cong F_q \oplus T_{q-1}$.      $\square$

**思考题 7.1**  试将定理 7.2 中的上同调群 $H^q(X;G)$ 与第二章定理 4.3 作比较, 哪些部分对应于 $\mathrm{Hom}\,(H_q(X), G)$?

## 7.3  域系数的情形

**推论 7.4**  设 $F$ 是特征为 $p$ 的域, $X$ 是有限胞腔复形. 以 $\beta_q$ 记 $H_q(X)$ 的秩 $\mathrm{rk}\,H_q(X)$ (见定理 5.1); 当 $p$ 是素数时, 以 $\gamma_q^{(p)}$ 记 $H_q(X)$

的 $p$ 秩 $\mathrm{rk}_p H_q(X)$ (见定义 5.1). 则 $H_q(X;F)$ 与 $H^q(X;F)$ 作为域 $F$ 上的线性空间的维数相同, 记作 $\beta_q^{(p)}$,

$$\beta_q^{(p)} = \begin{cases} \beta_q, & \text{当 } p=0, \\ \beta_q + \gamma_q^{(p)} + \gamma_{q-1}^{(p)}, & \text{当 } p \text{ 是素数}. \end{cases} \qquad \square$$

**习题 7.2** 试利用万有系数定理计算闭曲面的上同调群.

**习题 7.3** 设 $T$ 为环面, $K$ 为 Klein 瓶, $f:T \to K$ 是映射. 试证明 $f_* = 0 : H_2(T;Z_2) \to H_2(K;Z_2)$.

### 7.4 对偶配对与对偶基

我们已经看到, 拓扑空间的整数系数奇异同调群能决定其任意系数的同调群, 也能决定其任意系数的上同调群. 在有限胞腔复形中, 同调群的元素 (同调类) 可以用胞腔闭链来形象地表示. 那么, 上同调类的形象如何呢? 上下同调群之间的 (通过 Hom 函子来表述的) 代数的对偶关系, 怎样落实为上下同调类之间关系? 要回答这些问题, 我们首先引进 (来自线形代数的) 对偶配对的概念.

**定义 7.3** 设 $A,B$ 是有限生成的 Abel 群, $\phi:A \times B \to Z$ 是双线性对应. 由于 $Z$ 中没有有限阶元素, $\phi$ 实际上是自由部分的一个双线性对应 $\phi:\overline{A} \times \overline{B} \to Z$. 我们说 $\phi$ 是**对偶配对**, 如果 $A,B$ 有相同的秩 $r$, 并且 $A,B$ 分别有元素组 $\{a_1,\cdots,a_r\}$ 和 $\{b_1,\cdots,b_r\}$, 使得

$$\phi(a_i,b_j) = \phi(\bar{a}_i,\bar{b}_j) = \delta_{ij} = \begin{cases} 1, & \text{当 } i=j, \\ 0, & \text{当 } i \neq j, \end{cases}$$

其中 $\{\bar{a}_1,\cdots,\bar{a}_r\}$ 是 $\{a_1,\cdots,a_r\}$ 在 $\overline{A}$ 中的投影, 是 $\overline{A}$ 中的一组基; $\{\bar{b}_1,\cdots,\bar{b}_r\}$ 是 $\{b_1,\cdots,b_r\}$ 在 $\overline{B}$ 中的投影, 是 $\overline{B}$ 中的一组基. 元素组 $\{a_1,\cdots,a_r\}$ 和 $\{b_1,\cdots,b_r\}$ 称为在配对 $\phi$ 下的一对**对偶基**. (确切地说, 当 $A,B$ 不是自由 Abel 群时它们并没有基, 它们的自由部分 $\overline{A},\overline{B}$ 才有基, $\{\bar{a}_1,\cdots,\bar{a}_r\}$ 和 $\{\bar{b}_1,\cdots,\bar{b}_r\}$ 才是互相对偶的两组基.)

设 $A, B$ 是域 $F$ 上的有限维线性空间, $\phi : A \times B \to F$ 是 $F$ 上的双线性对应. 我们说 $\phi$ 是**对偶配对**, 如果 $A, B$ 有相同的维数 $r$, 并且 $A, B$ 分别有基 $\{a_1, \cdots, a_r\}$ 和 $\{b_1, \cdots, b_r\}$, 使得 $\phi(a_i, b_j) = \delta_{ij}$. 这样的两组基称为在 $\phi$ 下互相对偶的.

下面我们只谈 Abel 群之间的对偶配对, 因为线性空间之间的对偶配对是类似的而且更简单些.

**推论 7.5** 设 $X$ 是有限胞腔复形. 则对每个维数 $q$, Kronecker 积是 $H_q(X)$ 与 $H^q(X)$ 之间的对偶配对.

**证明** 胞腔链复形 $C_*(X)$ 链同伦等价于若干初等链复形的直和 $D$. 对于后者, Kronecker 积显然是 $H_q(D)$ 与 $H^q(D)$ 之间的对偶配对. 所以 Kronecker 积也是 $H_q(X)$ 与 $H^q(X)$ 之间的对偶配对. $\square$

设有限胞腔复形 $X$ 的 $q$ 维胞腔是 $e_i^q$, $1 \le i \le \alpha_q$. 定义 $X$ 的 $q$ 维胞腔上链 $e_i^{q*}$ $(1 \le i \le \alpha_q)$ 为

$$\langle e_i^{q*}, e_j^q \rangle = \delta_{ij} = \begin{cases} 1, & \text{当 } i = j, \\ 0, & \text{当 } i \ne j. \end{cases}$$

那么 $\{e_i^{q*} \mid 1 \le i \le \alpha_q\}$ 是上链群 $C^q(X)$ 的基, 每个上闭链 $z \in Z^q(X)$ 都是这些 (看成上链的) 胞腔的线性组合. 于是我们也可以在图上把上闭链和上同调类表现出来了.

**例 7.2** 环面的图 3.2 左边的胞腔复形记作 $J$. 则 $C_*(J)$ 的胞腔基是 $\{v, a, b, t\}$, $C^*(J)$ 中的对偶的胞腔基是 $\{v^*, a^*, b^*, t^*\}$. 由于边缘同态是 0, 同调群与链群没有差别. 所以, $H_1(J)$ 的基是 $\{[a], [b]\}$, $H^1(J)$ 中的对偶基是 $\{[a^*], [b^*]\}$.

**例 7.3** 环面的图 3.2 右边的单纯复形记作 $K$. 例 3.2 中已得 $H_1(K)$ 的基 $\{[a], [b]\}$, 闭链 $a, b$ 如图 3.5 的左图. 容易看出, 图 3.5 的中、右图所画的上链 $\alpha, \beta$ 是上闭链, 并且 Kronecker 积

$$\langle \alpha, a \rangle = 1, \qquad \langle \alpha, b \rangle = 0,$$

$$\langle \beta, a \rangle = 0, \qquad \langle \beta, b \rangle = 1.$$

所以 $H_1(K)$ 的基 $\{[a], [b]\}$ 在 $H^1(K)$ 中的对偶基是 $\{[\alpha], [\beta]\}$.

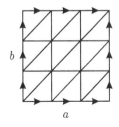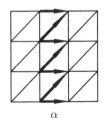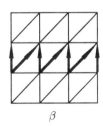

图 3.5 对偶基

环面的上下同调群的对偶基, 在第四章的例 3.1 与第五章的例 2.1 还会谈到. 读者不妨就上同调类在不同的胞腔剖分上的形象, 做一个比较.

# 第四章　乘　积

本章中我们主要讲胞腔同调、单纯同调和奇异同调中的叉积、上积与卡积, 得到上同调环. 我们的讨论从代数上看是基于自由链复形的张量积, 所以也适用于相对同调. 作为应用, 我们将讨论 Borsuk-Ulam 定理以及流形的畴数.

## §1　复形的乘积

### 1.1　自由链复形的张量积

以第三章定理 4.8 为背景, 我们引进自由链复形的张量积的概念.

**定义 1.1**　设 $C = \{C_p, \partial_p\}$ 和 $D = \{D_q, \partial_q\}$ 是自由链复形. 定义它们的**张量积**为如下的自由链复形 $C \otimes D = \{(C \otimes D)_n, \partial_n^\otimes\}$:

$$(C \otimes D)_n = \bigoplus_{p+q=n} C_p \otimes D_q,$$

如果 $C_p$ 以 $\{c_i^p\}$ 为基, $D_q$ 以 $\{d_j^q\}$ 为基, 则 $(C \otimes D)_n$ 以 $\bigcup_{p+q=n}\{c_i^p \otimes d_j^q\}$ 为基. 对于 $c_p \in C_p$, $d_q \in D_q$, $p+q=n$, 规定

$$\partial_n^\otimes(c_p \otimes d_q) = (\partial_p c_p) \otimes d_q + (-1)^p c_p \otimes (\partial_q d_q).$$

图 4.1 像一张地图, 方便地表明位置. $C \otimes D$ 的每个链群, 是一条斜线上各方格的直和; 每个方格上的边缘算子, 由一横一竖两个边缘同态拼成.

我们需要验证 $\partial^\otimes \partial^\otimes = 0$. 设 $c_p \in C_p$, $d_q \in D_q$, $p+q=n$.

$$\partial_{n-1}^{\otimes}\partial_n^{\otimes}(c_p \otimes d_q) = \partial_{n-1}^{\otimes}((\partial_p c_p) \otimes d_q + (-1)^p c_p \otimes (\partial_q d_q))$$

$$= (\partial_{p-1}\partial_p c_p) \otimes d_q + (-1)^{p-1}(\partial_p c_p) \otimes (\partial_q d_q)$$

$$+ (-1)^p (\partial_p c_p) \otimes (\partial_q d_q) + (-1)^{2p} c_p \otimes (\partial_{q-1}\partial_q d_q)$$

$$= 0.$$

注意, 那个交错的正负号 $(-1)^p$ 起了重要的作用, 没有它不行.

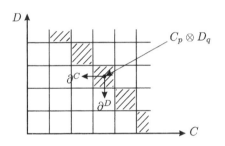

图 4.1　链复形的张量积

**定义 1.2**　设 $f : C \to C'$ 和 $g : D \to D'$ 是链映射. 它们的**张量积**定义为链映射 $f \otimes g : C \otimes D \to C' \otimes D'$,

$$(f \otimes g)(c_p \otimes d_q) = (f_p c_p) \otimes (g_q d_q), \qquad 对于 \ c_p \in C_p, \ d_q \in D_q.$$

我们需要验证 $\partial^{\otimes}(f \otimes g) = (f \otimes g)\partial^{\otimes}$.

$$\partial^{\otimes}(f \otimes g)(c_p \otimes d_q) = \partial^{\otimes}((f_p c_p) \otimes (g_q d_q))$$

$$= (\partial_p f_p c_p) \otimes g_q d_q + (-1)^p (f_p c_p) \otimes (\partial_q g_q d_q)$$

$$= (f_{p-1}\partial_p c_p) \otimes g_q d_q + (-1)^p (f_p c_p) \otimes (g_{q-1}\partial_q d_q)$$

$$= (f_{p-1} \otimes g_q)((\partial_p c_p) \otimes d_q) + (-1)^p (f_p \otimes g_{q-1})(c_p \otimes (\partial_q d_q))$$

$$= (f \otimes g)((\partial_p c_p) \otimes d_q + (-1)^p c_p \otimes (\partial_q d_q))$$

$$= (f \otimes g)\partial^{\otimes}(c_p \otimes d_q).$$

下面的简单命题请读者自己证明.

**命题 1.1**    若有链同伦 $f \simeq f' : C \to C'$ 和 $g \simeq g' : D \to D'$, 则有链同伦

$$f \otimes g \simeq f' \otimes g' : C \otimes D \to C' \otimes D'.$$

特别是, 如果有链同伦等价 $C \simeq C'$ 和 $D \simeq D'$, 就有链同伦等价

$$C \otimes D \simeq C' \otimes D'. \qquad \square$$

**例 1.1**    初等链复形的张量积

$$E(\boldsymbol{Z}, m) \otimes E(\boldsymbol{Z}, n) = E(\boldsymbol{Z}, m + n).$$

**例 1.2**    初等链复形的张量积

$$E(\boldsymbol{Z}_k, m) \otimes E(\boldsymbol{Z}, n) = E(\boldsymbol{Z}, m) \otimes E(\boldsymbol{Z}_k, n) = E(\boldsymbol{Z}_k, m + n).$$

**习题 1.1**    证明: 张量积 $E(\boldsymbol{Z}_k, m) \otimes E(\boldsymbol{Z}_\ell, n)$ 的同调群是

$$H_q(E(\boldsymbol{Z}_k, m) \otimes E(\boldsymbol{Z}_\ell, n)) = \begin{cases} \boldsymbol{Z}_{(k, \ell)}, & \text{当 } q = m + n, m + n + 1, \\ 0, & \text{当 } q \neq m + n, m + n + 1. \end{cases}$$

**注记 1.2**    对于 Abel 群的张量积, 有显然的换位同构 $A \otimes B \cong B \otimes A, a \otimes b \longleftrightarrow b \otimes a$. 对于链复形的张量积, 联结 $C \otimes D$ 与 $D \otimes C$ 的链映射却不能简单地对换位置, 而是

$$t : C \otimes D \to D \otimes C, \quad t(c_p \otimes d_q) = (-1)^{pq} d_q \otimes c_p, \quad \forall c_p \in C_p, d_q \in D_q.$$

如果缺了那个正负号 $(-1)^{pq}$, 就不是链映射了.

## 1.2  Künneth 公式

**定理 1.3**    设 $C, C', D, D'$ 都是自由链复形. 如果 $H_*(C) \cong H_*(C')$ 和 $H_*(D) \cong H_*(D')$, 那么 $H_*(C \otimes D) \cong H_*(C' \otimes D')$.

换句话说, 对于自由链复形来说, 张量积的同调群 $H_*(C \otimes D)$ 被 $H_*(C)$ 和 $H_*(D)$ 完全决定.

**证明**　根据第三章定理 6.1, 有 $C \simeq C'$ 和 $D \simeq D'$. 从本章命题 1.1 得到 $C \otimes D \simeq C' \otimes D'$. 因此 $H_*(C \otimes D) \cong H_*(C' \otimes D')$.　□

**例 1.3**　从习题 1.1 可知

$$E(\mathbf{Z}_k, m) \otimes E(\mathbf{Z}_\ell, n) \simeq E(\mathbf{Z}_{(k,\ell)}, m+n) \oplus E(\mathbf{Z}_{(k,\ell)}, m+n+1).$$

Künneth 公式告诉我们怎样从 $H_*(C)$ 和 $H_*(D)$ 把 $H_*(C \otimes D)$ 定出来. 标准的表述需要用到同调代数中的 Tor 函子. 我们只介绍几个较弱的但是好用的形式, 其中定理 1.5 是其最初的形式.

两个分次群 $A = \{A_p\}$ 与 $B = \{B_q\}$ 的张量积 $A \otimes B$ 是个分次群,

$$(A \otimes B)_n := \bigoplus_{p+q=n} A_p \otimes B_q.$$

当我们说 $B$ 是有限生成的或自由的, 是指每个维数 $q$ 的群 $B_q$ 都是有限生成的或自由的.

**定理 1.4**　设 $C, D$ 是自由链复形, 并且 $H_*(D)$ 是有限生成的自由的分次群. 那么

$$H_*(C \otimes D) = H_*(C) \otimes H_*(D), \qquad H^*(C \otimes D) = H^*(C) \otimes H^*(D).$$

**证明**　把分次群 $H_*(D)$ 看成边缘算子为零的链复形. 由于它是自由的, 所以根据第三章定理 6.1, $D \simeq H_*(D)$, 因而

$$H_*(C \otimes D) = H_*(C \otimes H_*(D)) = H_*(C) \otimes H_*(D).$$

上同调的推理是类似的.　□

**定理 1.5**　设 $C, D$ 是自由链复形, 并且 $H_*(C)$ 和 $H_*(D)$ 都是有限生成的. 那么 $H_*(C \otimes D)$ 也是有限生成的, 并且 Betti 数

$$\beta_n(C \otimes D) = \sum_{p+q=n} \beta_p(C) \cdot \beta_q(D).$$

Poincaré 多项式

$$P_{C \otimes D}(t) = P_C(t) \cdot P_D(t).$$

**证明** 根据定理 1.3, 可以把 $C$ 与 $D$ 都换成有限多个初等链复形的直和. 例 1.2 与 1.3 说明, $H_*(C)$ 与 $H_*(D)$ 的有限部分对 $H_*(C \otimes D)$ 的 Betti 数没有贡献. 再用例 1.1 算出 $H_*(C)$ 与 $H_*(D)$ 的 Betti 数对 $H_*(C \otimes D)$ 的 Betti 数的贡献. □

域系数的情形, 根据第三章定理 6.14, 我们有

**推论 1.6** 设 $C, D$ 是自由链复形, $F$ 是域. 则域 $F$ 系数的 Betti 数

$$\beta_n^F(C \otimes D) = \sum_{p+q=n} \beta_p^F(C) \cdot \beta_q^F(D);$$

域 $F$ 系数的 Poincaré 多项式

$$P_{C \otimes D}^F(t) = P_C^F(t) \cdot P_D^F(t).$$ □

### 1.3 胞腔复形的乘积

有了自由链复形的张量积的概念, 第三章定理 4.8 可以说成:

**命题 1.7** 设 $X, Y$ 是胞腔复形, 胞腔的集合分别是 $\{e_i^p\}$ 和 $\{e_j'^q\}$. 则有

$$C_*(X \times Y) = C_*(X) \otimes C_*(Y).$$

我们今后常把左侧的有向胞腔 $e_i^p \times e_j'^q$ 与右侧的基元素 $e_i^p \otimes e_j'^q$ 等同起来, 不加区分. □

**命题 1.8** 设 $f : X \to X'$ 和 $g : Y \to Y'$ 都是胞腔复形之间的胞腔映射. 则 $f \times g : X \times Y \to X' \times Y'$ 也是胞腔映射, 并且胞腔链映射

$$(f \times g)_\#^C : C_*(X \times Y) \to C_*(X' \times Y')$$

正好就是张量积

$$f_\#^C \otimes g_\#^C : C_*(X) \otimes C_*(Y) \to C_*(X') \otimes C_*(Y').$$ □

从命题 1.7 和定理 1.4 立即得到

**推论 1.9 (Künneth 公式)**　设 $X, Y$ 是有限胞腔复形，并且 $H_*(Y)$ 是自由的. 那么

$$H_*(X \times Y) = H_*(X) \otimes H_*(Y), \quad H^*(X \times Y) = H^*(X) \otimes H^*(Y). \quad \square$$

**推论 1.10 (Betti 数的 Künneth 公式)**　设 $X, Y$ 是有限胞腔复形. 则 Betti 数

$$\beta_n(X \times Y) = \sum_{p+q=n} \beta_p(X) \cdot \beta_q(Y);$$

Poincaré 多项式

$$P_{X \times Y}(t) = P_X(t) \cdot P_Y(t). \quad \square$$

**习题 1.2**　计算下列空间的同调群和上同调群：$RP^2 \times RP^2$, $S^2 \times RP^5$, $CP^2 \times CP^3$, 以及 $n$ 维环面

$$T^n = \overbrace{S^1 \times \cdots \times S^1}^{n}.$$

**思考题 1.3**　设 $X, Y$ 是有限胞腔复形. 证明存在同构

$$H_n(X \times Y) \cong \bigoplus_{p+q=n} H_p(X; H_q(Y)),$$
$$H^n(X \times Y) \cong \bigoplus_{p+q=n} H^p(X; H^q(Y)).$$

**定义 1.3**　胞腔复形偶 $(X, A)$ 与 $(Y, B)$ 的乘积，规定为胞腔复形偶

$$(X, A) \times (Y, B) := (X \times Y, A \times Y \cup X \times B).$$

**例 1.4**　以 $I$ 记单位线段 $[0, 1]$，剖分成一个 1 维胞腔，两个 0 维胞腔. $\dot{I}$ 是其两端. 以 $I^n$ 记 $n$ 维方体，$\dot{I}^n$ 记其边缘. 则 $(I^n, \dot{I}^n) = (I, \dot{I}) \times \cdots \times (I, \dot{I})$ ($n$ 个相乘), $(I^p, \dot{I}^p) \times (I^q, \dot{I}^q) = (I^{p+q}, \dot{I}^{p+q})$.

**命题 1.11**　胞腔链复形 $C_*((X,A)\times(Y,B))=C_*(X,A)\otimes C_*(Y,B)$.　□

于是胞腔复形偶也有 Künneth 公式等等, 不赘述了.

### 1.4　下同调类的张量积

设 $C,D$ 是自由链复形, 基分别是 $\{c_i^p\}$ 和 $\{d_j^q\}$. 张量积链复形 $C\otimes D$ 引起了同调类之间的张量积运算.

**定义 1.4**　双线性函数

$$C_p \times D_q \xrightarrow{\ \otimes\ } (C\otimes D)_{p+q}$$

规定为 $(c_i^p, d_j^q)\mapsto c_i^p\otimes d_j^q$, 称为**下链的张量积**.

**命题 1.12**　下链的张量积的边缘公式是

$$\partial(a\otimes b)=(\partial a)\otimes b+(-1)^p a\otimes(\partial b), \qquad a\in C_p,\ b\in D_q.$$

因而诱导出下同调的张量积

$$H_p(C)\times H_q(D)\xrightarrow{\ \otimes\ } H_{p+q}(C\otimes D).$$

**证明**　边缘公式来自链复形 $C\otimes D$ 的定义. 从这边缘公式易见

$$Z_p(C)\times Z_q(D)\xrightarrow{\ \otimes\ } Z_{p+q}(C\otimes D),$$
$$B_p(C)\times Z_q(D)\xrightarrow{\ \otimes\ } B_{p+q}(C\otimes D),$$
$$Z_p(C)\times B_q(D)\xrightarrow{\ \otimes\ } B_{p+q}(C\otimes D).$$

由于张量积是双线性的, 我们可以过渡到同调群去, 定义**下同调类的张量积**

$$H_p(C)\times H_q(D)\xrightarrow{\ \otimes\ } H_{p+q}(C\otimes D),$$

$$[a_p]\otimes[b_q]:=[a_p\otimes b_q], \qquad \forall\, a_p\in Z_p(C),\ b_q\in Z_q(D).$$　□

**定理 1.13**　下同调张量积的基本性质:

(1) **结合性**　对于任意 $x \in H_p(C)$, $y \in H_q(D)$, $z \in H_r(E)$, 有

$$(x \otimes y) \otimes z = x \otimes (y \otimes z).$$

(2) **自然性**　设 $f: C \to C'$, $g: D \to D'$ 都是链映射. 对于任意 $x \in H_p(C)$, $y \in H_q(D)$, 有

$$(f \otimes g)_*(x \otimes y) = (f_*x) \otimes (g_*y).$$

**证明**　同调水平上的这些性质, 来自链的水平上的相应的性质. $\square$

## 1.5　上同调类的张量积

**定义 1.5**　双线性函数

$$C^p \times D^q \xrightarrow{\ \otimes\ } (C \otimes D)^{p+q}$$

规定为

$$\langle \alpha \otimes \beta, a \otimes b \rangle = \langle \alpha, a \rangle \cdot \langle \beta, b \rangle,$$

称为**上链的张量积**. 这个式子里 $\alpha \in C^p$, $\beta \in D^q$, $a \in C_{p'}$, $b \in D_{q'}$, 满足 $p+q = p'+q'$. 注意, 根据第二章定义 4.6 的约定, 上式右端只有当 $p = p'$ 且 $q = q'$ 时才可能不等于 0.

**命题 1.14**　上链的张量积的上边缘公式是

$$\delta(\alpha \otimes \beta) = (\delta\alpha) \otimes \beta + (-1)^p \alpha \otimes (\delta\beta), \qquad \alpha \in C^p,\ \beta \in D^q.$$

因而上链的张量积诱导出**上同调类的张量积**

$$H^p(C) \times H^q(D) \xrightarrow{\ \otimes\ } H^{p+q}(C \otimes D).$$

**证明**　对于任意的 $a \in C$, $b \in D$, 有

$$\langle \delta(\alpha \otimes \beta), a \otimes b \rangle = \langle \alpha \otimes \beta, \partial a \otimes b + (-1)^{|a|} a \otimes \partial b \rangle$$

$$= \langle \alpha, \partial a \rangle \langle \beta, b \rangle + (-1)^{|a|} \langle \alpha, a \rangle \langle \beta, \partial b \rangle$$

$$= \langle \delta \alpha, a \rangle \langle \beta, b \rangle + (-1)^{|\alpha|} \langle \alpha, a \rangle \langle \delta \beta, b \rangle$$

$$= \langle \delta \alpha \otimes \beta, a \otimes b \rangle + (-1)^{|\alpha|} \langle \alpha \otimes \delta \beta, a \otimes b \rangle$$

$$= \langle \delta \alpha \otimes \beta + (-1)^{|\alpha|} \alpha \otimes \delta \beta, a \otimes b \rangle.$$

因此得上边缘公式. 第二个结论是上边缘公式的直接推论, 理由与命题 1.12 中一样. □

**定理 1.15**　上同调张量积的基本性质:

(1) **结合性**　对于任意 $\xi \in H^p(C)$, $\eta \in H^q(D)$, $\zeta \in H^r(E)$, 有

$$(\xi \otimes \eta) \otimes \zeta = \xi \otimes (\eta \otimes \zeta).$$

(2) **与下同调张量积的配对**　对于任意 $\xi \in H^p(C)$, $\eta \in H^q(D)$, 和任意 $x \in H_p(C)$, $y \in H_q(D)$, 有

$$\langle \xi \otimes \eta, x \otimes y \rangle = \langle \xi, x \rangle \cdot \langle \eta, y \rangle.$$

(3) **自然性**　设 $f : C \to C'$, $g : D \to D'$ 都是链映射. 对于任意 $\xi' \in H^p(C')$, $\eta' \in H^q(D')$, 有

$$(f \otimes g)^*(\xi' \otimes \eta') = (f^*\xi') \otimes (g^*\eta').$$

**证明**　上同调水平的这些性质, 来自上链水平的相应的性质. □

## 1.6　上下同调类的斜积

还可以定义一些别开生面的双线性运算. 我们有机会用到下面这一种.

**定义 1.6**　双线性函数

$$D^q \times (C \otimes D)_{p+q} \xrightarrow{\ \backslash\ } C_p$$

规定为

$$\beta \backslash (a \otimes b) = \langle \beta, b \rangle \cdot a,$$

称为**上下链的斜积**.

**命题 1.16**  上下链的斜积的边缘公式是

$$\partial(\beta \backslash c) = (-1)^p (\delta \beta) \backslash c + \beta \backslash (\partial c), \qquad \beta \in D^q, \ c \in (C \otimes D)_{p+q}.$$

因而链的斜积诱导出上下同调类的斜积

$$H^q(D) \times H_{p+q}(C \otimes D) \xrightarrow{\ \backslash\ } H_p(C).$$

**证明**  设 $c = \sum_i a_i \otimes b_i$, $a_i \in C$, $b_i \in D$. 则

$$\begin{aligned}
\beta \backslash \partial c &= \beta \backslash \sum \{ \partial a_i \otimes b_i + (-1)^{|a_i|} a_i \otimes \partial b_i \} \\
&= \sum \langle \beta, b_i \rangle \partial a_i + \sum (-1)^{|c|-|b_i|} \langle \beta, \partial b_i \rangle a_i \\
&= \partial \sum \langle \beta, b_i \rangle a_i + \sum (-1)^{|c|-|\beta|-1} \langle \delta\beta, b_i \rangle a_i \\
&= \partial(\beta \backslash c) - (-1)^{|c|-|\beta|} \delta\beta \backslash c.
\end{aligned}$$

因此得边缘公式. 第二个结论是边缘公式的直接推论, 理由与命题 1.12 中一样. $\qquad\square$

**定理 1.17**  斜积的基本性质:

(1) **结合性**  对于任意 $\eta \in H^q(D)$, $\zeta \in H^r(E)$, $w \in H_{p+q+r}(C \otimes D \otimes E)$, 有

$$(\eta \otimes \zeta) \backslash w = \eta \backslash (\zeta \backslash w).$$

(2) **对偶性**  对于任意 $\xi \in H^p(C)$, $\eta \in H^q(D)$, $z \in H_{p+q}(C \otimes D)$, 有

$$\langle \xi \otimes \eta, z \rangle = \langle \xi, \eta \backslash z \rangle.$$

(3) **自然性**  设 $f : C \to C'$, $g : D \to D'$ 都是链映射. 对于任意 $\eta' \in H^q(D')$, $z \in H_{p+q}(C \otimes D)$, 有

$$f_*((g^* \eta') \backslash z) = \eta' \backslash (f \times g)_* z.$$

**证明** 这些性质来自链的水平上的相应的性质. 自然性最好用交换图表来表达:

$$
\begin{array}{ccc}
D^q \times (C \otimes D)_{p+q} & \xrightarrow{\ \backslash\ } & C_p \\
{\scriptstyle g^\bullet}\uparrow \quad {\scriptstyle f \otimes g}\downarrow & & \downarrow{\scriptstyle f} \\
D'^q \times (C' \otimes D')_{p+q} & \xrightarrow{\ \backslash\ } & C'_p
\end{array}
\qquad \square
$$

### 1.7 胞腔同调中, 同调类的乘积

设 $X, Y$ 是胞腔复形. 由于积复形 $X \times Y$ 的胞腔链复形 $C_*(X \times Y) = C_*(X) \otimes C_*(Y)$, 上述的三种乘积给出胞腔同调中的三种双线性运算. 它们有习惯的名称和记号, 分别是

下同调**叉积**: $\quad H_p(X) \times H_q(Y) \xrightarrow{\ \times\ } H_{p+q}(X \times Y)$,

上同调**叉积**: $\quad H^p(X) \times H^q(Y) \xrightarrow{\ \times\ } H^{p+q}(X \times Y)$,

上下同调的**斜积**: $H^q(Y) \times H_{p+q}(X \times Y) \xrightarrow{\ \backslash\ } H_p(X)$.

## §2 胞腔上同调中的上积与卡积

本节的目的是在胞腔同调论里讲乘法 (上积与卡积), 下一节则将在奇异同调论里讲. 两种讲法各有特色, 相辅相成. 后者在代数上比较简捷, 前者则更富于哲理和几何直观.

以 $\Delta : X \to X \times X$, $x \mapsto (x,x)$ 记胞腔复形 $X$ 的**对角线映射**. 它所诱导的下同调同态 $\Delta_* : H_*(X) \to H_*(X \times X)$ 和上同调同态 $\Delta^* : H^*(X \times X) \to H^*(X)$, 和胞腔同调的叉积与斜积结合起来, 分别得出同调水平上的上积与卡积, 使 $X$ 的上同调成为一个环, 使下同调成为上同调环的一个模.

这里有两点值得注意. 首先, 尽管同调更贴近几何形象, 上同调却在拓扑学中更有用, 主要原因就是有上积, 使上同调构成环,

有更丰富的代数结构从而携带更多的信息. 究其根源, 在于上同调是反变函子, 对角线同态 $\Delta^*$ 与上同调叉积能够衔接, 形成双线性的乘法. 下同调由于是协变的, 对角线同态 $\Delta_*$ 与下同调叉积就不能相接. 反变的有时比协变的好用, 这是一个范例.

其次, 由于 $\Delta$ 不是胞腔映射, 我们只能在胞腔同调的水平上引进上积与卡积. 如果想要在胞腔链的水平上引进上积与卡积, 必须借助于 $\Delta$ 的胞腔逼近. 由于 Alexander 和 Whitney 对于有序单纯复形找到了 $\Delta$ 的一个好用的胞腔逼近, 才打开了定义奇异链的上积与卡积的思路.

## 2.1 上积

设 $X$ 是胞腔复形. 以 $\Delta : X \to X \times X,\ x \mapsto (x, x)$ 记 $X$ 的对角线映射. $\Delta$ 诱导下同调同态 $\Delta_* : H_*(X) \to H_*(X \times X)$ 和上同调同态 $\Delta^* : H^*(X \times X) \to H^*(X)$.

**定义 2.1**  下面的交换图表定义了一个双线性运算 $H^p(X) \times H^q(X) \xrightarrow{\smile} H^{p+q}(X)$, 称为 $X$ 的上同调的**上积**:

$$
\begin{array}{ccc}
H^p(X) \times H^q(X) & \xrightarrow{\smile} & H^{p+q}(X) \\
{\scriptstyle \times} \downarrow & & \| \\
H^{p+q}(X \times X) & \xrightarrow{\Delta^*} & H^{p+q}(X).
\end{array}
$$

如果用上链来描写, 就要先取对角线映射 $\Delta : X \to X \times X$ 的一个胞腔逼近 $\widetilde{\Delta} : X \to X \times X$. 对于 $\alpha \in Z^p(X)$ 与 $\beta \in Z^q(X)$, 有

$$[\alpha] \smile [\beta] = [\widetilde{\Delta}^{\#}(\alpha \times \beta)].$$

**定理 2.1**  上积的基本性质:

(1) **结合性**  对于任意 $\xi_1, \xi_2, \xi_3 \in H^*(X)$, 有

$$(\xi_1 \smile \xi_2) \smile \xi_3 = \xi_1 \smile (\xi_2 \smile \xi_3).$$

(2) **有单位** 以 $\epsilon = \epsilon_X \in C^0(X)$ 记在 $X$ 的每个 0 维胞腔上取值都是 1 的胞腔上链. 它是上闭链, 因而也是上同调类, 我们写成 $\epsilon \in Z^0(X) = H^0(X)$. 它是上积的单位, 即

$$\epsilon \smile \xi = \xi = \xi \smile \epsilon, \qquad 对于任意 \xi \in H^*(X).$$

(3) **自然性** 映射保持上积, 也保持单位. 在映射 $f : X \to Y$ 下, 对于任意 $\eta_1, \eta_2 \in H^*(Y)$, 有

$$f^*(\eta_1 \smile \eta_2) = (f^*\eta_1) \smile (f^*\eta_2), \qquad f^*(\epsilon_Y) = \epsilon_X.$$

(4) **交换性** 对于任意 $\xi_1 \in H^p(X), \xi_2 \in H^q(X)$, 有

$$\xi_1 \smile \xi_2 = (-1)^{pq} \xi_2 \smile \xi_1.$$

**证明** 结合性与自然性容易从上同调叉积的相应性质证得.

有单位: 利用常值映射 $\mathrm{const} : X \to \mathrm{pt}$, 我们有交换图表

$$
\begin{array}{ccccc}
H^p(X) \times H^0(X) & \xrightarrow{\times} & H^p(X \times X) & \xrightarrow{\Delta^*} & H^p(X) \\[2pt]
\Big\uparrow{\mathrm{id}^*} \quad \Big\uparrow{\mathrm{const}^*} & & \Big\uparrow{(\mathrm{id}\times\mathrm{const})^*} & & \Big\| \\[2pt]
H^p(X) \times H^0(\mathrm{pt}) & \xrightarrow{\times} & H^p(X) & =\!=\!= & H^p(X)
\end{array}
$$

左下角的元素 $(\xi, \epsilon_{\mathrm{pt}})$ 映到右上角成为 $\xi \smile \epsilon_X$. 但是从定义容易算出下面那行的叉积, $\xi \times \epsilon_{\mathrm{pt}} = \xi$. 事实上, 在上链的水平就有 $\alpha \times \epsilon_{\mathrm{pt}} = \alpha$, 对任意上链 $\alpha \in C^*(X)$ 都成立. 这就证明了第二个等号. 第一个等号的证明是类似的.

交换性: 设 $t : X \times X \to X \times X, (u,v) \mapsto (v,u)$ 是交换两个因子的映射. 我们有

$$
\begin{aligned}
\xi_1 \smile \xi_2 &= \Delta^*(\xi_1 \times \xi_2) & &\text{上积的定义 2.1} \\
&= \Delta^* t^*(\xi_1 \times \xi_2) & &\text{因为 } \Delta = t \circ \Delta \\
&= (-1)^{|\xi_1||\xi_2|} \Delta^*(\xi_2 \times \xi_1) & &\text{第三章命题 4.9} \\
&= (-1)^{|\xi_1||\xi_2|} \xi_2 \smile \xi_1 & &\text{上积的定义 2.1}
\end{aligned}
$$

用交换图表来表示:

$$
\begin{array}{ccc}
H^p(X) \times H^q(X) & \xrightarrow{\ \times\ } H^{p+q}(X \times X) \xrightarrow{\ \Delta^*\ } H^{p+q}(X) \\
\end{array}
$$

$$
H^p(X) \times H^q(X) \xrightarrow{\ \times\ } H^{p+q}(X \times X) \xrightarrow{\ \Delta^*\ } H^{p+q}(X)
$$

$(-1)^{pq}$ 换位 $\Big\uparrow$ $\qquad\qquad\qquad t^* \Big\uparrow \qquad\qquad\qquad \Big\|$

$$
H^q(X) \times H^p(X) \xrightarrow{\ \times\ } H^{q+p}(X \times X) \xrightarrow{\ \Delta^*\ } H^{p+q}(X) \qquad \square
$$

## 2.2 卡积

**定义 2.2**　下面的交换图表定义了一个双线性运算

$$
H^q(X) \times H_{p+q}(X) \xrightarrow{\ \frown\ } H_p(X),
$$

称为 $X$ 的上下同调的**卡积**:

$$
\begin{array}{ccc}
H^q(X) \times & H_{p+q}(X) & \xrightarrow{\ \frown\ } & H_p(X) \\
\Big\| & \Delta_* \Big\downarrow & & \Big\| \\
H^q(X) \times & H_{p+q}(X \times X) & \xrightarrow{\ \backslash\ } & H_p(X).
\end{array}
$$

如果用链来描写, 也要先取对角线映射 $\Delta : X \to X \times X$ 的一个胞腔逼近 $\widetilde{\Delta} : X \to X \times X$. 对于 $\beta \in Z^q(X)$ 与 $a \in Z_{p+q}(X)$, 有

$$
[\beta] \frown [a] = [\beta \backslash \widetilde{\Delta}_\#(a)].
$$

**定理 2.2**　卡积的基本性质:

(1) **结合性**　对于任意 $\xi_1 \in H^*(X), \xi_2 \in H^*(X), x \in H_*(X)$, 有

$$
(\xi_1 \smile \xi_2) \frown x = \xi_1 \frown (\xi_2 \frown x).
$$

(2) **对偶性**　对于任意 $\xi_1 \in H^*(X), \xi_2 \in H^*(X), x \in H_*(X)$, 有

$$
\langle \xi_1 \smile \xi_2, x \rangle = \langle \xi_1, \xi_2 \frown x \rangle.
$$

(3) **有单位**　上积的单位 $\epsilon \in H^0(X)$ 也是卡积的单位, 即

$$
\epsilon \frown x = x, \qquad \text{对于任意 } x \in H_*(X).
$$

(4) **自然性**　设 $f : X \to Y$ 是映射. 对于任意 $\eta \in H^*(Y)$, $x \in H_*(X)$, 有

$$f_*((f^*\eta) \frown x) = \eta \frown (f_*x).$$

证明留给读者.

## 2.3　闭单形的棱柱剖分

对于有序单纯复形 $K$, Alexander 与 Whitney 找到了一种巧妙的办法, 构作出对角线映射 $\Delta : K \to K \times K$ 的一个好的胞腔逼近 $\Delta' : K \to K \times K$. 利用这个胞腔逼近, 就能按照定义 2.1 与 2.2 中指出的方式来定义链的水平上的上积与卡积.

现在来介绍 Alexander 与 Whitney 的做法.

设 $\bar{s} = \bar{s}^n$ 是 $n$ 维闭单形, 其顶点已排好了顺序 $a_0, \cdots, a_n$. 我们来把 $|\bar{s}^n|$ 剖分成由棱柱状胞腔组成的胞腔复形. 对于 $0 \le p \le n$, 以 $_p\bar{s}$ 记 $a_0, \cdots, a_p$ 所张成的闭单形, 称为 $\bar{s}$ 的前 $p$ 维面; 以 $\bar{s}_{n-p}$ 记 $a_p, \cdots, a_n$ 所张成的闭单形, 称为 $\bar{s}$ 的后 $n - p$ 维面.

首先把顶点 $a_i$ 改记作 $a_{ii}$, 并以 $a_{ij}$ 记棱 $a_{ii}a_{jj}$ 的中点, $0 \le i < j \le n$, 它们是新添的顶点, 如图 4.2. $(p+1)(q+1)$ 个顶点 $\{a_{ij} \mid i = i_0, \cdots, i_p, \ j = j_0, \cdots, j_q\}$ 张起 $|\bar{s}^n|$ 的一个棱柱状的 $p + q$ 维

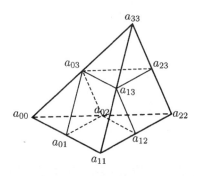

图 4.2　棱柱剖分

凸胞腔. 我们把满足条件 $i_0 < \cdots < i_p \leq j_0 < \cdots < j_q$ 的这种胞腔放在一起, 记作 $P(\bar{s}^n)$. 下面的命题说明 $P(\bar{s}^n)$ 是 $|\bar{s}^n|$ 的一个胞腔剖分, 称为 $|\bar{s}^n|$ 的**棱柱剖分**. 注意, 这个剖分是依赖于 $\bar{s}^n$ 的顶点顺序的.

**命题 2.3** 存在一个胞腔映射 $\Delta' : \bar{s}^n \to \bar{s}^n \times \bar{s}^n$, 把 $|\bar{s}^n|$ 同胚地映成 $\bigcup\limits_{p=0}^{n} |_p\bar{s}| \times |\bar{s}_{n-p}|$. $P(\bar{s}^n)$ 恰好是胞腔复形 $\bigcup\limits_{p=0}^{n} {}_p\bar{s} \times \bar{s}_{n-p}$ 在 $\Delta'$ 下的原像.

胞腔链映射 $\Delta'_{\#} : C_*(\bar{s}^n) \to C_*(\bar{s}^n \times \bar{s}^n)$ 满足

$$\Delta'_{\#}(s^n) = \sum_{p=0}^{n} {}_ps \times s_{n-p}.$$

**证明** $|\bar{s}|$ 中的点可以用重心坐标写成 $x = \sum\limits_{i=0}^{n} x_i a_i,\ \forall x_i \geq 0,$ $\sum\limits_{i=0}^{n} x_i = 1$. 它可以唯一的方式写成

$$\sum_{i=0}^{n} x_i a_i = \frac{1}{2}\sum_{i=0}^{p} y_i a_i + \frac{1}{2}\sum_{i=p}^{n} z_i a_i,$$

其中 $\forall y_i \geq 0,\ \sum\limits_{i=0}^{p} y_i = 1,\ \forall z_i \geq 0,\ \sum\limits_{i=p}^{n} z_i = 1$. 也就是说, 点 $x \in |\bar{s}|$ 可以唯一的方式写成 $x = \dfrac{y+z}{2},\ y \in |_p\bar{s}|,\ z \in |\bar{s}_{n-p}|$. $\Big($ 确定 $p$ 的原则: $\sum\limits_{i=0}^{p-1} x_i \leq \dfrac{1}{2}$ 而 $\sum\limits_{i=0}^{p} x_i \geq \dfrac{1}{2}$.$\Big)$

定义映射 $\Delta' : |\bar{s}| \to |\bar{s}| \times |\bar{s}|$ 如下:

$$\Delta'(x) = (y, z), \qquad 当 x = \frac{y+z}{2},\ y \in |_p\bar{s}|,\ z \in |\bar{s}_{n-p}|.$$

不难看出 $\Delta'$ 是连续的, 是嵌入, 并且是个胞腔映射 $\bar{s}^n \to \bar{s}^n \times \bar{s}^n$, 把 $\bar{s}$ 映成胞腔子复形 $\bigcup\limits_{p=0}^{n} {}_p\bar{s} \times \bar{s}_{n-p}$.

显然 $\Delta'(a_{ij}) = (a_i, a_j)$, 而且 $\Delta'$ 恰好是 $P(\bar{s}^n)$ 与 $\bigcup\limits_{p=0}^{n} {}_p\bar{s} \times \bar{s}_{n-p}$ 之间的同构.

考察各胞腔的定向，得到

$$\Delta'_\#(a_0 \cdots a_n) = \sum_{p=0}^{n} (a_0 \cdots a_p) \times (a_p \cdots a_n). \qquad \Box$$

## 2.4  Alexander-Whitney 链映射

设 $K$ 是有序单纯复形. 对于 $K$ 的每个有序单形 $s$ 我们已有命题 2.3 中的胞腔映射 $\Delta'_s : \bar{s} \to \bar{s} \times \bar{s}$. 如果 $t$ 是 $s$ 的面, 由于两者的顶点顺序是一致的, 所以 $\Delta'_s$ 与 $\Delta'_t$ 在 $|\bar{t}|$ 上是相同的. 于是所有这些 $\Delta'_s$ 能够拼成一个胞腔映射 $\Delta' : K \to K \times K$. 它把 $K$ 的每一个闭单形 $|\bar{s}^n|$ 同胚地映成 $\bigcup_{p=0}^{n} |_p\bar{s}| \times |\bar{s}_{n-p}|$.

**命题 2.4**  胞腔映射 $\Delta' : K \to K \times K$ 是对角线映射 $\Delta : K \to K \times K$ 的胞腔逼近. 其链映射 $\Delta'_\# : C_*(K) \to C_*(K \times K)$ 称为有序单纯复形 $K$ 的 **Alexander-Whitney 链映射**, 记作 $\mathrm{AW} : C_*(K) \to C_*(K \times K)$, 表达式是

$$\mathrm{AW}(s^n) = \Delta'_\#(s^n) = \sum_{p=0}^{n} {}_ps \times s_{n-p}, \qquad \text{对于 } K \text{ 的每个有序单形 } s^n.$$

**证明**  根据命题 2.3, 对于每一点 $x \in |\bar{s}|$, $\Delta'(x)$ 与对角线上的点 $(x, x)$ 同在凸集 $|\bar{s}| \times |\bar{s}|$ 中, 可用直线段相连. 因此 $\Delta'$ 与对角线映射同伦, $\Delta' \simeq \Delta : K \to K \times K$. 这说明 $\Delta'$ 是 $\Delta : K \to K \times K$ 的胞腔逼近, 其链映射的表达式也来自命题 2.3. $\qquad \Box$

根据定义 2.1 与 2.2, 如果想要在链的水平上定义上积和卡积, 我们应该采取

$$\alpha \smile \beta := \Delta'^\#(\alpha \times \beta), \qquad \beta \frown s := \beta \backslash \Delta'_\#(s).$$

下面的命题告诉我们, 在有序单纯复形上我们应该怎么做.

**命题 2.5**  设 $K$ 是有序单纯复形. 设 $\alpha \in C^p(K)$, $\beta \in C^q(K)$ 是

单纯上链, $s$ 是 $p+q$ 维有序单形. 则我们应该规定

$$\langle \alpha \smile \beta, s \rangle := \langle \Delta'^{\#}(\alpha \times \beta), s \rangle = \langle \alpha \times \beta, \mathrm{AW}(s) \rangle = \langle \alpha, {}_p s \rangle \cdot \langle \beta, s_q \rangle.$$

$$\beta \frown s := \beta \backslash \Delta'_{\#}(s) = \beta \backslash \mathrm{AW}(s) = \langle \beta, s_q \rangle \cdot {}_p s. \qquad \square$$

# §3　奇异上同调中的乘法

现在我们讨论奇异同调. 我们先定义奇异上链的上积、奇异上链与下链的卡积, 然后讨论上同调的上积、上下同调的卡积的性质. 最后, 为了实际计算而引进准单纯复形的概念.

## 3.1　奇异上链的上积与卡积

**定义 3.1**　设 $\sigma : \Delta_n \to X$ 是拓扑空间 $X$ 中的 $n$ 维奇异单形. 对于 $0 \le p \le n$, 以 ${}_p \sigma$ 记奇异单形 $\sigma \circ (e_0 \cdots e_p) : \Delta_p \to X$, 称为 $\sigma$ 的**前 $p$ 维面**; 以 $\sigma_{n-p}$ 记奇异单形 $\sigma \circ (e_p \cdots e_n) : \Delta_{n-p} \to X$, 称为 $\sigma$ 的**后 $n-p$ 维面**.

**定义 3.2**　设 $X$ 是拓扑空间. 设 $\alpha \in S^p(X), \beta \in S^q(X)$ 是 $X$ 的奇异上链. 定义它们的**上积** $\alpha \smile \beta \in S^{p+q}(X)$ 为如下的奇异上链, 它在 $p+q$ 维奇异单形 $\sigma$ 上的值是

$$\langle \alpha \smile \beta, \sigma \rangle = \langle \alpha, \sigma \circ (e_0 \cdots e_p) \rangle \cdot \langle \beta, \sigma \circ (e_p \cdots e_{p+q}) \rangle,$$

或者说

$$\langle \alpha \smile \beta, \sigma \rangle = \langle \alpha, {}_p \sigma \rangle \cdot \langle \beta, \sigma_q \rangle.$$

这样得到一个双线性的上积运算 $S^p(X) \times S^q(X) \to S^{p+q}(X)$.

**命题 3.1**　对于 $\alpha \in S^p(X), \beta \in S^q(X)$, 上积的上边缘公式是

$$\delta(\alpha \smile \beta) = (\delta \alpha) \smile \beta + (-1)^p \alpha \smile (\delta \beta).$$

因而上链的上积诱导出**上同调的上积**

$$H^p(X) \times H^q(X) \overset{\smile}{\longrightarrow} H^{p+q}(X).$$

**证明**　计算这个上边缘在 $p+q+1$ 维奇异单形 $\sigma : \Delta_{p+q+1} \to X$ 上的值：

$$\langle \delta(\alpha \smile \beta), \sigma \rangle = \langle \alpha \smile \beta, \partial\sigma \rangle$$

$$= \sum_{i=0}^{p+q+1} (-1)^i \langle \alpha \smile \beta, \sigma \circ (e_0 \cdots \widehat{e_i} \cdots e_{p+q+1}) \rangle$$

$$= \sum_{i=0}^{p+1} (-1)^i \langle \alpha, \sigma \circ (e_0 \cdots \widehat{e_i} \cdots e_{p+1}) \rangle \langle \beta, \sigma \circ (e_{p+1} \cdots e_{p+q+1}) \rangle$$

$$+ \sum_{i=p}^{p+q+1} (-1)^i \langle \alpha, \sigma \circ (e_0 \cdots e_p) \rangle \langle \beta, \sigma \circ (e_p \cdots \widehat{e_i} \cdots e_{p+q+1}) \rangle$$

$$= \langle \alpha, \partial_{p+1}\sigma \rangle \langle \beta, \sigma_q \rangle + (-1)^p \langle \alpha, {}_p\sigma \rangle \langle \beta, \partial\sigma_{q+1} \rangle$$

$$= \langle \delta\alpha, {}_{p+1}\sigma \rangle \langle \beta, \sigma_q \rangle + (-1)^p \langle \alpha, {}_p\sigma \rangle \langle \delta\beta, \sigma_{q+1} \rangle$$

$$= \langle (\delta\alpha) \smile \beta + (-1)^p \alpha \smile (\delta\beta), \sigma \rangle.$$

因此得上边缘公式.

第二个结论是上边缘公式的直接推论，因为从上边缘公式易见

$$Z^p(X) \times Z^q(X) \overset{\smile}{\longrightarrow} Z^{p+q}(X),$$

$$B^p(X) \times Z^q(X) \overset{\smile}{\longrightarrow} B^{p+q}(X),$$

$$Z^p(X) \times B^q(X) \overset{\smile}{\longrightarrow} B^{p+q}(X).$$

由于上积是双线性的，我们可以过渡到上同调群去，定义

$$H^p(X) \times H^q(X) \overset{\smile}{\longrightarrow} H^{p+q}(X),$$

$$[\alpha] \smile [\beta] := [\alpha \smile \beta], \qquad \forall\, \alpha \in Z^p(X),\ \beta \in Z^q(X). \qquad \square$$

**定义 3.3**　设 $X$ 是拓扑空间. 设 $\beta \in S^q(X)$ 是 $X$ 的奇异上链,

$\sigma$ 是 $X$ 的 $p+q$ 维奇异单形. 定义它们的**卡积** $\beta \frown \sigma \in S_p(X)$ 为

$$\beta \frown \sigma = \langle \beta, \sigma \circ (e_p \cdots e_{p+q}) \rangle \cdot \sigma \circ (e_0 \cdots e_p), \quad \text{即 } \beta \frown \sigma = \langle \beta, \sigma_q \rangle \cdot {}_p\sigma.$$

这样得到一个双线性的卡积运算 $S^q(X) \times S_{p+q}(X) \to S_p(X)$.

**命题 3.2**　对于 $\beta \in S^q(X)$, $p+q$ 维奇异单形 $\sigma : \Delta_{p+q} \to X$, 卡积的边缘公式是

$$\partial(\beta \frown \sigma) = (-1)^p (\delta\beta) \frown \sigma + \beta \frown (\partial\sigma).$$

因而上下链的卡积诱导出**上下同调的卡积**

$$H^q(X) \times H_{p+q}(X) \xrightarrow{\ \frown\ } H_p(X).$$

**证明**　直接计算

$$\begin{aligned}
\beta \frown \partial\sigma &= \sum_{i=0}^{p+q} (-1)^i \beta \frown \sigma \circ (e_0 \cdots \widehat{e_i} \cdots e_{p+q}) \\
&= \sum_{i=0}^{p} (-1)^i \langle \beta, \sigma \circ (e_p \cdots e_{p+q}) \rangle \sigma \circ (e_0 \cdots \widehat{e_i} \cdots e_p) \\
&\quad + \sum_{i=p-1}^{p+q} (-1)^i \langle \beta, \sigma \circ (e_{p-1} \cdots \widehat{e_i} \cdots e_{p+q}) \rangle \sigma \circ (e_0 \cdots e_{p-1}) \\
&= \partial \langle \beta, \sigma_q \rangle_p \sigma + (-1)^{p-1} \langle \beta, \partial\sigma_{q+1} \rangle_{p-1} \sigma \\
&= \partial(\beta \frown \sigma) + (-1)^{p-1} (\delta\beta) \frown \sigma.
\end{aligned}$$

因此得边缘公式. 第二个结论是边缘公式的直接推论. □

链的水平的上积与卡积有很好的性质. 下面两个定理都能从定义 3.2 和 3.3 直接验证.

**定理 3.3**　上链的上积的基本性质. 设 $X$ 是拓扑空间.

(1) **结合性**　对于任意 $\alpha_1, \alpha_2, \alpha_3 \in S^*(X)$, 有

$$(\alpha_1 \smile \alpha_2) \smile \alpha_3 = \alpha_1 \smile (\alpha_2 \smile \alpha_3).$$

(2) **有单位**  以 $\epsilon = \epsilon_X \in S^0(X)$ 记在 $X$ 的每个点上取值都是 1 的 0 维奇异上链. 这个 $\epsilon \in S^0(X)$ 是上链上积的单位, 即

$$\epsilon \smile \alpha = \alpha = \alpha \smile \epsilon, \qquad \text{对于任意 } \alpha \in S^*(X).$$

(3) **自然性**  设 $f : X \to Y$ 是映射. 对于任意 $\beta_1, \beta_2 \in S^*(Y)$, 有

$$f^\#(\beta_1 \smile \beta_2) = (f^\# \beta_1) \smile (f^\# \beta_2),$$

并且 $f^\#(\epsilon_Y) = \epsilon_X$. □

**定理 3.4**    链的卡积的基本性质. 设 X 是拓扑空间.

(1) **结合性**  对于任意 $\alpha_1 \in S^*(X), \alpha_2 \in S^*(X), c \in S_*(X)$, 有

$$(\alpha_1 \smile \alpha_2) \frown c = \alpha_1 \frown (\alpha_2 \frown c).$$

(2) **对偶性**  对于任意 $\alpha_1 \in S^*(X), \alpha_2 \in S^*(X), c \in S_*(X)$, 有

$$\langle \alpha_1 \smile \alpha_2, c \rangle = \langle \alpha_1, \alpha_2 \frown c \rangle.$$

(3) **有单位**  上积的单位 $\epsilon \in S^0(X)$ 也是卡积的单位, 即

$$\epsilon \frown c = c, \quad \text{对于任意 } c \in S_*(X).$$

(4) **自然性**  设 $f : X \to Y$ 是映射. 对于任意 $\beta \in S^*(Y), c \in S_*(X)$, 有

$$\beta \frown (f_\# c) = f_\#((f^\# \beta) \frown c).$$ □

卡积的自然性从公式看似乎很别扭, 用交换图表来表达却的确很自然:

$$
\begin{array}{ccc}
S^q(X) \times S_{p+q}(X) & \xrightarrow{\frown} & S_p(X) \\
f^\# \uparrow \quad f_\# \downarrow & & \downarrow f_\# \\
S^q(Y) \times S_{p+q}(Y) & \xrightarrow{\frown} & S_p(Y)
\end{array}
$$

## 3.2 在上同调的水平上, 上积与卡积的基本性质

从定理 3.3 与 3.4 立即得到在同调的水平上, 上积与卡积的基本性质.

**定理 3.5** 上积的基本性质. 设 X 是拓扑空间.

(1) **结合性** 对于任意 $\xi_1, \xi_2, \xi_3 \in H^*(X)$, 有

$$(\xi_1 \smile \xi_2) \smile \xi_3 = \xi_1 \smile (\xi_2 \smile \xi_3).$$

(2) **有单位** $\epsilon \in H^0(X)$ 是上积的单位. 对于任意 $\xi \in H^*(X)$, 有

$$\epsilon \smile \xi = \xi = \xi \smile \epsilon.$$

(3) **自然性** 设 $f : X \to Y$ 是映射. 对于任意 $\eta_1, \eta_2 \in H^*(Y)$, 有

$$f^*(\eta_1 \smile \eta_2) = (f^*\eta_1) \smile (f^*\eta_2),$$

并且 $f^*(\epsilon_Y) = \epsilon_X$. $\square$

**定理 3.6** 卡积的基本性质. 设 X 是拓扑空间.

(1) **结合性** 对于任意 $\xi_1 \in H^*(X), \xi_2 \in H^*(X), x \in H_*(X)$, 有

$$(\xi_1 \smile \xi_2) \frown x = \xi_1 \frown (\xi_2 \frown x).$$

(2) **对偶性** 对于任意 $\xi_1 \in H^*(X), \xi_2 \in H^*(X), x \in H_*(X)$, 有

$$\langle \xi_1 \smile \xi_2, x \rangle = \langle \xi_1, \xi_2 \frown x \rangle.$$

(3) **有单位** 上积的单位 $\epsilon \in H^0(X)$ 也是卡积的单位, 即

$$\epsilon \frown x = x, \quad 对于任意 x \in H_*(X).$$

(4) **自然性** 设 $f : X \to Y$ 是映射. 对于任意 $\eta \in H^*(Y), x \in H_*(X)$, 有

$$\beta \frown (f_*x) = f_*((f^*\eta) \frown x). \qquad \square$$

### 3.3 分次环与分次模, 上同调环与下同调模

回顾第一章第 2 节中的概念: 分次群 $G_* = \{G_q \mid q \in \mathbf{Z}\}$ 是一个 Abel 群序列; 分次群的同态 $\phi_* : G_* \to G'_*$ 是指一个同态序列 $\{\phi_q : G_q \to G'_q\}$. 这个概念可以推广到环与模.

**定义 3.4** 一个**分次环** $R_* = \{R_q \mid q \in \mathbf{Z}\}$ 是指 $R_*$ 是一个分次群, 并且有一系列的双线性乘法 $\mu_{p,q} : R_p \times R_q \to R_{p+q}$, $\forall p, q \in \mathbf{Z}$, 满足以下公理 ($\mu_{p,q}(\alpha_p, \beta_q)$ 简记作 $\alpha_p \cdot \beta_q$):

(1) **结合律** 对于任意的 $\alpha \in R_p$, $\beta \in R_q$, $\gamma \in R_r$, 有

$$(\alpha \cdot \beta) \cdot \gamma = \alpha \cdot (\beta \cdot \gamma).$$

(2) **有单位** 存在单位元 $1 \in R_0$, 使得对于任意的 $\alpha \in R_p$, 有

$$1 \cdot \alpha = \alpha \cdot 1 = \alpha.$$

分次环 $R_* = \{R_q \mid q \in \mathbf{Z}\}$ 称为是**交换的**, 如果对于任意的 $\alpha \in R_p$, $\beta \in R_q$, 有

$$\alpha \cdot \beta = (-1)^{pq} \beta \cdot \alpha.$$

**分次环的同态** $\phi_* : R_* \to R'_*$ 是指一个分次群同态 $\{\phi_q : R_q \to R'_q\}$, 满足以下公理:

(1) **保持乘法** 对于任意的 $\alpha \in R_p$, $\beta \in R_q$, 有

$$\phi_{p+q}(\alpha \cdot \beta) = \phi_p(\alpha) \cdot \phi_q(\beta).$$

(2) **保持单位** $\phi_0(1_{R_*}) = 1_{R'_*}$.

以 {分次环, 同态} 表示由分次环及其同态组成的范畴.

**定义 3.5** 设 $R_* = \{R_q \mid q \in \mathbf{Z}\}$ 是一个分次环. $R_*$ 上的一个**分次模** $M_* = \{M_q \mid q \in \mathbf{Z}\}$ 是指 $M_*$ 是一个分次群, 并且有一系列的双线性乘法 $\sigma_{p,q} : R_p \times M_q \to M_{p+q}$, $\forall p, q \in \mathbf{Z}$, 满足以下公理 ($\sigma_{p,q}(\alpha_p, x_q)$ 简记作 $\alpha_p x_q$):

(1) **结合律** 对于任意的 $\alpha \in R_p$, $\beta \in R_q$, $x \in M_r$, 有

$$(\alpha \cdot \beta)x = \alpha(\beta x).$$

(2) **单位律** 对于单位元 $1 \in R_0$ 和任意的 $x \in M_q$, 有

$$1x = x.$$

$R_*$ 上分次模的同态 $f_* : M_* \to M'_*$ 是指一个分次群同态 $\{f_q : M_q \to M'_q\}$, 它保持乘法: 对于任意的 $\alpha \in R_p$, $x \in M_q$, 有

$$f_{p+q}(\alpha x) = \alpha f_q(x).$$

利用这些概念, 我们说奇异上链复形 $S^*(X)$ 在上积运算下成为一个分次环, 奇异链复形 $S_*(X)$ 在卡积运算下成为上链环 $S^*(X)$ 上的一个分次模. (指标规则是把 $S^q(K)$ 看成 $R_{-q}$, 把 $S_q(K)$ 看成 $M_q$.) 过渡到上同调, 我们将证明上同调的上积还是交换的. 于是可以把上积与卡积的性质概括成下面的定理.

**定理 3.7** 设 $X$ 是拓扑空间. 上同调群 $H^*(X)$ 在上积运算下成为一个交换的分次环, 称为 $X$ 的**上同调环**. 映射 $f : X \to Y$ 诱导上同调环的同态 $f^* : H^*(Y) \to H^*(X)$.

下同调群 $H_*(X)$ 在卡积运算下成为上同调环 $H^*(X)$ 上的一个分次模. 这个模结构是自然的, 在连续映射下得以保持. □

## 3.4 上同调环的交换性

上同调环是交换的分次环, 也就是说, 我们有

**定理 3.8** 对于任意 $\xi \in H^p(X)$, $\eta \in H^q(X)$, 有

$$\xi \smile \eta = (-1)^{pq} \eta \smile \xi. \qquad \square$$

上积的交换性在胞腔同调中容易证明, 见定理 2.1 的 (4). 在奇异同调中却要费些力气, 通常是用 "零调模型" 的代数技巧, 读者

不难在参考书中找到. 这里我们为有兴趣的读者提供一个直接的证明.

先说说怎样在奇异单形中改变顶点顺序. 对于奇异单形 $\sigma : \Delta_q \to X$, 考虑奇异单形 $\sigma \circ (e_q \cdots e_0) : \Delta_q \to X$, 含义是把 $\sigma$ 的顶点顺序颠倒过来. 颠倒对于单形定向的影响是 $\epsilon_q := (-1)^{\frac{q(q+1)}{2}}$. 定义同态 $\rho : S_q(X) \to S_q(X)$ 为 $\rho(\sigma) := \epsilon_q \sigma \circ (e_q \cdots e_0)$.

**引理 3.9** $\rho : S_*(X) \to S_*(X)$ 是链映射, 并且有链同伦 $\rho \simeq \mathrm{id} : S_*(X) \to S_*(X)$.

**证明** 首先验证 $\rho$ 是链映射. 对于 $q$ 维奇异单形 $\sigma : \Delta_q \to X$,

$$\partial \rho(\sigma) = \epsilon_q \sum_{i=0}^{q} (-1)^i \sigma \circ (e_q \cdots \widehat{e}_{q-i} \cdots e_0)$$

$$= (-1)^q \epsilon_{q-1} \sum_{i=0}^{q} (-1)^i \sigma \circ (e_q \cdots \widehat{e}_{q-i} \cdots e_0) = (-1)^q \rho \partial(\sigma),$$

因为 $\epsilon_q = (-1)^q \epsilon_{q-1}$.

为了构造链同伦, 我们模仿同伦不变性第一章定理 3.8 的证明. 先对标准单形 $\Delta_q$ 上的线性奇异单形 $(e_0 \cdots e_q)$ 做些准备. 定义 $\Delta_q$ 上的 $q+1$ 维奇异链

$$P(e_0 \cdots e_q) := \sum_{i=0}^{q} (-1)^i \epsilon_{q-i} (e_0 \cdots e_i e_q \cdots e_i).$$

注意后半段的顺序是反的, 添了个矫正因子 $\epsilon_{q-i}$. 计算

$$\partial P(e_0 \cdots e_q) = \partial \sum_{i=0}^{q} (-1)^i \epsilon_{q-i} (e_0 \cdots e_i e_q \cdots e_i)$$

$$= \sum_{j \leq i} (-1)^i (-1)^j \epsilon_{q-i} (e_0 \cdots \widehat{e}_j \cdots e_i e_q \cdots e_i)$$

$$+ \sum_{j \geq i} (-1)^i (-1)^{i+1+q-j} \epsilon_{q-i} (e_0 \cdots e_i e_q \cdots \widehat{e}_j \cdots e_i),$$

$$P\partial(e_0 \cdots e_q) = \sum_{j=0}^{q}(-1)^j P(e_0 \cdots \widehat{e}_j \cdots e_q)$$

$$= \sum_{i<j}(-1)^j(-1)^i \epsilon_{q-1-i}(e_0 \cdots e_i e_q \cdots \widehat{e}_j \cdots e_i)$$

$$+ \sum_{i>j}(-1)^j(-1)^{i-1}\epsilon_{q-i}(e_0 \cdots \widehat{e}_j \cdots e_i e_q \cdots e_i).$$

两式相加, 由于 $(-1)^{1+q-j}\epsilon_{q-i}+(-1)^{j+i}\epsilon_{q-1-i}=0$, 所有 $i \neq j$ 的项都消掉了. 对于每个 $k=1,\cdots,q$, 求和式 $\sum_{j\le i}$ 中的 $i=j=k$ 项与求和式 $\sum_{j\ge i}$ 中的 $i=j=k-1$ 项也正好相消, 因为 $\epsilon_{q-k}+(-1)^{q-k}\epsilon_{q-k+1}=0$. 所以只剩下前者的 $i=j=0$ 项与后者的 $i=j=q$ 项, 即

$$\partial P(e_0 \cdots e_q) + P\partial(e_0 \cdots e_q) = \epsilon_q(e_q \cdots e_0) - (e_0 \cdots e_q).$$

现在定义同态 $P: S_q(X) \to S_{q+1}(X)$ 如下: 对于奇异单形 $\sigma: \Delta_q \to X$, 规定

$$P(\sigma) := \sigma_{\#}P(e_0 \cdots e_q) = \sum_{i=0}^{q}(-1)^i \epsilon_{q-i}\sigma \circ (e_0 \cdots e_i e_q \cdots e_i).$$

从上面的计算我们得知

$$\partial P(\sigma) + P\partial(\sigma) = \rho(\sigma) - \sigma.$$

所以 $P$ 是联结 $\rho$ 与 id 的链同伦. $\qquad\square$

**定理 3.8 的证明**  以 $\rho^{\#}: S^*(X) \to S^*(X)$ 表示链映射 $\rho: S_*(X) \to S_*(X)$ 所产生的上链映射. 则对于上链 $\alpha \in S^p(X), \beta \in S^q(X)$ 有

$$\rho^{\#}(\alpha \smile \beta) = (-1)^{pq}\rho^{\#}(\beta) \smile \rho^{\#}(\alpha),$$

因为对于任意的 $p+q$ 维奇异单形 $\sigma$ 有

$$\langle \rho^{\#}(\alpha \smile \beta), \sigma \rangle = \langle \alpha \smile \beta, \rho(\sigma) \rangle$$

$$= \epsilon_{p+q}\langle\alpha, \sigma\circ(e_{p+q}\cdots e_q)\rangle\cdot\langle\beta, \sigma\circ(e_q\cdots e_0)\rangle$$

$$= \epsilon_{p+q}\epsilon_p\epsilon_q\langle\alpha, \rho(\sigma_p)\rangle\cdot\langle\beta, \rho(_q\sigma)\rangle$$

$$= (-1)^{pq}\langle\rho^{\#}(\beta), (_q\sigma)\rangle\cdot\langle\rho^{\#}(\alpha), \sigma_p\rangle$$

$$= (-1)^{pq}\langle\rho^{\#}(\beta)\smile\rho^{\#}(\alpha), \sigma\rangle.$$

过渡到上同调去, 由于 $\rho\simeq$ id, 所以 $\rho^* =$ id. 于是对于上同调类 $[\alpha]\in H^p(X)$, $[\beta]\in H^q(X)$ 有 $[\alpha]\smile[\beta] = (-1)^{pq}[\beta]\smile[\alpha]$. □

### 3.5 准单纯复形中的上积与卡积

为了上同调环的实际计算, 我们引进准单纯复形的概念. (文献 [12] 中称为 pseudodissection, [11] 中称为 Δ-complex.) 请读者回顾一下胞腔复形的第三章定义 1.2, 其中的实心球 $D^n$ 可以用标准单形 $\Delta_n$ 来代替. 我们还将使用第一章中用过的线性单形的记号 (见该章例 3.1).

**定义 3.6** 胞腔复形 $K$ 称为一个**准单纯复形**, 如果

(1) 其每个胞腔都已指定了一个特征映射 $\sigma : \Delta_n\to K$, 称为代表该胞腔的**准单形**. 注意, 准单形与奇异单形一样, 其实是个映射; 准单形是个特定的奇异单形.

(2) 对于每个 $n$ 维准单形 $\sigma : \Delta_n\to K$ 以及每个整数 $0\le i\le n$, 奇异单形 $\sigma\circ(e_0\cdots\widehat{e_i}\cdots e_n) : \Delta_{n-1}\to K$ 都是 $K$ 中的 $n-1$ 维准单形.

于是, 如果 $\sigma$ 是 $n$ 维准单形, $0\le i_0 < i_1 < \cdots < i_q\le n$, 则 $\sigma\circ(e_{i_0}e_{i_1}\cdots e_{i_q})$ 是 $K$ 中的 $q$ 维准单形. 所以我们可以谈论准单形 $\sigma$ 的前 $p$ 维面 $_p\sigma$ 和后 $n-p$ 维面 $\sigma_{n-p}$.

例如, 每个有序单纯复形 $K$ 自然是个准单纯复形. 注意, 同一个单纯复形上如果取两个不同的序, 应该看成两个不同的准单纯复形. 每个 1 维胞腔复形任意指定一组代表映射都能成为准单纯复形.

既然 $K$ 的准单形同时也是 $K$ 的奇异单形, 以准单形为基的胞

腔链复形 $C_*(K)$ 自然地是奇异链复形 $S_*(K)$ 的子链复形. 和第三章命题 3.14 中一样, 含入链映射 $\theta : C_*(K) \to S_*(K)$ 所诱导的同调同态与上同调同态恰好就是第三章定理 3.1 与 3.10 中的标准同构 $\Theta : H_*(C_*(K)) \xrightarrow{\cong} H_*(S_*(K))$ 与 $\Theta^* : H^*(S^*(K)) \xrightarrow{\cong} H^*(C^*(K))$.

我们可以用定义 3.2 和 3.3 中同样的公式来定义准单纯链的上积和卡积.

**定义 3.7** 设 $K$ 是准单纯复形. 设 $\alpha \in C^p(K)$, $\beta \in C^q(K)$ 是 $K$ 的准单纯上链, $\sigma$ 是 $K$ 的 $p+q$ 维准单形. 定义**上积** $\alpha \smile \beta \in C^{p+q}(K)$ 为如下的准单纯上链, 它在 $p+q$ 维准单形 $\sigma$ 上的值是

$$\langle \alpha \smile \beta, \sigma \rangle = \langle \alpha, {}_p\sigma \rangle \cdot \langle \beta, \sigma_q \rangle.$$

这样得到一个双线性的上积运算 $C^p(K) \times C^q(K) \to C^{p+q}(K)$.

定义**卡积** $\beta \frown \sigma \in C_p(K)$ 为

$$\beta \frown \sigma = \langle \beta, \sigma_q \rangle \cdot {}_p\sigma.$$

这样得到一个双线性的卡积运算 $C^q(K) \times C_{p+q}(K) \to C_p(K)$.

这样定义的准单纯链的上积和卡积, 显然具有命题 3.1 与 3.2 的边缘公式, 以及定理 3.3 与 3.4 所说的性质. (自然性除外, 因为映射不一定保持准单纯结构.) 所以在同调的水平上, 在标准同构 $\Theta^*$ 与 $\Theta$ 之下, 用准单纯链计算的上积和卡积与用奇异链定义的上积和卡积是一致的.

**例 3.1** 取环面 $T^2$ 的一个准单纯剖分如图 4.3. 有 1 个 0 维

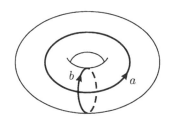
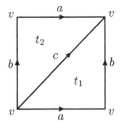

图 4.3 环面的准单纯剖分

准单形 $\{v\}$, 3 个 1 维准单形 $\{a, b, c\}$, 2 个 2 维准单形 $\{t_1, t_2\}$, 它们构成链复形 $C_*(T^2)$ 的基. 上链复形 $C^*(T^2)$ 中的对偶基记作 $\{v^*\}$, $\{a^*, b^*, c^*\}$, $\{t_1^*, t_2^*\}$.

其同调群和上同调群的一对对偶基:

$H_0(T^2)$ 的基 $\{[v]\}$             $H^0(T^2)$ 的基 $\{\epsilon\}$

$$\epsilon = v^*$$

$H_1(T^2)$ 的基 $\{[a], [b]\}$        $H^1(T^2)$ 的基 $\{[\alpha], [\beta]\}$

$$\alpha = a^* + c^*$$
$$\beta = b^* + c^*$$

$H_2(T^2)$ 的基 $\{[z_2]\}$         $H^2(T^2)$ 的基 $\{[\zeta]\}$

$$z_2 = t_1 - t_2 \qquad\qquad \zeta = t_1^* \sim -t_2^*$$

链的上积和卡积的计算:

$$\alpha \smile \alpha = 0, \qquad\qquad \alpha \smile \beta = t_1^* = \zeta,$$
$$\alpha \frown z_2 = -b, \qquad\qquad \beta \frown z_2 = a.$$

由此得到环面 $T^2$ 的 1 维上同调类的上积和卡积:

$$[\alpha] \smile [\beta] = -[\beta] \smile [\alpha] = [\zeta], \quad [\alpha] \smile [\alpha] = [\beta] \smile [\beta] = 0,$$
$$[\alpha] \frown [z_2] = -[b], \qquad\qquad [\beta] \frown [z_2] = [a].$$

**习题 3.1** 试计算实射影平面和 Klein 瓶的 $Z_2$ 系数的上同调环.

**习题 3.2** 试计算实射影平面和 Klein 瓶的整数系数的上同调环.

**习题 3.3** 试证明 $T^2$ 与 $S^2 \vee S^1 \vee S^1$ 不同伦等价.

**例 3.2** 取双环面 $F_2$ 的一个准单纯剖分如图 4.4. 有 2 个 0 维准单形 $\{v, w\}$, 12 个 1 维准单形 $\{a_1, b_1, a_2, b_2, c_1, \cdots, c_8\}$, 8 个 2 维准单形 $\{t_1, \cdots, t_8\}$, 它们构成链复形 $C_*(F_2)$ 的基. 上链复形 $C^*(F_2)$ 中的对偶基分别记作 $\{v^*, w^*\}$, $\{a_1^*, b_1^*, a_2^*, b_2^*, c_1^*, \cdots, c_8^*\}$, $\{t_1^*, \cdots, t_8^*\}$.

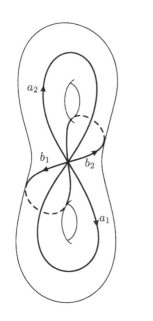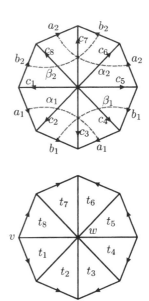

图 4.4 双环面的准单纯剖分

其同调群和上同调群都是有限生成的自由 Abel 群, 下面是一对对偶基:

$H_0(F_2)$ 的基 $\{[v_0]\}$

$H^0(F_2)$ 的基 $\{\epsilon\}$
$$\epsilon = v^* + w^*$$

$H_1(F_2)$ 的基 $\{[a_1], [b_1], [a_2], [b_2]\}$

$H^1(F_2)$ 的基 $\{[\alpha_1], [\beta_1], [\alpha_2], [\beta_2]\}$
$$\alpha_1 = a_1^* + c_2^* + c_3^*$$
$$\beta_1 = b_1^* + c_3^* + c_4^*$$
$$\alpha_2 = a_2^* + c_6^* + c_7^*$$
$$\beta_2 = b_2^* + c_7^* + c_8^*$$

$H_2(F_2)$ 的基 $\{[z_2]\}$
$$z_2 = t_1 + t_2 - t_3 - t_4$$
$$+ t_5 + t_6 - t_7 - t_8$$

$H^2(F_2)$ 的基 $\{[\zeta]\}$
$$\zeta = t_1^* \sim t_2^* \sim -t_3^* \sim -t_4^*$$
$$\sim t_5^* \sim t_6^* \sim -t_7^* \sim -t_8^*$$

链的乘积的计算举例:

$$\alpha_1 \smile \alpha_1 = 0, \qquad\qquad \alpha_1 \smile \beta_1 = t_2^* \sim \zeta,$$
$$\alpha_1 \frown z_2 = c_1 - c_4 \sim -b_1, \quad \beta_1 \frown z_2 = c_2 - c_5 \sim a_1.$$

由此得到双环面 $F_2$ 的 1 维上同调类的上积和卡积:

$$[\alpha_i] \smile [\beta_j] = -[\beta_i] \smile [\alpha_j] = \delta_{ij}[\zeta], \quad [\alpha_i] \smile [\alpha_j] = [\beta_i] \smile [\beta_j] = 0,$$
$$[\alpha_i] \frown [z_2] = -[b_i], \qquad\qquad [\beta_i] \frown [z_2] = [a_i].$$

**习题 3.4**  试计算可定向闭曲面的上同调环.

**习题 3.5**  试计算不可定向闭曲面的 $Z_2$ 系数的上同调环.

## §4  实射影空间的上同调环, Borsuk-Ulam 定理

### 4.1  实射影空间的上同调环

**定理 4.1 (实射影空间的模 2 上同调环)**  设 $\xi \neq 0 \in H^1(RP^n; Z_2)$, 则 $\xi^n \neq 0$. 因此上同调环

$$H^*(RP^n; Z_2) \cong Z_2[\xi]/(\xi^{n+1} = 0).$$

**证明**  我们来构作实射影空间 $RP^n$ 的一个准单纯剖分. 把 $n$ 维球面 $S^n$ 看成欧几里得空间 $R^{n+1}$ 中满足等式 $\sum\limits_{i=0}^{n} |x_i| = 1$ 的点集, 它有个 "八面体剖分". 这是一个有序单纯剖分, 顶点是各坐标轴上的正负单位点 $e_0^\pm, e_1^\pm, \cdots, e_n^\pm$. 参看图 4.5.

商映射 $\pi : S^n \to RP^n$ 把对径点叠合起来, 把 $S^n$ 的上述有序单纯剖分映成 $RP^n$ 的一个准单纯剖分. 对于 $0 \leq i_0 < i_1 < \cdots < i_q \leq n$, 我们记准单形 $a_{i_0}^{\epsilon_0} a_{i_1}^{\epsilon_1} \cdots a_{i_q}^{\epsilon_q} := \pi \circ (e_{i_0}^{\epsilon_0} e_{i_1}^{\epsilon_1} \cdots e_{i_q}^{\epsilon_q})$, 其中诸 $\epsilon_j$ $(j = 0, 1, \cdots, q)$ 都是正负号. 由于

$$a_{i_0}^{\epsilon_0} a_{i_1}^{\epsilon_1} \cdots a_{i_q}^{\epsilon_q} = a_{i_0}^{-\epsilon_0} a_{i_1}^{-\epsilon_1} \cdots a_{i_q}^{-\epsilon_q},$$

我们总可以取最后一个正负号为 $\epsilon_q = +$.

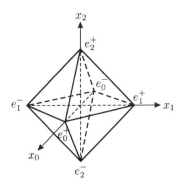

图 4.5 八面体剖分

对于每个维数 $q$ $(0 \le q \le n)$, 定义射影子空间 $\boldsymbol{RP}^q \subset \boldsymbol{RP}^n$ 中的 $q$ 维链

$$z_q := \sum_{\epsilon} \epsilon_0 \epsilon_1 \cdots \epsilon_{q-1} a_0^{\epsilon_0} a_1^{\epsilon_1} \cdots a_{q-1}^{\epsilon_{q-1}} a_q^+,$$

这里的和号要取遍 $\epsilon_0, \epsilon_1, \cdots, \epsilon_{q-1}$ 的所有选择. 直接验算可知

$$\partial z_q = \begin{cases} 0, & \text{当 } q \text{ 是奇数}, \\ 2z_{q-1}, & \text{当 } q \text{ 是偶数}. \end{cases}$$

对于每个维数 $q$ $(0 \le q \le n)$, 定义 $q$ 维上链 $\zeta^q$ 为

$$\langle \zeta^q, a_{i_0}^{\epsilon_0} a_{i_1}^{\epsilon_1} \cdots a_{i_q}^{\epsilon_q} \rangle = \begin{cases} 1, & \text{当正负号 } \epsilon_0, \epsilon_1, \cdots, \epsilon_q \text{ 是交错的}, \\ 0, & \text{其他}. \end{cases}$$

容易证明:

$$\delta \zeta^q = \begin{cases} 2\zeta^{q+1}, & \text{当 } q < n \text{ 且是奇数}, \\ 0, & \text{其他}, \end{cases}$$

并且只要 $p + q \le n$, 就有

$$\zeta^p \smile \zeta^q = \zeta^{p+q}.$$

如果取域 $\boldsymbol{Z}_2$ 做系数群, $\boldsymbol{RP}^n$ 的 $q$ 维上下同调群的对偶基是

$H_q(RP^n; Z_2)$ 的基 $\{[z_q]\}$　　与　　$H^q(RP^n; Z_2)$ 的基 $\{[\zeta^q]\}$,

因为 $\langle \zeta^q, z_q \rangle = \pm 1$.

由此可见, 如果记 $\xi = [\zeta^1] \in H^1(RP^n; Z_2)$, 则上同调环

$$H^*(RP^n; Z_2) = Z_2[\xi]/(\xi^{n+1} = 0)$$

是截断的多项式环. 　　　　　　　　　　　　　　　　　　□

**习题 4.1**　计算 $RP^n$ 中的 $Z_2$ 系数的卡积.

**思考题 4.2**　计算 $RP^n$ 的整数系数上同调环, 以及整数系数的卡积.

## 4.2　Borsuk–Ulam 定理

**定理 4.2**　设有映射 $f : RP^m \to RP^n$ 使得

$$f_* \neq 0 : H_1(RP^m; Z_2) \to H_1(RP^n; Z_2).$$

则 $m \leq n$.

**证明**　根据以域为系数的上下同调的对偶性, 有

$$f^* \neq 0 : H^1(RP^n; Z_2) \to H^1(RP^m; Z_2).$$

取 $\xi \neq 0 \in H^1(RP^n; Z_2)$, 则 $\eta = f^*(\xi) \neq 0 \in H^1(RP^m; Z_2)$. 从定理 4.1 知 $\eta^m = f^*(\xi^m) \neq 0$, 所以 $\xi^m \neq 0 \in H^m(RP^n; Z_2)$. 这说明 $m \leq n$.
　　　　　　　　　　　　　　　　　　　　　　　　　□

**定理 4.3**　设 $f : S^m \to S^n$ 是奇映射, 即对任意 $x \in S^m$ 都有 $f(-x) = -f(x)$. 则 $m \leq n$.

**引理 4.4**　设球面 $S^n$ 上有联结一对对径点的道路 $\sigma$, 在商映射 $\pi : S^n \to RP^n$ 下它成为 $RP^n$ 中的一个 1 维奇异单形 $\pi_{\#}(\sigma)$. 则 $\pi_{\#}(\sigma)$ 是奇异闭链, 代表 $H_1(RP^n; Z_2)$ 中的非零元素.

**证明**　通过适当的旋转, 不妨设 $\sigma$ 联结的是 $S^0 \subset S^n$ 的那两个点.

对维数 $n$ 作归纳法. 当 $n = 1$ 时，$\pi_\#(\sigma)$ 绕 $RP^1 \cong S^1$ 奇数圈，所以引理的结论成立.

当 $n > 1$ 时，在 $S^1 \subset S^n$ 中取与 $\sigma$ 有相同端点的道路 $\tau$. 则根据归纳假设 $\pi_\#(\tau)$ 代表 $H_1(RP^1; Z_2)$ 中的非零元素. 由于含入映射诱导 $H_1(RP^1; Z_2)$ 与 $H_1(RP^n; Z_2)$ 的同构，所以在 $RP^n$ 中看，$\pi_\#(\tau)$ 也代表了 $H_1(RP^n; Z_2)$ 中的非零元素. 另一方面，$\sigma - \tau$ 是 $S^n$ 中的 1 维奇异闭链，$n > 1$，所以是边缘链. 因此 $\pi_\#(\sigma)$ 也代表 $H_1(RP^n; Z_2)$ 中的非零元素. □

**定理 4.3 的证明** 任意取联结一对对径点的道路 $\sigma$, 它在 $f$ 下的像 $f_\#(\sigma)$ 也联结一对对径点. 因此从引理知 $f_* : H_1(RP^m; Z_2) \to H_1(RP^n; Z_2)$ 把非零元素映成非零元素. 然后用定理 4.2. □

**推论 4.5 (Borsuk-Ulam 定理)** 设 $f : S^m \to R^m$ 是映射. 则存在 $x \in S^m$ 使得 $f(x) = f(-x)$.

**证明** 用反证法. 假若不然，就可以构作映射

$$g : S^m \to S^{m-1}, \qquad g(x) = \frac{f(x) - f(-x)}{\|f(x) - f(-x)\|}.$$

显然 $g(-x) = -g(x)$. 这与定理 4.3 矛盾. □

**推论 4.6** ($m = 3$ 时称为**火腿三明治定理**) 设 $R^m$ 中有 $m$ 个可测集 $A_1, \cdots, A_m$. 则存在 $R^m$ 中的 $m - 1$ 维超平面 $P$, 它把每个 $A_i$ 都二等分.

**证明** 在 $R^{m+1}$ 中考虑. 取定一点 $x_0 \notin R^m$. 对于每个单位向量 $v \in S^m$, 通过 $x_0$ 作垂直于 $v$ 的超平面，它把 $R^{m+1}$ (因而也把 $R^m$) 分成两半，$v$ 所指向的一侧与 $A_i \subset R^m$ 的交集的测度记作 $f_i(v)$. 这样我们得到一个映射

$$f : S^m \to R^m, \qquad v \mapsto (f_1(v), \cdots, f_m(v)).$$

根据推论 4.5, 存在 $v$ 使 $f(v) = f(-v)$, 即每个 $f_i(v) = f_i(-v)$. 这样，相应的超平面就把每个 $A_i$ 都等分了. □

**习题 4.3**  证明：若 $f : S^n \to S^n$ 是奇映射，则 $\deg f$ 是奇数.

**习题 4.4**  证明：若 $f : S^n \to S^n$ 是偶映射，则 $\deg f$ 是偶数.

**习题 4.5**  证明：设 $f : S^n \to S^n$, $\deg f$ 是偶数，则一定存在 $x \in S^n$ 使得 $f(-x) = f(x)$.

**习题 4.6**  证明：在任意指定的时刻，地球上总有一对对径点处的温度与气压都相等.

## §5  乘积空间的奇异同调

### 5.1  积空间的奇异同调，  Eilenberg-Zilber 定理

设 $X, Y$ 是拓扑空间. 奇异链复形 $S_*(X)$ 和 $S_*(Y)$ 都是自由链复形. 与胞腔链复形的情形不同，积空间的奇异链复形 $S_*(X \times Y)$ 并非是奇异链复形 $S_*(X)$ 和 $S_*(Y)$ 的张量积 $S_*(X) \otimes S_*(Y)$. 它们之间的关系是：

**定理 5.1 (Eilenberg-Zilber 定理)**  对于拓扑空间 $X, Y$, 存在自然的链同伦等价

$$S_*(X) \otimes S_*(Y) \simeq S_*(X \times Y).$$

也就是说，存在自然的链同伦等价

$$S_*(X) \otimes S_*(Y) \xrightarrow{\ \Phi\ } S_*(X \times Y) \xrightarrow{\ \Psi\ } S_*(X) \otimes S_*(Y).$$

这里的自然性是指，对于映射 $f : X \to X'$ 和 $g : Y \to Y'$, 有交换图表

$$
\begin{array}{ccccc}
S_*(X) \otimes S_*(Y) & \xrightarrow{\ \Phi\ } & S_*(X \times Y) & \xrightarrow{\ \Psi\ } & S_*(X) \otimes S_*(Y) \\
{\scriptstyle f_\# \otimes g_\#} \downarrow & & {\scriptstyle (f \times g)_\#} \downarrow & & \downarrow {\scriptstyle f_\# \otimes g_\#} \\
S_*(X') \otimes S_*(Y') & \xrightarrow{\ \Phi\ } & S_*(X' \times Y') & \xrightarrow{\ \Psi\ } & S_*(X') \otimes S_*(Y')
\end{array}
$$

这定理中的链同伦等价还有 (在链同伦意义下的) 唯一性: 如果 $\Phi'$, $\Psi'$ 是另一对自然的链映射, 则还有链同伦 $\Phi \simeq \Phi'$, $\Psi \simeq \Psi'$. 因此, 以后不管是 $\Phi$ 还是 $\Psi$, 还是与它们对偶的上链映射, 甚至它们所诱导的同调或上同调同构, 我们一概记作 EZ, 称之为 **Eilenberg-Zilber 链映射** 或 **Eilenberg-Zilber 同构**.

Eilenberg-Zilber 定理的证明, 通常采用 "零调模型" (acyclic model) 的代数技巧, 以充分发挥函子、自然性这套语言的威力, 而避开具体构作链映射和链同伦的麻烦. 我们不讲了, 请有兴趣的读者参看文献 [16] 或 [19]. 我们只写出一个常用的 Eilenberg-Zilber 映射.

**注记 5.2** (EZ 的构造) 以 $\rho_1 : X \times Y \to X$ 和 $\rho_2 : X \times Y \to Y$ 分别记到两个因子空间的投射. 对于 $n$ 维奇异单形 $\sigma : \Delta_n \to X \times Y$, 以 $_i\sigma$ 记 $\sigma$ 的前 $i$ 维面, $\sigma_j$ 记 $\sigma$ 的后 $j$ 维面 (参看定义 3.1). 一个链同伦等价 EZ $: S_*(X \times Y) \to S_*(X) \otimes S_*(Y)$ 是

$$\mathrm{EZ}\,(\sigma) = \sum_{i+j=n} \rho_{1\#}(_i\sigma) \otimes \rho_{2\#}(\sigma_j).$$

从 Eilenberg-Zilber 定理和定理 1.4 立即得到

**推论 5.3 (Künneth 公式)** 设 $X, Y$ 是拓扑空间, 并且 $H_*(Y)$ 是有限生成的自由的分次群. 那么

$$H_*(X \times Y) = H_*(X) \otimes H_*(Y), \quad H^*(X \times Y) = H^*(X) \otimes H^*(Y). \quad \Box$$

**推论 5.4 (Betti 数的 Künneth 公式)** 设 $X, Y$ 是拓扑空间, 并且同调群 $H_*(X)$ 与 $H_*(Y)$ 都是有限生成的. 那么 $H_*(X \times Y)$ 也是有限生成的, 并且 Betti 数

$$\beta_n(X \times Y) = \sum_{p+q=n} \beta_p(X) \cdot \beta_q(Y),$$

Poincaré 多项式

$$P_{X \times Y}(t) = P_X(t) \cdot P_Y(t). \quad \Box$$

## 5.2 奇异上同调的叉积

**定义 5.1** 设 $X, Y$ 是拓扑空间. 双线性函数

$$S^p(X) \times S^q(Y) \xrightarrow{\otimes} S_*(X) \otimes S_*(Y) \xrightarrow{\text{EZ}} S^{p+q}(X \times Y)$$

称为**奇异上链的叉积**, 记作 $S^p(X) \times S^q(Y) \xrightarrow{\times} S^{p+q}(X \times Y)$.

**命题 5.5** 奇异上链的叉积的上边缘公式是

$$\delta(\alpha \times \beta) = (\delta\alpha) \times \beta + (-1)^p \alpha \times (\delta\beta), \qquad \alpha \in S^p(X),\ \beta \in S^q(Y).$$

它诱导出**上同调的叉积**

$$H^p(X) \times H^q(Y) \xrightarrow{\times} H^{p+q}(X \times Y).$$

**证明** 直接计算

$$
\begin{aligned}
\delta(\alpha \times \beta) &= \delta \text{EZ}\,(\alpha \otimes \beta) && \text{定义 5.1}\\
&= \text{EZ}\,(\delta(\alpha \otimes \beta)) && \text{EZ 是链映射}\\
&= \text{EZ}\,((\delta\alpha) \otimes \beta + (-1)^p \alpha \otimes (\delta\beta)) && \text{边缘公式}\\
&= (\delta\alpha) \times \beta + (-1)^p \alpha \times (\delta\beta) && \text{定义 5.1.} \qquad \square
\end{aligned}
$$

**注记 5.6** 如果 $H_*(Y)$ 是有限生成的自由的分次群, 那么 (参看推论 5.3) 上同调叉积就是张量积: 对于 $\xi \in H^p(X), \eta \in H^q(Y)$, 有

$$\xi \times \eta = \xi \otimes \eta \in H^p(X) \otimes H^q(Y) \subset H^*(X) \otimes H^*(Y).$$

**命题 5.7** 设 $X$ 是拓扑空间, $\Delta : X \to X \times X$ 是对角线映射. 则有交换图表

$$
\begin{array}{ccc}
S^p(X) \times S^q(X) & \xrightarrow{\ \times\ } & S^{p+q}(X \times X)\\[2pt]
\Big\| & & \Big\downarrow{\scriptstyle \Delta^{\#}}\\[2pt]
S^p(X) \times S^q(X) & \xrightarrow{\ \smile\ } & S^{p+q}(X)
\end{array}
$$

换句话说, 对于任意的 $\alpha \in S^p(X), \beta \in S^q(X)$, 有

$$\alpha \smile \beta = \Delta^{\#}(\alpha \times \beta).$$

于是在同调的水平上, 对于任意的 $\xi \in H^p(X), \eta \in H^q(X)$, 有

$$\xi \smile \eta = \Delta^*(\xi \times \eta).$$

**证明** 对于 $X$ 中任意的 $n = p+q$ 维奇异单形 $\sigma$, 算得

$$
\begin{aligned}
\langle \Delta^{\#}(\alpha \times \beta), \sigma \rangle &= \langle \alpha \times \beta, \Delta_{\#}(\sigma) \rangle && \text{对偶性} \\
&= \langle \alpha \otimes \beta, \mathrm{EZ}\,(\Delta_{\#}(\sigma)) \rangle && \text{定义 5.1} \\
&= \left\langle \alpha \otimes \beta, \sum_{i+j=n} \rho_{1\#}\Delta_{\#}(_i\sigma) \otimes \rho_{2\#}\Delta_{\#}(\sigma_j) \right\rangle && \text{注记 5.2} \\
&= \sum_{i+j=n} \langle \alpha, {}_i\sigma \rangle \cdot \langle \beta, \sigma_j \rangle && \text{映射 } \rho_1 \circ \Delta = \mathrm{id} \\
&= \langle \alpha, {}_p\sigma \rangle \cdot \langle \beta, \sigma_q \rangle = \langle \alpha \smile \beta, \sigma \rangle && \text{只有 } i=p \text{ 这项.}
\end{aligned}
$$

因此 $\Delta^{\#}(\alpha \times \beta) = \alpha \smile \beta$. □

**思考题 5.1** 如果 $X, Y$ 是胞腔复形, 我们有交换图表

$$
\begin{array}{ccc}
H^*(S^*(X)) \otimes H^*(S^*(Y)) & \xrightarrow{\times} & H^*(S^*(X \times Y)) \\
\Theta^* \downarrow \cong \quad\quad \Theta^* \downarrow \cong & & \cong \downarrow \Theta^* \\
H^*(C^*(X)) \otimes H^*(C^*(Y)) & \xrightarrow{\times} & H^*(C^*(X \times Y))
\end{array}
$$

其中 $\Theta^*$ 是第三章定理 3.10 所给出的同构. 因此, 从命题 5.7 可见奇异同调的上积 (定义见命题 3.1) 与胞腔同调的上积 (见定义 2.1) 是一致的.

## 5.3 乘积空间的上积

**命题 5.8** 设 $X, Y$ 是拓扑空间. 则有交换图表

$$\begin{array}{ccc}
S^p(X) \times S^q(Y) & \xrightarrow{\times} & S^{p+q}(X \times Y) \\
\rho_1^\# \downarrow \qquad \downarrow \rho_2^\# & & \| \\
S^p(X \times Y) \times S^q(X \times Y) & \xrightarrow{\smile} & S^{p+q}(X \times Y)
\end{array}$$

换句话说, 对于任意的 $\alpha \in S^p(X)$, $\beta \in S^q(Y)$, 有

$$\alpha \times \beta = \rho_1^\#(\alpha) \smile \rho_2^\#(\beta).$$

于是在同调的水平上, 对于任意的 $\xi \in H^p(X)$, $\eta \in H^q(Y)$, 有

$$\xi \times \eta = \rho_1^*(\xi) \smile \rho_2^*(\eta).$$

作为特例有

$$\rho_1^*(\xi) = \xi \times \epsilon_Y, \qquad \rho_2^*(\eta) = \epsilon_X \times \eta.$$

**证明** 对于 $X \times Y$ 中任意的 $n = p + q$ 维奇异单形 $\sigma$,

$$
\begin{aligned}
\langle \alpha \times \beta, \sigma \rangle &= \langle \alpha \otimes \beta, \mathrm{EZ}(\sigma) \rangle & \text{定义 5.1} \\
&= \left\langle \alpha \otimes \beta, \sum_{i+j=n} \rho_{1\#}(_i\sigma) \otimes \rho_{2\#}(\sigma_j) \right\rangle & \text{注记 5.2} \\
&= \sum_{i+j=n} \langle \alpha, \rho_{1\#}(_i\sigma) \rangle \cdot \langle \beta, \rho_{2\#}(\sigma_j) \rangle \\
&= \langle \alpha, \rho_{1\#}(_p\sigma) \rangle \cdot \langle \beta, \rho_{2\#}(\sigma_q) \rangle & \text{只有 } i = p \text{ 这项} \\
&= \langle \rho_1^\#(\alpha), {}_p\sigma \rangle \cdot \langle \rho_2^\#(\beta), \sigma_q \rangle & \text{对偶性} \\
&= \langle \rho_1^\#(\alpha) \smile \rho_2^\#(\beta), \sigma \rangle & \text{定义 3.2.}
\end{aligned}
$$

因此 $\alpha \times \beta = \rho_1^\#(\alpha) \smile \rho_2^\#(\beta)$. $\qquad\qquad\square$

**定理 5.9** 对于任意 $\xi_1 \in H^{p_1}(X)$, $\xi_2 \in H^{p_2}(X)$ 和任意 $\eta_1 \in H^{q_1}(Y)$, $\eta_2 \in H^{q_2}(Y)$, 在 $H^*(X \times Y)$ 中有

$$(\xi_1 \times \eta_1) \smile (\xi_2 \times \eta_2) = (-1)^{p_2 q_1}(\xi_1 \smile \xi_2) \times (\eta_1 \smile \eta_2).$$

**证明** 计算

$$(\xi_1 \times \eta_1) \smile (\xi_2 \times \eta_2)$$
$$= (\rho_1^*\xi_1 \smile \rho_2^*\eta_1) \smile (\rho_1^*\xi_2 \smile \rho_2^*\eta_2) \qquad \text{命题 5.8}$$
$$= (-1)^{p_2 q_1}(\rho_1^*\xi_1 \smile \rho_1^*\xi_2) \smile (\rho_2^*\eta_1 \smile \rho_2^*\eta_2) \qquad \text{定理 3.8}$$
$$= (-1)^{p_2 q_1}\rho_1^*(\xi_1 \smile \xi_2) \smile \rho_2^*(\eta_1 \smile \eta_2) \qquad \text{定理 3.5}$$
$$= (-1)^{p_2 q_1}(\xi_1 \smile \xi_2) \times (\eta_1 \smile \eta_2) \qquad \text{命题 5.8.} \quad \Box$$

**思考题 5.2** 试定义奇异同调的下同调叉积和斜积, 建立其与卡积的联系, 并证明

**定理 5.10** 对于任意的 $\xi \in H^{p_2}(X)$, $\eta \in H^{q_2}(Y)$, 以及任意的 $x \in H_{p_1+p_2}(X)$, $y \in H_{q_1+q_2}(Y)$, 在 $H_*(X \times Y)$ 中有

$$(\xi \times \eta) \frown (x \times y) = (-1)^{p_2 q_1}(\xi \frown x) \times (\eta \frown y). \qquad \Box$$

定理 5.9 对于计算乘积空间的上同调环非常有用. 例如, $n$ 维环面 $T^n = \overbrace{S^1 \times \cdots \times S^1}^{n}$ 是乘积. 对维数 $n$ 作归纳法, 我们立即得到

**定理 5.11** $n$ 维环面 $T^n$ 的上同调环 $H^*(T^n)$ 同构于整数环 $\mathbf{Z}$ 上的外代数

$$\Lambda_{\mathbf{Z}}(x_1, \cdots, x_n),$$

其中各生成元 $x_i$ 的维数都是 1. $\qquad \Box$

### 5.4 空间偶的乘积

与胞腔复形偶的乘积的定义 1.3 相仿, 定义拓扑空间偶的乘积.

**定义 5.2** 拓扑空间偶 $(X, A)$ 与 $(Y, B)$ 的乘积, 规定为空间偶

$$(X, A) \times (Y, B) := (X \times Y, A \times Y \cup X \times B).$$

**例 5.1** 典型的例子是

$$(\mathbf{R}^n, \mathbf{R}^n - 0) = (\mathbf{R}, \mathbf{R} - 0) \times \cdots \times (\mathbf{R}, \mathbf{R} - 0) \quad (n \text{ 个相乘}),$$
$$(\mathbf{R}^p, \mathbf{R}^p - 0) \times (\mathbf{R}^q, \mathbf{R}^q - 0) = (\mathbf{R}^{p+q}, \mathbf{R}^{p+q} - 0).$$

**定理 5.12 (空间偶的 Eilenberg-Zilber 定理)** 设拓扑空间偶 $(X, A)$ 和 $(Y, B)$ 满足如下条件:

$$\{A \times Y, X \times B\} \text{ 是 Mayer-Vietoris 耦 (见第一章定义 4.4)}. \quad (*)$$

则存在自然的链同伦等价

$$S_*(X, A) \otimes S_*(Y, B) \simeq S_*((X, A) \times (Y, B)).$$

**\*证明要点** 用 Eilenberg-Zilber 定理可以证明

$$S_*(X, A) \otimes S_*(Y, B) \simeq \frac{S_*(X \times Y)}{S_*(A \times Y) + S_*(X \times B)}.$$

然后求助于 Mayer-Vietoris 耦的条件来证明右边的链复形与 $S_*((X, A) \times (Y, B))$ 是链同伦等价的. □

上面的条件 $(*)$ 在以下几种情况下是成立的:

(1) 当 $A, B$ 之一是空集;

(2) 当 $A, B$ 都是开集 (第一章例 4.2);

(3) 当 $A, B$ 都是闭集, 并且是邻域的形变收缩核 (第一章推论 4.12);

(4) 当 $(X, A)$ 和 $(Y, B)$ 都是胞腔复形偶 (第三章推论 3.8).

所以在这些情况下也有 Künneth 公式等等.

## §6 相对上同调的上积

### 6.1 相对上同调的上积

我们来把上积推广到相对的奇异上同调去.

设 $X$ 是拓扑空间, $A_1, A_2$ 都是子空间, 并且是以下两种情况之一:

(1) 当 $A_1, A_2$ 都是开集; 或者

(2) 当 $X$ 是胞腔复形, $A_1, A_2$ 都是子复形.

这时, 定理 5.12 适用于空间偶的乘积 $(X, A_1) \times (X, A_2)$. 我们可以仿照定义 5.1 来规定相对奇异上链的叉积

$$S^p(X, A_1) \times S^q(X, A_2) \xrightarrow{\times} S^{p+q}((X, A_1) \times (X, A_2)).$$

另一方面, 空间 $X$ 的对角线映射可以看成空间偶的映射

$$\Delta : (X, A_1 \cup A_2) \to (X, A_1) \times (X, A_2).$$

于是, 我们可以以命题 5.7 为蓝本, 对于任意的 $\xi \in H^p(X, A_1)$ 与 $\eta \in H^q(X, A_2)$, 定义它们的上积为 $\xi \smile \eta = \Delta^*(\xi \times \eta)$. 这样, 我们得到相对上同调的上积

$$H^*(X, A_1) \times H^*(X, A_2) \xrightarrow{\smile} H^*(X, A_1 \cup A_2).$$

与定理 3.5 相仿, 也有

**定理 6.1**  相对上同调的上积的基本性质:

(1) **结合性**  对于任意 $\xi_1 \in H^*(X, A_1)$, $\xi_2 \in H^*(X, A_2)$, $\xi_3 \in H^*(X, A_3)$, 有

$$(\xi_1 \smile \xi_2) \smile \xi_3 = \xi_1 \smile (\xi_2 \smile \xi_3).$$

(2) **交换性**  对于任意 $\xi_1 \in H^p(X, A_1)$, $\xi_2 \in H^q(X, A_2)$, 有

$$\xi_1 \smile \xi_2 = (-1)^{pq}\xi_2 \smile \xi_1.$$

(3) **自然性**  设 $f : X \to Y$ 是映射, $f(A_1) \subset B_1, f(A_2) \subset B_2$. 对于任意 $\eta_1 \in H^*(Y, B_1)$, $\eta_2 \in H^*(Y, B_2)$, 有

$$f^*(\eta_1 \smile \eta_2) = (f^*\eta_1) \smile (f^*\eta_2). \qquad \square$$

相对上同调的上积所提供的并不是环结构, 而是一种朦胧的看法: 如果说 $H^*(X, A)$ 反映 $X - A$ 的性质, 那么相对上积从 $H^*(X, A_1)$

与 $H^*(X, A_2)$ 进入 $H^*(X, A_1 \cup A_2)$, 相当于从 $X - A_1$ 与 $X - A_2$ 进入 $(X - A_1) \cap (X - A_2)$, 应该反映几何上 "取交" 这种运算. 这样的看法不是没有道理的, 从下面关于畴数的讨论中, 就可以体会到这种精神.

## 6.2  Ljusternik–Schnierelman 畴数

**定义 6.1**  设 $X$ 是拓扑空间, $A$ 是子空间. 如果含入映射 $i: A \to X$ 同伦于常值映射, 即 $i \simeq c: A \to X$, $c(A)$ 是一个点, 我们说 **$A$ 在 $X$ 中可缩**. 注意我们并不要求 $A$ 自己是可缩的, 甚至不要求它是连通的.

**例 6.1**  $S^{n-1}$ 在 $D^n$ 中可缩, 虽然 $S^{n-1}$ 本身并不是一个可缩空间.

**定义 6.2**  设 $X$ 是拓扑空间. 我们说 $X$ 的 **畴数** $\leq m$, 如果存在 $X$ 的 $m$ 个开子集 $A_1, \cdots, A_m$, 每个 $A_k$ 在 $X$ 中可缩, 并且它们覆盖整个 $X$, 即 $A_1 \cup \cdots \cup A_m = X$. 满足此条件的最小的自然数 $m$ 称为 $X$ 的 **Ljusternik–Schnierelman 畴数**, 记作 $\mathrm{cat}\,(X)$.

**定义 6.3**  设 $X$ 是拓扑空间. 我们说 $X$ 的 **上积长度** $\geq m$, 如果存在 $X$ 的 $m$ 个正维数的上同调类 $\xi_1, \cdots, \xi_m \in H^*(X)$, $\dim \xi_k > 0$, 并且它们的上积非 0, 即 $\xi_1 \smile \cdots \smile \xi_m \neq 0$. 满足此条件的最大的自然数 $m$ 称为 $X$ 的 **上积长度**, 记作 $\mathrm{cuplength}\,(X)$.

在本定义中把上同调 $H^*(X)$ 换成域 $F$ 系数的上同调 $H^*(X; F)$, 就得到 $X$ 的 **域 $F$ 系数的上积长度**, 记作 $\mathrm{cuplength}_F(X)$.

**事实 6.2**  设 $X$ 是连通的胞腔复形. 则

$$\mathrm{cat}\,(X) \leq \dim(X) + 1.$$

**定理 6.3**  设 $X$ 是拓扑空间, $F$ 是系数域. 则

$$\mathrm{cat}\,(X) \geq \mathrm{cuplength}(X) + 1, \qquad \mathrm{cat}\,(X) \geq \mathrm{cuplength}_F(X) + 1.$$

根据畴数和上积长度的定义，只需证明下面的命题：

**命题 6.4** 设拓扑空间 $X$ 是 $m$ 个开子集 $A_1, \cdots, A_m$ 的并，每个 $A_k$ 都在 $X$ 中可缩. 那么对任意的 $\xi_1, \cdots, \xi_m \in H^*(X), \dim \xi_k > 0$, 必定有 $\xi_1 \smile \cdots \smile \xi_m = 0$.

**证明** 以 $A_k \xrightarrow{i_k} X \xrightarrow{j_k} (X, A_k)$ 记含入映射. 由于 $A_k$ 在 $X$ 中可缩, $i_k$ 同伦于复合映射 $A_k \longrightarrow \mathrm{pt} \longrightarrow X$, 所以上同调同态 $i_k^*$ 可以分解为复合同态 $H^*(A_k) \longleftarrow H^*(\mathrm{pt}) \longleftarrow H^*(X)$. 可见当 $q > 0$ 时 $i_k^* = 0 : H^q(X) \to H^q(A_k)$. 从空间偶 $(X, A_k)$ 的正合上同调序列知道 $j_k^* : H^q(X, A_k) \to H^q(X)$ 是满同态. 于是存在 $\eta_k \in H^*(X, A_k)$ 使得 $\xi_k = j_k^*(\eta_k)$.

从相对上积的自然性得到交换图表

$$
\begin{array}{ccccc}
H^*(X) & \times \cdots \times & H^*(X) & \overset{\smile}{\longrightarrow} & H^*(X) \\
{\scriptstyle j_1^*}\Big\uparrow & & {\scriptstyle j_m^*}\Big\uparrow & & \Big\uparrow{\scriptstyle j^*} \\
H^*(X, A_1) \times \cdots \times H^*(X, A_m) & & & \overset{\smile}{\longrightarrow} & H^*\left(X, \bigcup_{k=1}^{m} A_k\right)
\end{array}
$$

其中垂直的箭头都是含入映射所诱导的同态. 因而

$$
\begin{aligned}
\xi_1 \smile \cdots \smile \xi_m &= j_1^*(\eta_1) \smile \cdots \smile j_m^*(\eta_m) \\
&= j^*(\eta_1 \smile \cdots \smile \eta_m) = j^*(0) = 0.
\end{aligned}
$$

倒数第二个等号是由于图表右下角的群是 $H^*(X, X) = 0$. □

**推论 6.5** 实射影空间 $\boldsymbol{R}P^n$ 的畴数

$$\mathrm{cat}\,(\boldsymbol{R}P^n) = n + 1.$$

**证明** 定理 4.1 说明 $\mathrm{cuplength}_{\boldsymbol{Z}_2}(\boldsymbol{R}P^n) = n$. 所以根据定理 6.3, $\mathrm{cat}\,(\boldsymbol{R}P^n) \geq n + 1$. 另一方面，第三章的习题中曾作出 $\boldsymbol{R}P^n$ 上有 $n+1$ 个临界点的光滑函数，所以根据定理 6.7, $\mathrm{cat}\,(\boldsymbol{R}P^n) \leq n + 1$.

□

**推论 6.6**  $n$ 维环面 $T^n$ 的畴数 $\text{cat}\,(T^n) = n+1$.

**证明**  定理 5.11 说明 $\text{cuplength}(T^n) = n$. 所以根据定理 6.3, $\text{cat}\,(T^n) \geq n+1$. 另一方面, 根据事实 6.2, $\text{cat}\,(T^n) \leq n+1$.    □

Ljusternik 和 Schnierelman 是在研究临界点时提出畴数概念的. 他们研究光滑流形 $M$ 上光滑函数 $f: M \to \mathbf{R}$ 的临界点, 与 Morse 不同的是, 允许有退化的临界点. 他们的主要定理是:

**定理 6.7**  设 $M$ 是光滑流形, $f: M \to \mathbf{R}$ 是任意的光滑函数. 则 $f$ 的临界点的个数 $\geq \text{cat}\,(M)$.    □

**例 6.2**  环面 $T^2$ 上的任一光滑函数 $f: T^2 \to \mathbf{R}$ 至少有 3 个临界点.

**例 6.3**  球面 $S^2$ 上的光滑的偶函数 $f: S^2 \to \mathbf{R}$ 至少有 3 对临界点.

**习题 6.1**  试举出畴数等于或不等于 Betti 数之和的例子.

# 第五章　流　　形

　　流形的同调，讲法很多，各有优缺点．我们选择一种经典的讲法．它的组合味道比较重，从代数上说不是最简捷的讲法，与微分流形的联系也不直接．但是它比较直观，能够从图形上揭示对偶性，给人以脚踏实地的感觉，启发我们几何地思考问题．

　　这种讲法的基础，是对偶剖分的概念．其起源是讨论"地图着色"问题时常谈到的"对偶地图"：在每两个相邻国家之间修一条连结两国首都的直通铁路，得到一张铁路图，如图 5.1 所示．看作地球表面的两个胞腔剖分，这两张图之间有惊人的"对偶"关系：一张图的 $q$ 维胞腔一一对应于另一张图的 $2-q$ 维胞腔，对应的胞腔的维数"互补"．这就是对偶定理的雏形．

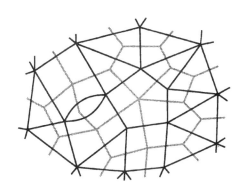

图 5.1　对偶剖分

　　由于篇幅的限制，本章中不可能放进很多图．教师讲课中要画图、讲图，同学学习时也要自己作各种不同情形的图，才能做到举一反三．

## §1  正则胞腔复形

首先声明，本章中所说的胞腔复形，都是指的有限胞腔复形.

本节引进正则胞腔复形的概念，它是比胞腔复形细但是比单纯复形粗的一种剖分. 关于正则胞腔复形的讨论比较技术性. 许多命题的证明是组合式的，写得比较浓缩. 初学者可以先浏览一下，举几个例子，画几个图领会其含义，等以后需要时再回过头来查阅有关的证明.

### 1.1  正则胞腔复形的定义

首先回忆胞腔复形的概念. 紧 Hausdorff 空间 $X$ 上的一个胞腔复形结构，是指把 $X$ 分解为有限多个互不相交的胞腔 $\{s_i^q \mid q \geq 0,\, 1 \leq i \leq r_q;\, r_q \geq 0\}$ 的并，使得

(1) 对每个 $q$ 维胞腔 $s_i^q$，存在连续映射 $\varphi_i^q : D^q \to X$ 把 $D^q - S^{q-1}$ 同胚地映成 $s_i^q$;

(2) $q$ 维胞腔的边缘 $\dot{s}_i^q := \bar{s}_i^q - s_i^q$ 的每一点都属于维数低于 $q$ 的胞腔.

$X$ 的 $q$ 维骨架

$$X^q := \bigcup_{k \leq q} s_i^k$$

是 $X$ 的维数 $\leq q$ 的全体胞腔的并，它是 $X$ 的闭子集.

$X$ 的闭子集 $A$ 称为 $X$ 的子复形，如果 $A$ 是 $X$ 的一些胞腔的并. 这些胞腔自然也给出了 $A$ 的胞腔剖分，  $A^q = A \cap X^q$.

**定义 1.1**  $X$ 上的胞腔复形结构称为是**正则的**，如果它满足比上述定义中的 (1), (2) 更强的条件：

($1'$) 对每个 $q$ 维胞腔 $s_i^q$，存在同胚 $\varphi_i^q : (D^q, S^{q-1}) \to (\bar{s}_i^q, \dot{s}_i^q)$;

(2′) 每个胞腔的边缘 $\dot{s}_i^q$ 都是 $X$ 的胞腔的并, 换句话说, 每个胞腔的边缘都是 $X$ 的子复形.

在本章中我们只考虑正则的胞腔复形.

**定义 1.2** 设 $K$ 是正则胞腔复形. 如果胞腔 $t$ 包含在胞腔 $s$ 的闭包 $\bar{s}$ 中, 我们说 $t$ 是 $s$ 的**面**, 记作 $s \succeq t$; 如果 $t$ 包含在 $s$ 的边缘 $\dot{s}$ 中, 我们说 $t$ 是 $s$ 的**真面**, 记作 $s \succ t$. 这是 $K$ 的胞腔之间的偏序关系.

如果 $S$ 是 $K$ 的某些胞腔组成的集合, 我们将以 $|S|$ 表示 $S$ 中各胞腔的并, 即 $|S| = \bigcup\limits_{s \in S} s$. 为了简化记号, 当不致引起混淆时, 我们也常用 $S$ 来代表 $|S|$.

## 1.2 重心重分

单纯复形显然是正则胞腔复形. 我们来证明, 任意的正则胞腔复形都可以进一步剖分成单纯复形.

**定义 1.3** 设 $K$ 是正则胞腔复形. $K$ 的**重心重分** $\mathrm{Sd}\,K$ 是如下的一个有序单纯复形: 其顶点与 $K$ 的胞腔成一一对应, 与胞腔 $s$ 对应的顶点记作 $\hat{s}$, $K$ 中胞腔的真面关系自然决定了 $\mathrm{Sd}\,K$ 中顶点的一个偏序, "$\hat{s}$ 在 $\hat{t}$ 前面" 当且仅当 $s \succ t$; $\mathrm{Sd}\,K$ 的一组顶点张成一个单形当且仅当它是顶点集的全序子集, 当我们用顶点写出 $\mathrm{Sd}\,K$ 的单形时一律按此顺序来写. 换句话说, $\mathrm{Sd}\,K$ 的单形都形如 $\hat{s}_0\hat{s}_1\cdots\hat{s}_k$, 其中 $s_0 \succ s_1 \succ \cdots \succ s_k$ 是 $K$ 中的胞腔序列.

图 5.2 的左面是一个二维单形的重心重分, 右面是一个二维正则胞腔的重心重分. 箭头表示顶点之间的先后顺序. 图 5.3 是图 5.1 中胞腔复形的重心重分.

由定义可见, 如果 $L$ 是 $K$ 的子胞腔复形, 那么 $\mathrm{Sd}\,L$ 是 $\mathrm{Sd}\,K$ 的子单纯复形. 例如, $\mathrm{Sd}\,K^k$ 是 $\mathrm{Sd}\,K$ 的子复形而且 $\mathrm{Sd}\,K^k \subset (\mathrm{Sd}\,K)^k$; 但是一般说来 $\mathrm{Sd}\,K^k \neq (\mathrm{Sd}\,K)^k$. 又例如, $\mathrm{Sd}\,K = \bigcup\limits_{s \in K} \mathrm{Sd}\,\bar{s}$.

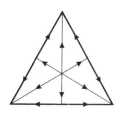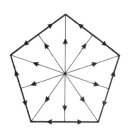

图 5.2    胞腔的重心重分

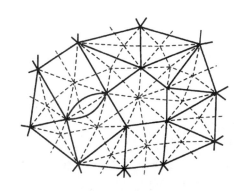

图 5.3    胞腔复形的重心重分

为了进一步了解重心重分，我们需要单纯复形上的锥复形的概念. 如果 $L$ 是单纯复形，$v$ 是一个外加的顶点，定义一个新的单纯复形 $vL$ 如下：$vL$ 的顶点是 $L$ 的顶点加上 $v$；$vL$ 的一组顶点张成一个单形当且仅当其在 $L$ 中的部分张成 $L$ 中的一个单形. 这个单纯复形 $vL$ 称为以 $v$ 为顶以单纯复形 $L$ 为底的锥复形，多面体 $|vL|$ 是多面体 $|L|$ 上的锥形.

**例 1.1**    设 $s$ 是正则胞腔复形中的一个胞腔. 则 $\operatorname{Sd}\bar{s}$ 是以 $\hat{s}$ 为顶以子复形 $\operatorname{Sd}\dot{s}$ 为底的锥复形.

**定理 1.1**    设 $K$ 是正则胞腔复形. 则存在胞腔映射 $h: K \to \operatorname{Sd} K$，使得它同时是一个同胚 $|K| \to |\operatorname{Sd} K|$，并且对 $K$ 的每个胞

腔 $s$ 有 $h(|\bar{s}|) = |\mathrm{Sd}\,\bar{s}|$. 这样的胞腔映射称为**重分映射**, 以后记作 $\mathrm{Sd} : K \to \mathrm{Sd}\,K$.

**\*证明** 对 0 维的 $K$ 定理显然成立. 对一般的 $K$, 我们对维数作归纳法, 在 $K$ 的逐个骨架 $K^q$ 上把 $h$ 构作出来.

假设已有同胚 $h_{q-1} : |K^{q-1}| \to |\mathrm{Sd}\,K^{q-1}|$, 使对 $K$ 的每个低于 $q$ 维的胞腔 $s$ 有 $h_{q-1}(|\bar{s}|) = |\mathrm{Sd}\,\bar{s}|$. 我们来把它扩张成同胚 $h_q : |K^q| \to |\mathrm{Sd}\,K^q|$.

设 $s$ 是 $K$ 的 $q$ 维胞腔, 任意取定一点 $x_s \in s$. 则同胚 $h_{q-1} : |\dot{s}| \to |\mathrm{Sd}\,\dot{s}|$ 可以扩张到锥形上去, 成为同胚 $|\bar{s}| \to |\mathrm{Sd}\,\bar{s}|$, 因为 $|\mathrm{Sd}\,\bar{s}|$ 是以 $|\mathrm{Sd}\,\dot{s}|$ 为底以 $\hat{s}$ 为顶的锥形, 而 $|\bar{s}|$ 同胚于以 $|\dot{s}|$ 为底以 $x_s$ 为顶的锥形. 对每个 $q$ 维胞腔 $s$ 这样做, 就得到所求作的同胚 $h_q : |K^q| \to |\mathrm{Sd}\,K^q|$. 归纳步骤完成. $\square$

**注记 1.2** 由此可见, 正则胞腔复形总是可以单纯剖分的. 而且定理中的重分映射 $\mathrm{Sd}$ 可以取得使 $\mathrm{Sd}^{-1}(\hat{s})$ 是 $s$ 中任意一个事前确定的点 $x_s \in s$.

如果 $K$ 本来就是个单纯复形, 每个胞腔 $s$ 都是单形, 那么同胚 $\mathrm{Sd}$ 可以取得使 $\mathrm{Sd}^{-1}(\hat{s})$ 恰是单形 $s$ 的重心. 重心重分这个名称就是由此而来的.

对于 $K$ 的胞腔 $s$, 我们有

$$\mathrm{Sd}\,\bar{s} = \{\hat{t}_0\hat{t}_1\cdots\hat{t}_k \in \mathrm{Sd}\,K \mid s \succeq t_0 \succ t_1 \succ \cdots \succ t_k\},$$
$$\mathrm{Sd}\,\dot{s} = \{\hat{t}_0\hat{t}_1\cdots\hat{t}_k \in \mathrm{Sd}\,K \mid s \succ t_0 \succ t_1 \succ \cdots \succ t_k\}.$$

记 $\mathrm{Sd}\,s := \mathrm{Sd}\,\bar{s} - \mathrm{Sd}\,\dot{s}$. 于是

$$\mathrm{Sd}\,s = \{\hat{s}\hat{t}_1\cdots\hat{t}_k \in \mathrm{Sd}\,K \mid s \succ t_1 \succ \cdots \succ t_k\}.$$

它由所有以 $\hat{s}$ 做首顶点的单形组成.

下面的命题是显然的.

**命题 1.3** $\{\mathrm{Sd}s \mid s \in K\}$ 构成 $\mathrm{Sd}K$ 的一个分解. 确切地说,

(1) $\bigcup\limits_{s \in K} \mathrm{Sd}s = \mathrm{Sd}K$.

(2) 当 $s \neq t$ 时, $\mathrm{Sd}s \bigcap \mathrm{Sd}t = \emptyset$.

(3) $s \succ t$ 当且仅当 $\mathrm{Sd}t \subset \mathrm{Sd}\dot{s}$. □

根据定理 1.1, 我们以后不妨通过同胚 $\mathrm{Sd} : |\mathrm{Sd}K| \to |K|$ 把 $|\mathrm{Sd}K|$ 与 $|K|$ 等同起来. 也就是说, 我们将认为 $|K| = |\mathrm{Sd}K|$, 把 $K$ 看成就是多面体 $|\mathrm{Sd}K|$ 上的正则胞腔剖分 $\{|\mathrm{Sd}s| \mid s \in K\}$. 这时 $\mathrm{Sd} : K \to \mathrm{Sd}K$ 这个映射其实就是恒同映射, 但我们仍用记号 $\mathrm{Sd}$ 而不用 $\mathrm{id}$, 以示 $K$ 与 $\mathrm{Sd}K$ 两个胞腔剖分的区别.

## 1.3 重分链映射

现在来考虑胞腔链群. 假设正则胞腔复形 $K$ 的每个胞腔 $s$ 都取好了一个定向, 仍用 $s$ 记这个有向胞腔. (当然, 0 维胞腔只有唯一的定向.) 从第三章的胞腔同调定理 3.1 我们知道, $q$ 维胞腔链群 $C_q(K)$ 是以 $\{s_i^q \mid 1 \leq i \leq r_q\}$ 为基的自由 Abel 群, 边缘同态 $\partial : C_q(K) \to C_{q-1}(K)$ 在这组基下用关联矩阵 $([s_i^q : s_j^{q-1}])$ 来刻画. 对于正则的胞腔复形, 不难看出

**命题 1.4** 如果 $s_i^q \succ s_j^{q-1}$, 则 $[s_i^q : s_j^{q-1}] = \pm 1$; 否则 $[s_i^q : s_j^{q-1}] = 0$. □

重分映射 $\mathrm{Sd} : K \to \mathrm{Sd}K$ 是个胞腔映射, 它所决定的胞腔链映射称为**重分链映射**, 记作 $\mathrm{Sd}_\# : C_*(K) \to C_*(\mathrm{Sd}K)$.

**命题 1.5** 设 $K$ 的每个胞腔都已取好了定向. 设 $s^q$ 是 $K$ 的 $q$ 维有向胞腔. 则

$$\mathrm{Sd}_\# s^q = \sum_{t^{q-1}, \cdots, t^0} [s^q : t^{q-1}] \cdots [t^1 : t^0] \hat{s}^q \hat{t}^{q-1} \cdots \hat{t}^0.$$

这个公式中表面上是对所有的胞腔序列 $t^{q-1}, \cdots, t^0$ 求和, 实际上是只对满足条件 $s^q \succ t^{q-1} \succ \cdots \succ t^0$ 的胞腔序列 $t^{q-1} \succ \cdots \succ t^0$ 求

和, 因为否则关联系数乘积 $[s^q : t^{q-1}] \cdots [t^1 : t^0] = 0$. 当 $q = 0$ 时, 公式应理解为 $\mathrm{Sd}_\# s^0 = \hat{s}^0$.

**证明** 对维数作归纳法. 在 0 维, 公式 $\mathrm{Sd}_\# s^0 = \hat{s}^0$ 显然成立. 假设公式在 $q-1$ 维成立, 我们来证明它在 $q$ 维也成立.

设 $s^q$ 是 $K$ 的 $q$ 维胞腔. 由于 $\mathrm{Sd}_\#$ 是重分映射 $\mathrm{Sd}$ 的链映射, 所以 $\mathrm{Sd}_\# s^q$ 应该是 $\mathrm{Sd}\, s^q$ 中各 $q$ 维单形的线性组合, 形如

$$\mathrm{Sd}_\# s^q = \sum_{t^{q-1}, \cdots, t^0} c(t^{q-1}, \cdots, t^0) \hat{s}^q \hat{t}^{q-1} \cdots \hat{t}^0,$$

其中系数 $c(t^{q-1}, \cdots, t^0)$ 待定. 根据归纳假设,

$$\begin{aligned}
\mathrm{Sd}_\# \partial s^q &= \mathrm{Sd}_\# \sum_{t^{q-1}} [s^q : t^{q-1}] t^{q-1} = \sum_{t^{q-1}} [s^q : t^{q-1}] \mathrm{Sd}_\# t^{q-1} \\
&= \sum_{t^{q-1}, t^{q-2}, \cdots, t^0} [s^q : t^{q-1}][t^{q-1} : t^{q-2}] \cdots [t^1 : t^0] \hat{t}^{q-1} \hat{t}^{q-2} \cdots \hat{t}^0.
\end{aligned}$$

另一方面,

$$\begin{aligned}
\partial \mathrm{Sd}_\# s^q &= \sum_{t^{q-1}, \cdots, t^0} c(t^{q-1}, \cdots, t^0) \partial \hat{s}^q \hat{t}^{q-1} \cdots \hat{t}^0 \\
&= \sum_{t^{q-1}, \cdots, t^0} c(t^{q-1}, \cdots, t^0) \hat{t}^{q-1} \cdots \hat{t}^0 + {\sum}',
\end{aligned}$$

其中第二个和式 $\sum'$ 是以 $\hat{s}^q$ 为首顶点的单形的线性组合. 既然 $\mathrm{Sd}_\#$ 是链映射, 应有 $\partial \mathrm{Sd}_\# s^q = \mathrm{Sd}_\# \partial s^q$. 比较上面两个计算结果, 我们得知 $\sum' = 0$, 并且

$$c(t^{q-1}, \cdots, t^0) = [s^q : t^{q-1}] \cdots [t^1 : t^0].$$

因此公式在 $q$ 维也成立. 归纳法完成. □

当考虑上链复形时, 我们要把有向胞腔 $s^q$ 看成 $K$ 上的上链, 改记作 $s^{q*}$; 它在 $s^q$ 上取值为 1, 在其余 $q$ 维胞腔上取值为 0. 也就是说, $s^{q*} \in C^q(K)$ 是如下定义的上链:

$$\langle s^{q*}, t^q \rangle = \begin{cases} 1, & \text{当 } t^q = s^q, \\ 0, & \text{当 } t^q \neq s^q. \end{cases}$$

全体 $q$ 维有向胞腔 $\{s^{q*} \mid s^q \in K\}$ 组成上链群 $C^q(K)$ 的一组基.

**引理 1.6**　重分映射 $\mathrm{Sd}: K \to \mathrm{Sd}\,K$ 所决定的胞腔上链映射 $\mathrm{Sd}^\#: C^*(\mathrm{Sd}\,K) \to C^*(K)$ 是满同态, 并且在上闭链群上, $\mathrm{Sd}^\#: Z^q(\mathrm{Sd}\,K) \to Z^q(K)$ 也是满同态.

*__证明__　设 $s^q$ 是 $K$ 的 $q$ 维胞腔, $u^q$ 是 $\mathrm{Sd}\,K$ 的 $q$ 维胞腔并且 $u^q \subset s^q$. 则对于 $K$ 的 $q$ 维胞腔 $t^q$ 明显地有

$$\langle \mathrm{Sd}^\# u^{q*}, t^q \rangle = \langle u^{q*}, \mathrm{Sd}_\# t^q \rangle = \begin{cases} \pm 1, & \text{当 } t^q = s^q, \\ 0, & \text{对其他的 } t^q. \end{cases}$$

因而 $\mathrm{Sd}^\# u^{q*} = \pm s^{q*}$. 所以 $\mathrm{Sd}^\#: C^q(\mathrm{Sd}\,K) \to C^q(K)$ 是满同态.

设 $z^q \in Z^q(K)$. 由于 $\mathrm{Sd}^*: H^q(\mathrm{Sd}\,K) \to H^q(K)$ 是同构, 存在 $y^q \in Z^q(\mathrm{Sd}\,K)$ 使得 $[z^q] = \mathrm{Sd}^*[y^q]$, 即有上链 $c^{q-1} \in C^{q-1}(K)$ 使 $z^q = \mathrm{Sd}^\# y^q + \delta c^{q-1}$. 但是 $c^{q-1} = \mathrm{Sd}^\# a^{q-1}$ 对于某 $a^{q-1} \in C^{q-1}(\mathrm{Sd}\,K)$, 因而 $z^q = \mathrm{Sd}^\# y^q + \delta \mathrm{Sd}^\# a^{q-1} = \mathrm{Sd}^\# (y^q + \delta a^{q-1})$. 这说明 $\mathrm{Sd}^\#: Z^q(\mathrm{Sd}\,K) \to Z^q(K)$ 也是满同态. $\qquad\Box$

**注记 1.7**　实际上, 可以证明存在胞腔映射 $\alpha: \mathrm{Sd}\,K \to K$, 使得胞腔链映射 $\alpha_\#: C_*(\mathrm{Sd}\,K) \to C_*(K)$ 满足 $\alpha_\# \circ \mathrm{Sd}_\# = \mathrm{id}: C_*(K) \to C_*(K)$, 因而 $\mathrm{Sd}^\# \circ \alpha^\# = \mathrm{id}: C^*(K) \to C^*(K)$.

## 1.4　环绕复形与对偶块

**定义 1.4**　设 $s$ 是正则胞腔复形 $K$ 的胞腔. $s$ 在 $K$ 中的**闭对偶块** $\overline{\mathfrak{D}}(s)$ 与**环绕复形** $\dot{\mathfrak{D}}(s)$ 分别是 $\mathrm{Sd}\,K$ 的子复形:

$$\overline{\mathfrak{D}}(s) := \{\hat{t}_0 \hat{t}_1 \cdots \hat{t}_k \in \mathrm{Sd}\,K \mid t_0 \succ t_1 \succ \cdots \succ t_k \succeq s\},$$

$$\dot{\mathfrak{D}}(s) := \{\hat{t}_0 \hat{t}_1 \cdots \hat{t}_k \in \mathrm{Sd}\,K \mid t_0 \succ t_1 \succ \cdots \succ t_k \succ s\},$$

注意 $\overline{\mathfrak{D}}(s)$ 是以 $\hat{s}$ 为顶以 $\dot{\mathfrak{D}}(s)$ 为底的锥复形. $s$ 的**对偶块** $\mathfrak{D}(s)$ 是指 $\overline{\mathfrak{D}}(s) - \dot{\mathfrak{D}}(s)$,

$$\mathfrak{D}(s) := \{\hat{t}_0 \cdots \hat{t}_{k-1}\hat{s} \in \operatorname{Sd} K \mid t_0 \succ \cdots \succ t_{k-1} \succ s\}.$$

它由所有以 $\hat{s}$ 做末顶点的单形组成. 参看图 5.4.

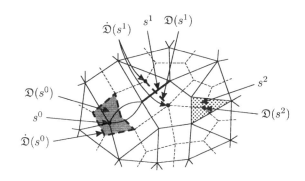

图 5.4 对偶块与环绕复形

与命题 1.3 相对称, 我们有

**命题 1.8** 对偶块构成 $\operatorname{Sd} K$ 的分解. 确切地说,

(1) $\bigcup\limits_{s \in K} \mathfrak{D}(s) = \operatorname{Sd} K$.

(2) 当 $s \neq t$ 时, $\mathfrak{D}(s) \cap \mathfrak{D}(t) = \emptyset$.

(3) $s \succ t$ 当且仅当 $\mathfrak{D}(s) \subset \dot{\mathfrak{D}}(t)$. □

$\operatorname{Sd} K$ 上的 $\{\operatorname{Sd} s\}$ 与 $\{\mathfrak{D}(s)\}$ 这两种分解是互相对偶的, 但是一般说来后一种分解不见得是胞腔分解. (参看下一节关于流形的讨论.) 设 $S$ 是 $K$ 的某些胞腔组成的集合, 我们将使用记号 $\operatorname{Sd} S := \{\operatorname{Sd} s \mid s \in S\}$ 与 $\mathfrak{D}(S) := \{\mathfrak{D}(s) \mid s \in S\}$.

## 1.5 交链 —— 卡积的几何解释

设 $K$ 是正则胞腔复形, $s^q$ 与 $s^{p+q}$ 是 $K$ 的两个胞腔. 在重心重分 $\operatorname{Sd} K$ 上看, $\mathfrak{D}(s^q)$ 与 $\operatorname{Sd} s^{p+q}$ 的交要么是空的, 要么是 $p$ 维的,

由 Sd $K$ 中所有以 $\hat{s}^{p+q}$ 为首顶点，以 $\hat{s}^q$ 为末顶点的单形组成：

$$\mathfrak{D}(s^q) \cap \operatorname{Sd} s^{p+q}$$

$$= \{\hat{s}^{p+q}\hat{t}_1 \cdots \hat{t}_{k-1}\hat{s}^q \in \operatorname{Sd} K \,|\, s^{p+q} \succ t_1 \succ \cdots \succ t_{k-1} \succ s^q\}.$$

我们要考虑其中各 $p$ 维单形取适当定向组成的链.

图 5.5 中表现的，是 2 维对偶胞腔 $\mathfrak{D}(s^0)$ 与 2 维胞腔 $\operatorname{Sd} s^2$ 相交的情形，以及 1 维对偶胞腔 $\mathfrak{D}(t^1)$ 与 1 维胞腔 $\operatorname{Sd} t^1$ 相交的情形.

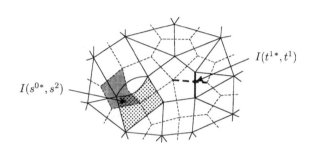

图 5.5 交链

**定义 1.5** 设 $K$ 的每个胞腔都已取好了定向. 设 $s^q$ 与 $s^{p+q}$ 是 $K$ 的两个胞腔. 定义 Sd $K$ 上的**交链**

$$I(s^{q*}, s^{p+q}) := \sum_{t^{p+q-1}, \cdots, t^{q+1}} [s^{p+q}:t^{p+q-1}]\cdots[t^{q+1}:s^q]$$
$$\cdot \hat{s}^{p+q}\hat{t}^{p+q-1}\cdots\hat{t}^{q+1}\hat{s}^q,$$

其中的求和号遍及 $K$ 中满足条件 $s^{p+q} \succ t^{p+q-1} \succ \cdots \succ t^{q+1} \succ s^q$ 的所有胞腔序列 $t^{p+q-1} \succ \cdots \succ t^{q+1}$.

请注意，鉴于下面的命题 1.9，我们在记号中故意把有向胞腔 $s^q$ 写成上链 $s^{q*}$.

作线性扩张，我们能定义 $K$ 的 $q$ 维上链与 $p+q$ 维下链的交链，它是 Sd $K$ 上的一个 $p$ 维下链. 这是一个双线性对应 $I: C^q(K) \times C_{p+q}(K) \to C_p(\operatorname{Sd} K)$.

根据这个定义，如果 $s^q$ 不是 $s^{p+q}$ 的面，则交链 $I(s^{q*}, s^{p+q}) = 0$；如果 $s^q = s^{p+q}$，则交链 $I(s^{q*}, s^q) = \hat{s}^q$.

注意，交链 $I(s^{q*}, s^{p+q})$ 只与 $s^q$, $s^{p+q}$ 这两个胞腔的定向有关，而与其他胞腔的定向无关.

**例 1.2** $\mathrm{Sd}_\# s^p = \sum\limits_{t^0 \in K} I(t^{0*}, s^p) = I\left( \sum\limits_{t^0 \in K} t^{0*}, s^p \right) = I(\epsilon, s^p)$, 这里 $\epsilon$ 是在每个 0 维胞腔上取值都是 1 的上链.

交链与卡积有密切的关系. 下面命题中的 $c^q$ 的存在性是根据引理 1.6.

**命题 1.9** 设 $c^q$ 是 $\mathrm{Sd}\,K$ 的一个 $q$ 维上链, 满足 $\mathrm{Sd}^\# c^q = s^{q*}$. 那么

$$I(s^{q*}, s^{p+q}) = c^q \frown \mathrm{Sd}_\# s^{p+q}.$$

换句话说, 有交换图表

$$
\begin{array}{ccccc}
C^q(K) & \times & C_{p+q}(K) & \xrightarrow{\ \ I\ \ } & C_p(\mathrm{Sd}\,K) \\
{\scriptstyle \mathrm{Sd}^\#}\big\uparrow & & {\scriptstyle \mathrm{Sd}_\#}\big\downarrow & & \big\Vert \\
C^q(\mathrm{Sd}\,K) & \times & C_{p+q}(\mathrm{Sd}\,K) & \xrightarrow{\ \frown\ } & C_p(\mathrm{Sd}\,K)
\end{array}
$$

**\*证明** 直截了当的计算:

$c^q \frown \mathrm{Sd}_\# s^{p+q}$

$$= c^q \frown \sum_{t^{p+q-1}, \cdots, t^0} [s^{p+q} : t^{p+q-1}] \cdots [t^1 : t^0] \hat{s}^{p+q} \hat{t}^{p+q-1} \cdots \hat{t}^0$$

$$= \sum_{t^q} \left( \sum_{t^{p+q-1}, \cdots, t^{q+1}} [s^{p+q} : \cdots : t^q] c^q \frown \right.$$

$$\left. \sum_{t^{q-1}, \cdots, t^0} [t^q : \cdots : t^0] \hat{s}^{p+q} \cdots \hat{t}^q \cdots \hat{t}^0 \right)$$

$$= \sum_{t^q} \sum_{t^{p+q-1}, \cdots, t^{q+1}} [s^{p+q} : \cdots : t^q]$$

$$\cdot \left\langle c^q, \sum_{t^{q-1}, \cdots, t^0} [t^q : \cdots : t^0] \hat{t}^q \cdots \hat{t}^0 \right\rangle \hat{s}^{p+q} \cdots \hat{t}^q,$$

但是这尖括号等于

$$\langle c^q, \mathrm{Sd}_{\#} t^q \rangle = \langle \mathrm{Sd}^{\#} c^q, t^q \rangle = \langle s^{q*}, t^q \rangle,$$

根据 $s^{q*}$ 的定义当 $t^q = s^q$ 时为 1, 否则为 0. 于是

$$c^q \frown \mathrm{Sd}_{\#} s^{p+q} = \sum_{t^{p+q-1},\cdots,t^{q+1}} [s^{p+q} : t^{p+q-1}] \cdots [t^{q+1} : s^q]$$

$$\cdot \hat{s}^{p+q} \hat{t}^{p+q-1} \cdots \hat{t}^{q+1} \hat{s}^q$$

$$= I(s^{q*}, s^{p+q}).$$ $\qquad\square$

交链 $I(s^{q*}, s^{p+q})$ 是作为代表交集 $\mathfrak{D}(s^q) \cap \mathrm{Sd}\, s^{p+q}$ 的链而几何地引进的, 所以上面的命题可以说是正则胞腔复形上, 卡积的几何解释.

**推论 1.10 (交链的边缘公式)**

$$\partial I(s^{q*}, s^{p+q}) = (-1)^p I(\delta s^{q*}, s^{p+q}) + I(s^{q*}, \partial s^{p+q}).$$

因此, 双线性对应 $I : C^q(K) \times C_{p+q}(K) \to C_p(\mathrm{Sd}\, K)$ 决定一个双线性对应 $I : H^q(K) \times H_{p+q}(K) \to H_p(\mathrm{Sd}\, K)$.

**证明** 边缘公式是上面的命题和卡积的边缘公式的直接推论. $\qquad\square$

由于胞腔同调与奇异同调是同构的, 我们还有

**推论 1.11** 有交换图表

$$
\begin{array}{ccccc}
H^q(K) & \times & H_{p+q}(K) & \xrightarrow{\ I\ } & H_p(\mathrm{Sd}\, K) \\
\Theta^* \big\uparrow \cong & & \Theta \big\downarrow \cong & & \Theta \big\downarrow \cong \\
H^q(|K|) & \times & H_{p+q}(|K|) & \xrightarrow{\ \frown\ } & H_p(|K|)
\end{array}
$$

其中上面一行是胞腔同调, 下面一行是奇异同调, 中间和右边的 $\Theta$ 是第三章的胞腔同调定理 3.1 给出的同构, 左边的 $\Theta^*$ 是相应的上

同调同构. □

## 1.6 星形, 正则胞腔复形的局部构造

**定义 1.6** 设 $s$ 是正则胞腔复形 $K$ 的胞腔. $s$ 在 $K$ 中的**星形** $\mathfrak{S}(s)$, **闭星形** $\overline{\mathfrak{S}}(s)$ 与**星形边界** $\dot{\mathfrak{S}}(s)$ 分别是 $\mathrm{Sd}\,K$ 中的单形集合:

$$\mathfrak{S}(s) := \{\hat{t}_0\hat{t}_1\cdots\hat{t}_k \in \mathrm{Sd}\,K \,|$$
$$\exists i: t_0 \succ t_1 \succ \cdots \succ t_i = s \succ t_{i+1} \succ \cdots \succ t_k\},$$

$$\overline{\mathfrak{S}}(s) := \{\hat{t}_0\hat{t}_1\cdots\hat{t}_k \in \mathrm{Sd}\,K \,|$$
$$\exists i: t_0 \succ t_1 \succ \cdots \succ t_i \succeq s \succ t_{i+1} \succ \cdots \succ t_k\},$$

$$\dot{\mathfrak{S}}(s) := \{\hat{t}_0\hat{t}_1\cdots\hat{t}_k \in \mathrm{Sd}\,K \,|$$
$$\exists i: t_0 \succ t_1 \succ \cdots \succ t_i \succ s \succ t_{i+1} \succ \cdots \succ t_k\}.$$

注意 $\overline{\mathfrak{S}}(s)$ 与 $\dot{\mathfrak{S}}(s)$ 都是 $\mathrm{Sd}\,K$ 的子复形, 并且 $\overline{\mathfrak{S}}(s)$ 是以 $\hat{s}$ 为顶以 $\dot{\mathfrak{S}}(s)$ 为底的锥复形. 而星形 $\mathfrak{S}(s) = \overline{\mathfrak{S}}(s) - \dot{\mathfrak{S}}(s)$. 参看图 5.6.

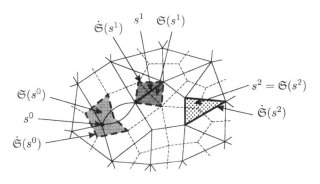

图 5.6 星形

下面的命题是明显的.

**命题 1.12** 星形构成 $|K| = |\mathrm{Sd}\,K|$ 的开覆盖. 确切地说,

(1) $|\mathfrak{S}(s)|$ 是 $|s| = |\mathrm{Sd}\,s|$ 的开邻域;

(2) $\bigcup\limits_{s \in K} \mathfrak{S}(s) = \operatorname{Sd} K$.

**证明** (1) 明显地, $\operatorname{Sd} K - \mathfrak{S}(s)$ 是 $\operatorname{Sd} K$ 的子复形, 所以 $|\mathfrak{S}(s)|$ 是 $|K| = |\operatorname{Sd} K|$ 中的开集. 又由于 $\operatorname{Sd} s \subset \mathfrak{S}(s)$, 所以 $|\mathfrak{S}(s)|$ 是 $|s| = |\operatorname{Sd} s|$ 的开邻域.

(2) 结论是显然的. □

为了进一步了解星形邻域的构造, 我们需要单纯复形的统联的概念 (参看第一章的习题 6.3).

**定义 1.7** 设 $K$ 是有限单纯复形, $A, B$ 是两个子复形. 如果它们满足以下条件:

(1) $K$ 的顶点集是 $A$ 的顶点集与 $B$ 的顶点集的不交并;

(2) $K$ 的一组顶点 $S$ 张成 $K$ 的单形当且仅当其在 $A, B$ 中的部分 $S \cap A$, $S \cap B$ 都分别张成 $A, B$ 中的单形,

我们就说 $K$ 是 $A, B$ 的**统联**, 记作 $K = A * B$.

**命题 1.13** 统联的性质:

(1) 任给两个有限单纯复形 $A, B$, 一定能把它们同时嵌入某个有限单纯复形 $K$, 使得 $K = A * B$.

(2) 多面体 $|A * B|$ 的每一点 $w$, 除非它本身在 $|A|$ 里或者在 $|B|$ 里, 就一定有唯一的 $x \in |A|$, $y \in |B|$, 使得 $w$ 在联结 $x$ 与 $y$ 的线段上. 换句话说, 映射

$$|A| \times |B| \times I \to |A * B|, \qquad (x, y, t) \mapsto (1-t)x + ty$$

是商映射, 把形如 $x \times |B| \times 0$ 子集缩成一点, 把形如 $|A| \times y \times 1$ 子集缩成一点, 除此以外是一对一的.

(3) 如果有同胚 $|A| \cong |A'|$, $|B| \cong |B'|$, 那么 $|A * B| \cong |A' * B'|$. 因此我们可以谈论**多面体的统联**.

(4) 作为单纯复形的运算, 它有结合性和交换性, 即

$$(A * B) * C = A * (B * C), \qquad A * B = B * A.$$

*证明 (1) 设 $A, B$ 分别有 $k, \ell$ 个顶点. 取一个 $k + \ell - 1$ 维单形 $\Delta$, 把 $A, B$ 分别嵌进去成为不相交的子复形. 按统联定义中的规定就能构造出单形 $\Delta$ 的一个子复形 $K = A * B$.

(2) 用 $A * B$ 上的重心坐标, 每一点 $w \in |A * B|$ 写成 $w = \sum\limits_{a \in A} \lambda_a(w)a + \sum\limits_{b \in B} \lambda_b(w)b$, 其中 $\sum\limits_{a \in A} \lambda_a(w) + \sum\limits_{b \in B} \lambda_b(w) = 1$, 每个 $\lambda_a(w) \geq 0, \lambda_b(w) \geq 0$. $|A|$ 的特征是 $\sum\limits_{a \in A} \lambda_a(w) = 1$, $|B|$ 的特征是 $\sum\limits_{b \in B} \lambda_b(w) = 1$. 除这两种点外, 有唯一的表达式

$$w = (1 - t)x + ty,$$

其中

$$t = \sum_{b \in B} \lambda_b(w), \quad x = \sum_{a \in A} \frac{\lambda_a(w)}{1 - t}a, \quad y = \sum_{b \in B} \frac{\lambda_b(w)}{t}b.$$

(3) 结论是 (2) 的推论.

(4) 结论是显然的. □

**例 1.3** 统联的典型例子.

(1) 0 维实心球 $D^0$ 是一个顶点, $D^0 * A$ 就是以 $A$ 为底的**锥复形**.

(2) 0 维球面 $S^0$ 是两个顶点, $S^0 * A$ 就是 $A$ 上的**双角锥** $\Sigma S$.

(3) $n$ 维球面 $S^n$ 同胚于 $n + 1$ 个 $S^0$ 的统联.

(4) $S^p * S^q \cong S^{p+q+1}$.

(5) $D^p * D^q \cong D^p * S^q \cong D^{p+q+1}$.

把统联的概念运用到星形上来, 我们从定义立即得到统联分解式:

**命题 1.14** 设 $s$ 是正则胞腔复形 $K$ 的胞腔. 则

(1) $\overline{\mathfrak{S}}(s) = \mathrm{Sd}\, \dot{s} * \overline{\mathfrak{D}}(s) = \mathrm{Sd}\, \bar{s} * \dot{\mathfrak{D}}(s)$.

(2) $\dot{\mathfrak{S}}(s) = \mathrm{Sd}\, \dot{s} * \dot{\mathfrak{D}}(s)$. □

### 1.7 正则邻域

**引理 1.15** 设 $K$ 是正则胞腔复形, $L$ 是其子复形. 那么在空间 $|\operatorname{Sd} K|$ 中, 闭集 $|\operatorname{Sd} L|$ 是开集 $|\mathfrak{D}(L)|$ 的形变收缩核, 闭集 $|\mathfrak{D}(K-L)|$ 是开集 $|\operatorname{Sd}(K-L)|$ 的形变收缩核.

**\*证明** 用 $\operatorname{Sd} K$ 上的重心坐标, 每一点 $x \in |\operatorname{Sd} K|$ 写成 $x = \sum\limits_{s \in K} \lambda_s(x)\hat{s}$, 其中 $\sum\limits_{s \in K} \lambda_s(x) = 1$, 每个 $\lambda_s(x) \geq 0$. $|\operatorname{Sd} L|$ 的特征是 $\sum\limits_{s \in L} \lambda_s(x) = 1$, $|\mathfrak{D}(K-L)|$ 的特征是 $\sum\limits_{s \in K-L} \lambda_s(x) = 1$, 所以都是闭集. $|\mathfrak{D}(L)|$ 的特征是 $\sum\limits_{s \in L} \lambda_s(x) > 0$, $|\operatorname{Sd}(K-L)|$ 的特征是 $\sum\limits_{s \in K-L} \lambda_s(x) > 0$, 所以都是开集.

从 $|\mathfrak{D}(L)|$ 到 $|\operatorname{Sd} L|$ 的收缩映射 $r : |\mathfrak{D}(L)| \to |\operatorname{Sd} L|$ 和形变 $\{f_u\}_{0 \leq u \leq 1} : \mathrm{id} \simeq r : |\mathfrak{D}(L)| \to |\mathfrak{D}(L)|$ 可以取成 (参看图 5.7 的左图)

$$r(x) = \frac{\sum\limits_{s \in L} \lambda_s(x)\hat{s}}{\sum\limits_{s \in L} \lambda_s(x)}, \qquad f_u(x) = (1-u)x + ur(x).$$

从 $|\operatorname{Sd}(K-L)|$ 到 $|\mathfrak{D}(K-L)|$ 的形变收缩可类似地构作 (参看图 5.7 的右图). $\qquad\square$

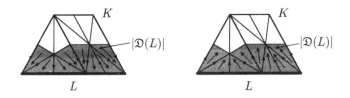

图 5.7　开正则邻域

**定义 1.8** 设 $K$ 是正则胞腔复形, $L$ 是其子复形. 我们称 $|\mathfrak{D}(L)|$ 为 $L$ 在 $K$ 中的**开正则邻域**.

有了这个定义, 上面的引理可以改写成下面的形式.

**命题 1.16** 设 $K$ 是正则胞腔复形，$L$ 是其子复形. 那么在空间 $|K|$ 中，闭集 $|L|$ 是其开正则邻域 $|\mathfrak{D}(L)|$ 的形变收缩核，开正则邻域的余集 $|\mathfrak{D}(K-L)|$ 则是开集 $|K-L|$ 的形变收缩核. □

## §2　流形，Poincaré 对偶定理

### 2.1　胞腔流形的定义

**定义 2.1** 正则胞腔复形 $M$ 称为 $n$ 维**胞腔流形**，如果对于 $M$ 的每一个 $q$ 维胞腔 $s^q$，它的环绕复形 $\dot{\mathfrak{D}}(s^q)$ 同胚于 $n-q-1$ 维球面 $S^{n-q-1}$.

显然，这时胞腔复形 $M$ 的维数是 $n$，而且每个 $n-1$ 维胞腔 $s^{n-1}$ 恰是两个 $n$ 维胞腔的面.

这个定义的背景是一个基本事实 (Cairns 1930, Whitehead 1940):

**事实 2.1** 紧的 $n$ 维微分流形必能单纯剖分成一个 $n$ 维胞腔流形.

我们来证明

**命题 2.2** $n$ 维胞腔流形 $M$ 的多面体 $|M|$ 是 $n$ 维拓扑流形.

**证明** 根据命题 1.12，星形 $|\mathfrak{S}(s)|$ 组成 $|M| = |\mathrm{Sd}\,M|$ 的开覆盖. 设 $s$ 是 $q$ 维胞腔. 根据命题 1.14，胞腔流形的定义，命题 1.13(3) 和例 1.3，复形

$$\dot{\mathfrak{S}}(s) = \mathrm{Sd}\,\dot{s} * \dot{\mathfrak{D}}(s) \cong S^{q-1} * S^{n-q-1} \cong S^{n-1}.$$

于是

$$|\mathfrak{S}(s)| = |\overline{\mathfrak{S}}(s) - \dot{\mathfrak{S}}(s)| = |\hat{s} * \dot{\mathfrak{S}}(s) - \dot{\mathfrak{S}}(s)| \cong |\hat{s} * S^{n-1} - S^{n-1}|$$

同胚于 $S^{n-1}$ 上去掉了底的开锥形，因而同胚于 $n$ 维欧氏空间 $\boldsymbol{R}^n$.

□

\*思考题 2.1 设 $K$ 是单纯复形，$s \in K$ 是其中的一个单形. 定

义 $K$ 中的单形集合

$$\mathrm{st}\,(s) := \{t \in K \mid t \succeq s\},$$

$$\mathrm{St}(s) := \{t \in K \mid\ t \text{ 与 } s \text{ 的顶点共同张成 } K \text{ 的单形}\},$$

$$\mathrm{Lk}(s) := \{t \in \mathrm{St}(s) \mid\ t \text{ 与 } s \text{ 无公共顶点}\}.$$

注意 $\mathrm{St}(s)$ 与 $\mathrm{Lk}(s)$ 都是 $K$ 的子复形, 而 $|\mathrm{st}\,(s)|$ 是 $|K|$ 中的开集.
试证明:

(1) $\mathrm{St}(s) = \overline{s} * \mathrm{Lk}(s)$, $\mathrm{St}(s) - \mathrm{st}\,(s) = \dot{s} * \mathrm{Lk}(s)$.

(2) 有序单纯复形的等式或同构

$$\overline{\mathfrak{S}}(s) = \mathrm{Sd}\,\mathrm{St}(s),$$

$$\dot{\mathfrak{S}}(s) = \mathrm{Sd}(\mathrm{St}(s) - \mathrm{st}\,(s)),$$

$$\dot{\mathfrak{D}}(s) \cong \mathrm{Sd}\,\mathrm{Lk}(s).$$

*思考题 2.2  设 $K$ 是单纯复形. 证明: $K$ 是 $n$ 维胞腔流形的充分必要条件是, 对于 $K$ 的每一个 $q$ 维单形 $s^q$, $\mathrm{Lk}(s^q)$ 同胚于 $n-q-1$ 维球面 $S^{n-q-1}$.

*思考题 2.3  设 $M$ 是单纯复形, 并且是 $n$ 维的胞腔流形. 证明: $\mathrm{Sd}\,M$ 也是 $n$ 维胞腔流形.

*思考题 2.4  设 $K, L$ 是两个有序单纯复形. 我们来定义一个有序单纯复形 $K \divideontimes L$, 称为 $K, L$ 的**单纯乘积**, 具有以下性质:

(1) $K \divideontimes L$ 的顶点集 (0 维骨架) $(K \divideontimes L)^0$ 是 $K^0 \times L^0$.

(2) $|K \divideontimes L| = |K| \times |L|$.

(3) 对角线映射 $\Delta : |K| \to |K| \times |K|$ 是一个保序的单纯映射 $K \to K \divideontimes K$.

具体做法如下: 设 $K^0 = \{a_i\}$, $L^0 = \{b_j\}$. 在集合 $K^0 \times L^0$ 中规定一个偏序: $(a_i, b_j) \le (a_{i'}, b_{j'})$ 当且仅当 $a_i \le a_{i'}$ 且 $b_j \le b_{j'}$. $K^0 \times L^0$ 的每个上升序列 $(a_{i_0}, b_{j_0}) < \cdots < (a_{i_r}, b_{j_r})$ 张成 $|K| \times |L|$ 中的一个单

形. 试证明: 所有这样的单形构成 $|K| \times |L|$ 的一个单纯剖分. 这个单纯复形就是 $K * L$. 参看文献 [6] pp.66—69.

*思考题 2.5  设 $K, L$ 是正则胞腔复形. 试证明:

(1) $K \times L$ 也是正则胞腔复形, 并且 $\mathrm{Sd}\,(K \times L) = \mathrm{Sd}\,K * \mathrm{Sd}\,L$.

(2) 设 $s, t$ 分别是 $K, L$ 中的胞腔. 则作为 $\mathrm{Sd}(K \times L)$ 的子复形, 有

$$\overline{\mathfrak{D}}_{K \times L}(s \times t) = \overline{\mathfrak{D}}_K(s) * \overline{\mathfrak{D}}_L(t),$$

$$\dot{\mathfrak{D}}_{K \times L}(s \times t) = \dot{\mathfrak{D}}_K(s) * \overline{\mathfrak{D}}_L(t) \cup \overline{\mathfrak{D}}_K(s) * \dot{\mathfrak{D}}_L(t).$$

(3) 对角线映射 $\Delta : |K| \to |K| \times |K|$ 是一个保序的单纯映射 $\mathrm{Sd}\,K \to \mathrm{Sd}\,K * \mathrm{Sd}\,K$.

*思考题 2.6  设 $M, N$ 分别是 $m, n$ 维的胞腔流形. 证明: $M \times N$ 是 $m + n$ 维胞腔流形.

*思考题 2.7  设 $M, N$ 都是单纯复形, 并且分别是 $m, n$ 维的胞腔流形. 证明: 单纯乘积 $M * N$ 是 $m + n$ 维胞腔流形.

## 2.2  对偶剖分

上一节我们讲了正则胞腔复形的重心重分上的对偶块. 对于胞腔流形而言, 这种对偶块构成另一个正则胞腔剖分. (为记号精简见, 今后在不致引起混淆的时候, 我们会省略一些括号, 如把 $\mathfrak{D}(M)$ 写成 $\mathfrak{D}M$ 等等. ) 参看图 5.8.

**命题 2.3**  设 $M$ 是 $n$ 维胞腔流形. 则

(1) $\{ |\mathfrak{D}(s)| \mid s \in M \}$ 是多面体 $|\mathrm{Sd}\,M|$ 的正则胞腔剖分, 记作 $\mathfrak{D}(M)$, 称为 $M$ 的**对偶剖分**. 与 $q$ 维胞腔 $s^q \in M$ 对应的对偶胞腔 $|\mathfrak{D}(s^q)|$ 是 $n - q$ 维胞腔, 仍记作 $\mathfrak{D}(s^q)$.

(2) $\mathfrak{D}(M)$ 的重心重分 $\mathrm{Sd}(\mathfrak{D}M)$ 与 $M$ 的重心重分 $\mathrm{Sd}\,M$ 是同一个单纯复形, 只是作为有序单纯复形, 顶点的顺序恰好相反.

(3) $\mathfrak{D}(M)$ 也是 $n$ 维胞腔流形.

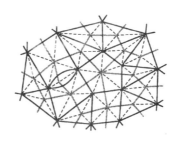

图 5.8    对偶的剖分有公共的重心重分

(4) $\mathfrak{D}(M)$ 这个 $n$ 维胞腔流形的 (在 (1) 中定义的) 对偶复形 $\mathfrak{D}(\mathfrak{D}(M))$ 就是 $M$.

**证明**    (1) 我们知道闭对偶块 $\overline{\mathfrak{D}}(s^q)$ 是环绕复形 $\dot{\mathfrak{D}}(s^q)$ 上的锥复形. 由于 $M$ 是 $n$ 维胞腔流形, $\dot{\mathfrak{D}}(s^q)$ 同胚于 $S^{n-q-1}$, 所以 $(\overline{\mathfrak{D}}(s^q), \dot{\mathfrak{D}}(s^q))$ 同胚于 $(D^{n-q}, S^{n-q-1})$, 这说明对偶块的确是正则胞腔. 另一方面, 根据命题 1.8, $\dot{\mathfrak{D}}(s^q) = \bigcup_{t \succ s^q} \mathfrak{D}(t)$, 即对偶胞腔的边缘也是对偶胞腔的并. 因此符合正则胞腔复形的定义.

(2) 鉴于命题 1.8(3), $s \succ t$ 当且仅当 $\mathfrak{D}s \prec \mathfrak{D}t$. 因此根据重心重分的定义 1.3, 复形 $\mathfrak{D}(M)$ 的重心重分 $\mathrm{Sd}(\mathfrak{D}M)$ 可以与复形 $M$ 的重心重分 $\mathrm{Sd}\,M$ 等同起来, 顶点 $(\mathfrak{D}s)\hat{\ }$ 等同于顶点 $\hat{s}$.

(3) 根据环绕复形的定义 1.4, $\mathfrak{D}(M)$ 的 $n-q$ 维胞腔 $\mathfrak{D}(s^q)$ 的环绕复形恰是 $\mathrm{Sd}\,\dot{s}^q$, 同胚于 $q-1$ 维球面. 所以 $\mathfrak{D}(M)$ 也是 $n$ 维胞腔流形.

(4) 按照定义, $\mathfrak{D}(\mathfrak{D}M)$ 中与胞腔 $\mathfrak{D}s$ 对偶的胞腔 $\mathfrak{D}(\mathfrak{D}s)$ 由 $\mathrm{Sd}\,\mathfrak{D}M = \mathrm{Sd}\,M$ 中以 $(\mathfrak{D}s)\hat{\ } = \hat{s}$ 为末顶点的单形拼成, 末顶点是按 $\mathrm{Sd}\,\mathfrak{D}M$ 中顺序说的, 按 $\mathrm{Sd}\,M$ 中的顺序就该是首顶点. 可见 $\mathfrak{D}(\mathfrak{D}s)$ 就是由 $\mathrm{Sd}\,s$ 的各单形拼成. 因此 $\mathfrak{D}(\mathfrak{D}M)$ 与 $M$ 相同.    $\square$

### 2.3    胞腔流形的定向

**定义 2.2**    $n$ 维胞腔流形 $M$ 称为**可定向的**, 如果 $M$ 的全体 $n$ 维胞腔可以这样来选取定向, 使得每两个相邻的 $n$ 维胞腔在其公共的 $n-1$ 维面上诱导相反的定向, 也就是说使得 $\sum_{s^n \in M} s^n$ 是闭链; 否则 $M$ 称为**不可定向的**. 满足上述要求的一组协合的定向, 称为 $M$ 的一个**定向**; 取定了定向的 $M$ 称为**有向的**流形. 闭链 $z^n := \sum_{s^n \in M} s^n$ 称为 $M$ 的**定向闭链**, 它的同调类记作 $[M] \in H_n(M)$, 称为 $M$ 的**定向类**或**基本类**. (其实由于 $M$ 的维数是 $n$, 闭链群 $Z_n(M)$ 与同调群 $H_n(M)$ 没有区别.) 图 5.9 表现相邻胞腔的定向是否协合.

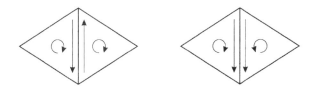

图 5.9　定向的协合与否

本节中我们讨论有向胞腔流形的同调性质, 同调与上同调的系数都取整数. 当系数是域 $F$ 时有完全类似的结论. 当取域 $\mathbf{Z}_2$ 做系数时, 我们的讨论对于不可定向的流形也成立, 因为这时总有

$$z^n := \sum_{s^n \in M} s^n \in Z_n(M; \mathbf{Z}_2).$$

## 2.4　对偶胞腔的定向

设 $M$ 是有向的 $n$ 维胞腔流形, $s^q$ 是其中的 $q$ 维有向胞腔. 我们希望写出 $s^q$ 的对偶胞腔 $\mathfrak{D}(s^q)$ 的定向链, 即 $H_{n-q}(\overline{\mathfrak{D}}(s^q), \dot{\mathfrak{D}}(s^q)) \cong \mathbf{Z}$ 的生成元来.

考虑 $\mathrm{Sd}\, M$ 中由 $\mathfrak{D}(s^q)$ 的各 $n-q$ 维胞腔取适当定向组成的链

$$\mathfrak{D}s^q := \sum_{t^n, \cdots, t^{q+1}} [t^n : t^{n-1}] \cdots [t^{q+1} : s^q]\hat{t}^n \cdots \hat{t}^{q+1}\hat{s}^q.$$

这个链只与 $M$ 的定向 (即各 $n$ 维胞腔的协合的定向) 以及 $s^q$ 的

定向有关, 而与其他胞腔的定向无关. 用上节的交链记号, 我们有 $\mathfrak{D}s^q = I(s^{q*}, z^n)$, 其中 $z^n = \sum_{t^n \in M} t^n \in Z_n(M)$ 是 $M$ 的定向闭链. 从交链的边缘公式 (推论 1.10), 我们得到

$$\partial \mathfrak{D}s^q = (-1)^{n-q} I(\delta s^{q*}, z^n) + I(s^{q*}, \partial z^n)$$

$$= (-1)^{n-q} \sum_{t^{q+1}} [t^{q+1} : s^q] I(t^{q+1*}, z^n)$$

$$= (-1)^{n-q} \sum_{t^{q+1}} [t^{q+1} : s^q] \mathfrak{D}t^{q+1}.$$

注意, 这里我们用到了 $M$ 是有向流形的假定, 即 $\partial z^n = 0$. 于是 $\mathfrak{D}s^q$ 的边缘是 $\dot{\mathfrak{D}}(s^q)$ 中的链, 即 $\mathfrak{D}s^q$ 属于闭链群 $Z_{n-q}(\overline{\mathfrak{D}}(s^q), \dot{\mathfrak{D}}(s^q))$. 既然 $\mathfrak{D}(s^q)$ 的维数是 $n-q$, 这闭链群就是同调群, 同构于 $\mathbf{Z}$, 而 $\mathfrak{D}s^q$ 这个链在各胞腔上的系数是 $\pm 1$, 不可能是别的闭链的倍数, 所以 $\mathfrak{D}s^q$ 就是这闭链群的生成元. 我们也已同时得到了 $\mathfrak{D}s^q$ 的边缘公式. 这些分析可以归纳成

**命题 2.4**　设 $M$ 是有向的 $n$ 维胞腔流形, $s^q$ 是其中的 $q$ 维有向胞腔. 在对偶复形 $\mathfrak{D}(M)$ 上, $s^q$ 的对偶胞腔 $\mathfrak{D}(s^q)$ 的定向链规定为

$$\mathfrak{D}s^q = \sum_{t^n, \cdots, t^{q+1}} [t^n : t^{n-1}] \cdots [t^{q+1} : s^q] \hat{t}^n \cdots \hat{t}^{q+1} \hat{s}^q.$$

则对偶胞腔之间的关联系数是

$$[\mathfrak{D}s^q : \mathfrak{D}s^{q+1}] = (-1)^{n-q} [s^{q+1} : s^q]. \qquad \square$$

## 2.5　Poincaré 对偶定理

**定理 2.5 (Poincaré 对偶定理)**　设 $M$ 是有向的 $n$ 维流形. 则

(1) 我们构作一个同构 $D : H^q(M) \to H_{n-q}(M)$, 对任意 $q$, 称为 **Poincaré 对偶同构**.

(2) 这同构可以用卡积来表示

$$D(\xi) = \xi \frown [M], \qquad 对于 \xi \in H^q(M).$$

换句话说, 有下面的交换图表:

**证明** 考虑链群的同构

$$D : C^q(M) \to C_{n-q}(\mathfrak{D}(M)), \qquad s^{q*} \mapsto \mathfrak{D}s^q \; 对于所有 \; q \; 维胞腔 \; s^q.$$

命题 2.4 告诉我们:

$$\partial D(s^{q*}) = \partial \mathfrak{D}s^q = (-1)^{n-q} \sum_{t^{q+1}} [t^{q+1} : s^q] \mathfrak{D}t^{q+1}$$

$$= (-1)^{n-q} \sum_{t^{q+1}} [t^{q+1} : s^q] D(t^{q+1*}) = (-1)^{n-q} D(\delta s^{q*}).$$

所以对于 $M$ 的任意 $q$ 维上链 $\gamma^q$, 有

$$\partial D(\gamma^q) = (-1)^{n-q} D(\delta \gamma^q).$$

于是 $D$ 把 $Z^q(M)$ 与 $B^q(M)$ 分别映成 $Z_{n-q}(\mathfrak{D}M)$ 与 $B_{n-q}(\mathfrak{D}M)$, 因而诱导出同构 $D : H^q(M) \to H_{n-q}(\mathfrak{D}M)$. 由于同调群实际上与胞腔剖分无关, 所以得到第一个结论.

为了证明第二个结论, 我们把链群的同构 $D$ 用卡积写出来. 根据命题 1.9, 对于 $\mathrm{Sd}\, M$ 的任意上链 $c^q \in C^q(\mathrm{Sd}\, M)$, 有

$$D(\mathrm{Sd}^{\#} c^q) = I(\mathrm{Sd}^{\#} c^q, z^n) = c^q \frown \mathrm{Sd}_{\#} z^n.$$

过渡到同调去, 链映射 $\mathrm{Sd}^{\#}$ 和 $\mathrm{Sd}_{\#}$ 都诱导恒同自同构, 所以 $D(\xi) = \xi \frown [M]$. $\qquad\square$

**例 2.1**  环面的一个正则胞腔剖分是图 5.10 的左图 (也就是图 3.2 的中图). 其 1 维同调群和上同调群的一对对偶基:

$$H_1(T^2) \text{ 的基 } \{[a],[b]\} \qquad H^1(T^2) \text{ 的基 } \{[\alpha],[\beta]\}$$
$$a = a_1 + a_2 \qquad\qquad \alpha = a_1^* + c_1^*$$
$$b = b_1 + b_2 \qquad\qquad \beta = b_1^* + d_1^*$$

图 5.10 的右图显示上闭链 $\beta$ 的 Poincaré 对偶 $D(\beta)$ 是个下闭链, 与下闭链 $a$ 同调. 所以 $D([\beta]) = [a]$. 类似地可以算出 $D([\alpha]) = -[b]$.

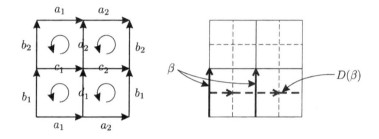

图 5.10  环面上的 Poincaré 对偶

**定义 2.3**  对于有限生成的 Abel 群 $A$, 以 $T_A$ 记 $A$ 中有限阶元素组成的子群, 称为 $A$ 的**挠子群**; 商群 $\overline{A} := A/T_A$ 是自由 Abel 群, 称为 $A$ 的**自由部分**. 注意秩 $\mathrm{rk}\,\overline{A} = \mathrm{rk}\,A$.

对于有限胞腔复形 $X$, 以 $T_q(X)$ 和 $T^q(X)$ 分别记 $H_q(X)$ 和 $H^q(X)$ 的挠子群, 以 $\overline{H}_q(X)$ 和 $\overline{H}^q(X)$ 分别记 $H_q(X)$ 和 $H^q(X)$ 的自由部分. $\overline{H}_q(X)$ 称为 $X$ 的**弱同调群**, 早期称为 Betti 群.

万有系数定理告诉我们自由 Abel 群 $\overline{H}_q(X) \cong \overline{H}^q(X)$, 其秩为 Betti 数 $\beta_q(X)$; 还告诉我们有限 Abel 群 $T^q(X) \cong T_{q-1}(X)$. (参看第三章推论 7.3.)

**推论 2.6**  设 $M$ 是可定向的 $n$ 维流形. 则

$$\beta_q(M) = \beta_{n-q}(M), \qquad T_{q-1}(M) \cong T_{n-q}(M). \qquad \square$$

对于任意的 (不必可定向的) 流形, 只要我们改用 $Z_2$ 系数, 上面的讨论完全可以适用. 所以我们有

**定理 2.7 (mod 2 的 Poincaré 对偶定理)** 设 $M$ 是 $n$ 维流形. 则

(1) 存在一个同构 $D: H^q(M; Z_2) \to H_{n-q}(M; Z_2)$, 对任意 $q$.

(2) 这同构可以用卡积来表示

$$D(\xi) = \xi \frown [M], \qquad 对于 \xi \in H^q(M; Z_2). \qquad \square$$

**推论 2.8** 奇数维流形 $M$ 的 Euler 示性数 $\chi(M) = 0$.

**证明** 上面的定理告诉我们, $Z_2$ 系数 Betti 数 $\beta_q^{(2)} = \beta_{n-q}^{(2)}$. 当 $n$ 是奇数时, 这两个 Betti 数对示性数 $\chi(M) = \sum\limits_{q=0}^{n} (-1)^q \beta_q^{(2)}$ 的贡献恰好抵消. $\qquad \square$

## 2.6 强连通性

**推论 2.9** 设 $M$ 是 $n$ 维胞腔流形. 如果 $M$ 是连通的, 那么对于 $M$ 的任意两个 $n$ 维胞腔 $s, s'$, 可以找到一串 $n$ 维胞腔

$$s = t_0, t_1, \cdots, t_k = s',$$

使得相邻的 $t_{i-1}$ 与 $t_i$ 都有公共的 $n-1$ 维面.

**证明** 我们定义 $s \sim s'$, 如果有这样一串胞腔把它们连接起来. 这是个等价关系. 取系数群 $Z_2$ 时, 每个等价类中全体 $n$ 维胞腔之和 $\sum s_i$ 是闭链. 这是因为对于任何 $n-1$ 维胞腔 $s^{n-1}$ 来说, 以它为面的两个 $n$ 维胞腔属于同一个等价类, 所以它在 $\partial \sum s_i$ 中的系数是 $0 \in Z_2$.

然而现在只可能有一个等价类. 这是由于 $M$ 连通, 根据定理 2.7, 有

$$H_n(M; Z_2) \cong H^0(M; Z_2) \cong Z_2,$$

所以 $Z_n(M; Z_2)$ 只有一个非零元素. $\quad\Box$

**推论 2.10** 设 $M$ 是连通的 $n$ 维胞腔流形. 则

$$H_n(M) = \begin{cases} Z, & \text{如果 } M \text{ 可定向}, \\ 0, & \text{如果 } M \text{ 不可定向}. \end{cases}$$

**证明** 既然 $M$ 连通, 当 $M$ 可定向时根据定理 2.5 有 $H_n(M) \cong H^0(M) \cong Z$. 反过来, 如果 $H_n(M) \neq 0$, 取 $n$ 维闭链 $z \neq 0$. 在任意 $n-1$ 维胞腔两边的两个 $n$ 维胞腔上, $z$ 的系数的绝对值必定相等. 根据上一个推论, $z$ 在所有 $n$ 维胞腔上的系数绝对值都相等, 设为 $k$. 于是 $z$ 除以 $k$ 得到的闭链在各 $n$ 维胞腔上的系数绝对值都是 1. 这说明 $M$ 的 $n$ 维胞腔可以协合地定向, 即 $M$ 是可定向的. $\quad\Box$

**习题 2.8** 设 $M$ 是连通的不可定向的 $n$ 维胞腔流形. 试证明 $H^n(M) \cong Z_2$.

**习题 2.9** 设 $M$ 是连通的不可定向的 $n$ 维胞腔流形. 试证明 $H_1(M; Z_2) \neq 0$. 因此, 单连通的流形一定是可定向的.

## 2.7 上积是对偶配对

**定理 2.11** 对于有向 $n$ 维流形 $M$, 有下面的交换图表:

$$\begin{array}{ccc} H^q(M) \times H^{n-q}(M) & \xrightarrow{\ \smile\ } & H^n(M) \\ \Big\| & {\scriptstyle D}\Big\downarrow{\scriptstyle \cong} & \Big\downarrow{\scriptstyle \langle -, [M]\rangle} \\ H^q(M) \times H_q(M) & \xrightarrow{\ \langle -, -\rangle\ } & Z \end{array}$$

其中 $D$ 是 Poincaré 对偶同构.

**证明** 根据定理 2.5 及上积与卡积的对偶性,

$$\langle \xi \smile \eta, [M] \rangle = \langle \xi, \eta \frown [M] \rangle = \langle \xi, D(\eta) \rangle. \qquad\Box$$

这定理说明, 互补维数的上同调群之间的上积的代数性质, 与相同维数的上下同调群之间的 Kronecker 积的代数性质相仿.

从万有系数定理我们知道相同维数的上下同调群之间的 Kronecker 积是对偶配对 (第三章推论 7.5). 所以有

**定理 2.12** 对于有向 $n$ 维流形 $M$, 互补维数的上同调群之间的上积是对偶配对. 确切地说, 双线性对应

$$P : H^q(M) \times H^{n-q}(M) \to \mathbf{Z}, \quad P(\xi, \eta) := \langle \xi \smile \eta, [M] \rangle$$

是对偶配对. □

这个定理很有用. 当系数群是一个域 $F$ 时, 它的形式是

**定理 2.13** 设 $M$ 是有向的 $n$ 维流形, $F$ 是域. 那么双线性对应

$$P : H^q(M; F) \times H^{n-q}(M; F) \to F$$

是对偶配对. □

当取 $\mathbf{Z}_2$ 做系数时, 流形是否可定向就无关紧要了.

**定理 2.14** 对任意的 $n$ 维流形 $M$, 双线性对应

$$P : H^q(M; \mathbf{Z}_2) \times H^{n-q}(M; \mathbf{Z}_2) \to \mathbf{Z}_2$$

是对偶配对. □

作为第一个应用, 我们重新计算实射影空间的上同调环.

**推论 2.15** 设 $\xi \neq 0 \in H^1(\mathbf{R}P^n; \mathbf{Z}_2)$, 则 $\xi^n \neq 0$. 因此上同调环

$$H^*(\mathbf{R}P^n; \mathbf{Z}_2) \cong \mathbf{Z}_2[\xi]/(\xi^{n+1} = 0).$$

**证明** 对维数 $n$ 作归纳法. 当 $n = 1$ 时显然成立. 考虑 $n > 1$. 从计算 $\mathbf{R}P^n$ 的同调群的第三章定理 4.6, 我们知道

$$H^q(\mathbf{R}P^n; \mathbf{Z}_2) = \begin{cases} \mathbf{Z}_2, & \text{当 } 0 \le q \le n, \\ 0, & \text{其余的 } q, \end{cases}$$

并且含入映射 $\iota : \mathbf{R}P^{n-1} \to \mathbf{R}P^n$ 诱导同构

$$\iota^* : H^q(\mathbf{R}P^n; \mathbf{Z}_2) \xrightarrow{\cong} H^q(\mathbf{R}P^{n-1}; \mathbf{Z}_2), \quad \text{当 } q \le n-1.$$

所以 $\iota^*(\xi)$ 是 $H^1(RP^{n-1};Z_2)$ 中的非零元素. 根据归纳假设, $\iota^*(\xi^{n-1})$ $= (\iota^*(\xi))^{n-1} \neq 0$, 所以 $\xi^{n-1} \neq 0$, 它是 $H^{n-1}(RP^n;Z_2)$ 中的非零元素.

再根据定理 2.14, $H^{n-1}(RP^n;Z_2)$ 与 $H^1(RP^n;Z_2)$ 中的非零元素的上积必须是非零元素. 所以 $\xi^n = \xi^{n-1} \smile \xi \neq 0$. □

**习题 2.10** 计算复射影空间 $CP^n$ 的整数系数上同调环.

**习题 2.11** 计算复射影空间 $CP^n$ 的畴数.

**推论 2.16** 设 $M$ 是偶数维的可定向流形, 维数 $n = 2m$. 对偶配对

$$P : H^m(M) \times H^m(M) \to Z$$

是一个幺模的双线性形式. 当 $m$ 是偶数时是对称的, 当 $m$ 是奇数时是反称的.

这里 "幺模" 的含义是 $P$ (相对于 $\overline{H}^m(M)$ 的任意基) 的矩阵的行列式是 $\pm 1$.

这个双线性形式称为 $M$ 的**相交形式**. (为什么叫相交形式? 参看命题 3.4.)

**证明** 任意取 $\overline{H}^m(M)$ 的一组基 $\{\overline{\xi}_1,\cdots,\overline{\xi}_{\beta_m}\}$. 根据定理 2.12, 有对偶基 $\{\overline{\eta}_1,\cdots,\overline{\eta}_{\beta_m}\}$ 使得 $P(\overline{\xi}_i,\overline{\eta}_j) = \delta_{ij}$. 以 $A = (a_{ik})$ 记相交形式 $P$ 在基 $\{\overline{\xi}_1,\cdots,\overline{\xi}_{\beta_m}\}$ 下的矩阵, $a_{ik} = P(\overline{\xi}_i,\overline{\xi}_k)$. 以 $B = (b_{kj})$ 记基变换矩阵, $\overline{\eta}_j = \sum_k b_{kj}\overline{\xi}_k$. 于是

$$\delta_{ij} = P(\overline{\xi}_i,\overline{\eta}_j) = \sum_k b_{kj}P(\overline{\xi}_i,\overline{\xi}_k) = \sum_k a_{ik}b_{kj},$$

即 $AB$ 是单位矩阵. $A, B$ 都是整数矩阵, 所以 $\det A = \pm 1$. □

**推论 2.17** $4k+2$ 维可定向流形 $M$ 的 Euler 示性数 $\chi(M)$ 是偶数.

**证明** Betti 数 $\beta_q = \beta_{n-q}$. 它们对示性数 $\chi(M) = \sum\limits_{q=0}^{n}(-1)^q\beta_q$

的贡献相同. 所以

$$\chi(M) \equiv \beta_{2k+1} \bmod 2.$$

我们来证明 $\beta_{2k+1}$ 是偶数.

设 $\{\overline{\xi}_1, \cdots, \overline{\xi}_{\beta_{2k+1}}\}$ 是 $\overline{H}^{2k+1}(M)$ 的一组基, 设 $A = (a_{ij})$, $a_{ij} = P(\overline{\xi}_i, \overline{\xi}_j)$, 是 $M$ 的相交形式 $P$ 在这组基下的矩阵. 由于 $P$ 是反称的, $A^{\mathrm{T}} = -A$. 所以 $\det A = \det A^{\mathrm{T}} = \det(-A) = (-1)^{\beta_{2k+1}}\det A$. 但是 $P$ 是幺模的, $\det A = \pm 1$. 于是 $(-1)^{\beta_{2k+1}} = 1$, 可见 $\beta_{2k+1}$ 是偶数.

$\square$

不可定向的流形不一定有这个性质, 例如射影平面的 $\chi(\boldsymbol{R}P^2) = 1$.

**习题 2.12** 设 $M$ 是连通的 7 维流形. 已知 $H_7(M) \cong \boldsymbol{Z}$, $H_6(M) \cong \boldsymbol{Z}$, $H_5(M) \cong \boldsymbol{Z}_2$, $H_4(M) \cong \boldsymbol{Z} \oplus \boldsymbol{Z}_3$. 试由此得出关于 $M$ 的上同调群和上同调环的尽量多的信息.

**习题 2.13** 设 $M$ 是连通的 3 维流形. 试证明:

(1) 若 $M$ 可定向且 $H_1(M) = 0$, 则 $M$ 与 $S^3$ 有相同的同调群.

(2) 若 $M$ 不可定向, 则 $H_1(M)$ 为无限群.

**习题 2.14** 设 $S_g$ 是亏格为 $g$ 的可定向闭曲面. 则存在映射 $f : S_g \to S_h$ 使 $\deg f \neq 0$ 的充分必要条件是 $g \geq h$.

**习题 2.15** 设 $M, N$ 为有向的连通 $n$ 维流形. 映射 $f : M \to N$ 的**度** $\deg f$ 定义为由等式 $f_*[M] = (\deg f) \cdot [N]$ 决定的整数. 证明

(1) 若 $M, N$ 都可定向, 且 $\deg f \neq 0$, 则 $\beta_q(M) \geq \beta_q(N)$, 对所有的 $q$.

(2) 若 $f_* \neq 0 : H_n(M; \boldsymbol{Z}_2) \to H_n(N; \boldsymbol{Z}_2)$, 问当 $0 < q < n$ 时, $H_q(M; \boldsymbol{Z}_2)$ 与 $H_q(N; \boldsymbol{Z}_2)$ 有什么关系?

**习题 2.16** 设 $M, N$ 都是连通的 $n$ 维胞腔流形, $M$ 可定向, $N$ 不可定向. 设 $f : M \to N$ 是映射. 证明

$$f_* = 0 : H_n(M; \boldsymbol{Z}_2) \to H_n(N; \boldsymbol{Z}_2).$$

## §3    交积, 相交数

### 3.1    交积

**定义 3.1**    设 $M$ 是有向的 $n$ 维流形. 我们定义一个双线性对应

$$C_{n-p}(\mathfrak{D}M) \times C_{n-q}(M) \xrightarrow{\bullet} C_{n-(p+q)}(\mathrm{Sd}\,M),$$

称为 $\mathfrak{D}M$ 的链与 $M$ 的链之间的**交积**, 规定如下: 对于任意 $\mathfrak{D}s^p \in \mathfrak{D}M,\ s^{n-q} \in M$,

$$\mathfrak{D}s^p \bullet s^{n-q} := I(s^{p*}, s^{n-q})$$

$$= \sum_{t^{n-q-1},\cdots,t^{p+1}} [s^{n-q}:t^{n-q-1}]\cdots[t^{p+1}:s^p]\hat{s}^{n-q}\hat{t}^{n-q-1}\cdots\hat{t}^{p+1}\hat{s}^p.$$

注意, 维数的规则是余维相加.

**命题 3.1**    链的交积的边缘公式是

$$\partial(a \bullet b) = (-1)^q(\partial a)\bullet b + a \bullet (\partial b), \quad a \in C_{n-p}(\mathfrak{D}M),\ b \in C_{n-q}(M).$$

因而链的交积诱导出**同调的交积**

$$H_{n-p}(M) \times H_{n-q}(M) \xrightarrow{\bullet} H_{n-(p+q)}(M).$$

**证明**    我们只需在链的水平上证明, 对于任意的两个胞腔 $\mathfrak{D}s^p$ 与 $s^{n-q}$ 有 $\partial(\mathfrak{D}s^p \bullet s^{n-q}) = (-1)^q(\partial\mathfrak{D}s^p)\bullet s^{n-q} + \mathfrak{D}s^p \bullet (\partial s^{n-q})$. 计算得

$$\partial(\mathfrak{D}s^p \bullet s^{n-q}) = \partial I(s^{p*}, s^{n-q}) \qquad\qquad 交积的定义$$

$$= (-1)^{n-p-q}I(\delta s^{p*}, s^{n-q}) + I(s^{p*}, \partial s^{n-q}) \quad 边缘公式\ 1.10$$

$$= (-1)^{n-p-q}\sum_{t^{p+1}}[t^{p+1}:s^p]I(t^{p+1*}, s^{n-q})$$

$$+I(s^{p*}, \partial s^{n-q}) \qquad\qquad 用关联系数写出$$

$$= (-1)^{n-p-q} \sum_{t^{p+1}} [t^{p+1} : s^p] \mathfrak{D} t^{p+1} \bullet s^{n-q}$$

$$+\mathfrak{D} s^p \bullet (\partial s^{n-q}) \qquad\qquad 交积的定义$$

$$= (-1)^q \sum_{t^{p+1}} [\mathfrak{D} s^p : \mathfrak{D} t^{p+1}] \mathfrak{D} t^{p+1} \bullet s^{n-q}$$

$$+\mathfrak{D} s^p \bullet (\partial s^{n-q}) \qquad\qquad 命题 2.4$$

$$= (-1)^q (\partial \mathfrak{D} s^p) \bullet s^{n-q} + \mathfrak{D} s^p \bullet (\partial s^{n-q}).$$

**从边缘公式到同调交积**

$$H_{n-p}(\mathfrak{D} M) \times H_{n-q}(M) \xrightarrow{\bullet} H_{n-(p+q)}(\mathrm{Sd}\, M)$$

是明显的. 再把这几个不同胞腔剖分的同调群等同起来. □

**定理 3.2** 交积是上积的对偶. 对于有向的 $n$ 维流形 $M$, 有

$$D(\xi) \bullet D(\eta) = \xi \frown D(\eta) = D(\xi \smile \eta), \qquad 对于 \xi, \eta \in H^*(M).$$

即下面的图表是交换的:

$$
\begin{array}{ccccc}
H^p(M) & \times & H^q(M) & \xrightarrow{\smile} & H^{p+q}(M) \\
D \downarrow \cong & & D \downarrow \cong & & D \downarrow \cong \\
H_{n-p}(M) & \times & H_{n-q}(M) & \xrightarrow{\bullet} & H_{n-(p+q)}(M).
\end{array}
$$

**证明** 在链的水平上, 命题 1.9 告诉我们, 对于 $c^p \in C^p(\mathrm{Sd}\, M)$ 与 $a_{n-q} \in C_{n-q}(M)$, 有

$$D(\mathrm{Sd}^\# c^p) \bullet a_{n-q} = I(\mathrm{Sd}^\# c^p, a_{n-q}) = c^p \frown \mathrm{Sd}_\# a_{n-q}.$$

在同调的水平上, 链映射 $\mathrm{Sd}^\#$ 和 $\mathrm{Sd}_\#$ 都诱导恒同自同构, 所以

$$D(\xi) \bullet y = \xi \frown y, \quad \xi \in H^p(M), \ y \in H_{n-q}(M).$$

于是

$$D(\xi) \bullet D(\eta) = \xi \frown D(\eta) = \xi \frown (\eta \frown [M])$$
$$= (\xi \smile \eta) \frown [M] = D(\xi \smile \eta). \qquad \square$$

**推论 3.3**  对于有向的 $n$ 维流形 $M$, 下同调在交积运算下构成一个环, 称为 $M$ 的**交环**. 交积的单位元是 $[M] \in H_n(M)$. 交环同构于上同调环. $\qquad \square$

### 3.2  相交数

**定义 3.2**  设 $M$ 是有向的 $n$ 维流形. 我们定义一个双线性对应

$$H_*(M) \times H_*(M) \xrightarrow{\cdot} Z,$$

称为下同调类之间的**相交数**, 规定为:

$$x \cdot y = \langle \epsilon, \ x \bullet y \rangle,$$

其中 $\epsilon \in H^0(M)$ 是上同调环的单位元. 注意, 根据第二章第 4 节 Kronecker 积的定义, 只有当 $x, y$ 的维数互补即 $|x| + |y| = n$ 时, $x \cdot y$ 才可能不等于 0; 否则 $x \cdot y = 0$.

与交积一样, 相交数也可以先在链的水平上来定义: 如果 $p + q = n$, 則 $M$ 上的 $p$ 维链与 $M$ 上的 $q$ 维链的相交数等于它们的交链的系数和. 其几何意义是: **交点的代数个数**.

**命题 3.4**  设 $x, y \in H_*(M)$ 分别是 $\xi, \eta \in H^*(M)$ 在 Poincaré 对偶同构下的像, 即 $x = D\xi, y = D\eta$. 则

$$x \cdot y = \langle \xi, y \rangle = \langle \xi \smile \eta, [M] \rangle,$$
$$y \cdot x = (-1)^{|x||y|} x \cdot y.$$

**证明**  取定理 3.2 的式子, 用 $\epsilon \in H^0(M)$ 去做 Kronecker 积, 就得到本命题的第一个式子. 第二个式子来自第一个式子及上积的交换律. (注意只有当 $|x| = |\eta|, |y| = |\xi|$ 时, $x \cdot y$ 才可能不等于 0.) $\qquad \square$

**推论 3.5** 对于有向 $n$ 维流形 $M$, 互补维数的下同调群之间的相交数是对偶配对. 确切地说，双线性对应

$$H_q(M) \times H_{n-q}(M) \overset{\cdot}{\longrightarrow} Z$$

是对偶配对. 当系数是域时，也有相应的结果.

**证明** 沿用命题 3.4 的记号，

$$x \cdot y = \langle \xi \smile \eta, [M] \rangle = P(\xi, \eta).$$

然后用定理 2.12. □

相交数在微分拓扑学中的表现形式如下，我们不去证明它了.

**定理 3.6** 设 $M, X, Y$ 分别是 $n, p, q$ 维的有向光滑流形，$p+q = n$, 并取好了与流形定向相协合的局部坐标系. 设 $f: X \to M$ 与 $g: Y \to M$ 是光滑映射. 假定只有有限多个 $(x, y) \in X \times Y$ 满足 $f(x) = g(y)$, 设为 $(x_1, y_1), \cdots, (x_k, y_k)$, 并设在这些点，从 $f, g$ 的局部坐标表达式得到的矩阵

$$J_{(x,y)} := \begin{pmatrix} \dfrac{\partial f_1}{\partial x_1} & \cdots & \dfrac{\partial f_1}{\partial x_p} & \dfrac{\partial g_1}{\partial y_1} & \cdots & \dfrac{\partial g_1}{\partial y_q} \\ \vdots & & \vdots & \vdots & & \vdots \\ \dfrac{\partial f_n}{\partial x_1} & \cdots & \dfrac{\partial f_n}{\partial x_p} & \dfrac{\partial g_n}{\partial y_1} & \cdots & \dfrac{\partial g_n}{\partial y_q} \end{pmatrix}$$

都非退化，其行列式的正负号记作 $\epsilon_{(x_i, y_i)}$. 则 $f_*([X]) \in H_p(M)$ 与 $g_*([Y]) \in H_q(M)$ 的相交数

$$f_*[X] \cdot g_*[Y] = \sum_{i=1}^{k} \epsilon_{(x_i, y_i)}. \qquad \square$$

**例 3.1** 环面上的相交数. 我们沿用例 2.1 中的记号. 那么根据命题 3.4,

$$[a] \cdot [b] = D([\beta]) \cdot [b] = \langle \beta, b \rangle = 1,$$

$$[b] \cdot [a] = -D([\alpha]) \cdot [a] = -\langle \alpha, a \rangle = -1,$$

并且 $[a] \cdot [a] = [b] \cdot [b] = 0$.

**例 3.2**    计算双环面的整数系数的交环及上同调环.

我们沿用第四章例 3.2 中的记号. 那么根据图 4.4 的左图可以直接读出相交数

$$[a_i] \cdot [b_i] = 1, \quad [a_i] \cdot [a_i] = [b_i] \cdot [b_i] = 0, \qquad \forall\, i,$$

$$[a_i] \cdot [a_j] = [a_i] \cdot [b_j] = [b_i] \cdot [b_j] = 0, \qquad \forall\, i \neq j.$$

根据推论 3.3, 得到 1 维上同调类的上积:

$$[\alpha_i] \smile [\beta_j] = -[\beta_i] \smile [\alpha_j] = \delta_{ij}[\zeta],$$

$$[\alpha_i] \smile [\alpha_j] = [\beta_i] \smile [\beta_j] = 0.$$

**习题 3.1**    计算可定向闭曲面的整数系数的交环及上同调环.

**习题 3.2**    计算不可定向闭曲面的模 2 系数的交环及上同调环.

**思考题 3.3**    计算不可定向闭曲面的整数系数的上同调环. (提示: 利用不同系数的上同调环之间的同态 $H^*(M) \to H^*(M; \mathbf{Z}_2)$. )

**习题 3.4**    计算双环面与 Klein 瓶的上积长度和畴数.

### 3.3  转移同态

设 $M$ 是 $m$ 维有向流形, $N$ 是 $n$ 维有向流形. 设 $f : M \to N$ 是映射. 通过 Poincaré 对偶同构 $D_M$ 与 $D_N$, $f$ 所诱导的同态 $f_*$ 与 $f^*$ 决定了**转移同态** (transfer) $f^! = D_N^{-1} \circ f_* \circ D_M : H^{m-*}(M) \to H^{n-*}(N)$ 与 $f_! = D_M \circ f^* \circ D_N^{-1} : H_{n-*}(N) \to H_{m-*}(M)$. 我们有下面的交换图表:

$$
\begin{array}{ccc}
H_*(M) & \xrightarrow{\ f_*\ } & H_*(N) \\
{\scriptstyle D_M} \big\uparrow {\scriptstyle\cong} & & {\scriptstyle D_N} \big\uparrow {\scriptstyle\cong} \\
H^{m-*}(M) & \xrightarrow{\ f^!\ } & H^{n-*}(N)
\end{array}
\qquad
\begin{array}{ccc}
H^*(M) & \xleftarrow{\ f^*\ } & H^*(N) \\
{\scriptstyle D_M} \big\downarrow {\scriptstyle\cong} & & {\scriptstyle D_N} \big\downarrow {\scriptstyle\cong} \\
H_{m-*}(M) & \xleftarrow{\ f_!\ } & H_{n-*}(N)
\end{array}
$$

注意, 当 $M$ 与 $N$ 维数不同时, 转移同态不是保持同调类的维数, 而是保持余维数.

在下同调, 如果说诱导同态 $f_* : H_*(M) \to H_*(N)$ 表示 $M$ 中的图形在映射 $f$ 下的像, 那么转移同态 $f_! : H_{n-*}(N) \to H_{m-*}(M)$ 表示 $N$ 中的图形在映射 $f$ 下的逆像. 而在上同调, 如果说诱导同态 $f^* : H^*(N) \to H^*(M)$ 表示 $N$ 中的测度被映射 $f$ 拉回到 $M$ 上, 那么转移同态 $f^! : H^{m-*}(M) \to H^{n-*}(N)$ 表示 $M$ 中的测度被映射 $f$ 推出到 $N$ 上.

**命题 3.7**   在相交数这种对偶配对之下, 下同调的转移同态 $f_! : H_*(N) \to H_*(M)$ 与诱导同态 $f_* : H_*(M) \to H_*(N)$ 互相对偶. 即对于任意的 $x \in H_*(M)$ 和 $y \in H_*(N)$, 有

$$f_!(y) \cdot x = y \cdot f_*(x).$$

或者说, 图表

$$
\begin{array}{ccc}
H^*(M) \times H_*(M) & \xrightarrow{\;\cdot\;} & \mathbf{Z} \\
\scriptstyle{f_!}\big\uparrow \quad \scriptstyle{f_*}\big\downarrow & & \big\| \\
H^*(N) \times H_*(N) & \xrightarrow{\;\cdot\;} & \mathbf{Z}
\end{array}
$$

是交换的.

**证明**   设 $y = D_N(\eta)$, $\eta \in H^*(N)$. 则

$$f_!(y) \cdot x = f_! D_N(\eta) \cdot x = D_M f^*(\eta) \cdot x \qquad\qquad f_! \text{ 的定义}$$

$$= \langle f^*(\eta), x \rangle = \langle \eta, f_*(x) \rangle = y \cdot f_*(x). \qquad \text{命题 3.4} \qquad \square$$

**命题 3.8**   下同调的转移同态 $f_!$ 保持交积, 是交环的同态. 即对于任意的 $y, y' \in H_*(N)$, 有

$$f_!(y \bullet y') = f_!(y) \bullet f_!(y').$$

**证明** 这是 $f_!$ 的定义和本章定理 3.2 的直接推论. ☐

## §4 Lefschetz 不动点定理

本节中, 若无特别声明, 上下同调的系数群都是有理数域 $Q$. 我们将把 $H_*(X;Q)$ 和 $H^*(X;Q)$ 简写作 $H_*(X)$ 和 $H^*(X)$, 等等.

### 4.1 积流形上的交积

设 $M$, $N$ 分别是 $m$ 维和 $n$ 维的有向流形. 记 Poincaré 对偶同构为

$$D_M = \frown [M] : H^*(M) \to H_{m-*}(M),$$
$$D_N = \frown [N] : H^*(N) \to H_{n-*}(N),$$
$$D_{M \times N} = \frown [M \times N] : H^*(M \times N) \to H_{m+n-*}(M \times N).$$

**命题 4.1** 对于 $\xi \in H^*(M)$, $\eta \in H^*(N)$, 有

$$D_{M \times N}(\xi \times \eta) = (-1)^{|\xi|(n-|\eta|)}(D_M\xi) \times (D_N\eta).$$

**证明** 在 $M$ 的每个维数的上同调群各取一组基, 拼成 $H^*(M)$ 的基 $\{\xi_i\}$. 类似地取 $H^*(N)$ 的基 $\{\eta_j\}$. Künneth 定理告诉我们 $\{\xi_i \times \eta_j\}$ 是 $H^*(M \times N)$ 的基. 我们只需验证这组基与待证的等式左右两边的 Kronecker 积相等.

$$\langle \xi_i \times \eta_j, (\xi \times \eta) \frown ([M] \times [N]) \rangle$$
$$= \langle (\xi_i \times \eta_j) \smile (\xi \times \eta), [M] \times [N] \rangle \qquad \text{上积与卡积对偶}$$
$$= (-1)^{|\xi||\eta_j|} \langle (\xi_i \smile \xi) \times (\eta_j \smile \eta), [M] \times [N] \rangle \qquad \text{第四章定理 5.9}$$
$$= (-1)^{|\xi||\eta_j|} \langle \xi_i \smile \xi, [M] \rangle \langle \eta_j \smile \eta, [N] \rangle$$
$$= (-1)^{|\xi|(n-|\eta|)} \langle \xi_i, \xi \frown [M] \rangle \langle \eta_j, \eta \frown [N] \rangle \qquad \text{理由见后}$$
$$= (-1)^{|\xi|(n-|\eta|)} \langle \xi_i \times \eta_j, (\xi \frown [M]) \times (\eta \frown [N]) \rangle.$$

其中倒数第二个等号的理由是, 当 $|\eta_j| + |\eta| \neq n$ 时两侧都是 0. ☐

**命题 4.2** 对于 $a, x \in H_*(M)$, $b, y \in H_*(N)$ , 在 $H_*(M \times N)$ 中有

$$(a \times b) \bullet (x \times y) = (-1)^{(m-|a|)(n-|y|)}(a \bullet x) \times (b \bullet y).$$

从而

$$(a \times b) \cdot (x \times y) = (-1)^{|b||x|}(a \cdot x)(b \cdot y).$$

**证明** 设 $a = D_M\alpha$, $x = D_M\xi$, $b = D_N\beta$, $y = D_N\eta$. 则

$(a \times b) \bullet (x \times y) = (D_M\alpha \times D_N\beta) \bullet (D_M\xi \times D_N\eta)$

$= (-1)^{|\alpha||b|+|\xi||y|} D_{M \times N}(\alpha \times \beta) \bullet D_{M \times N}(\xi \times \eta)$   命题 4.1

$= (-1)^{|\alpha||b|+|\xi||y|} D_{M \times N}((\alpha \times \beta) \smile (\xi \times \eta))$   定理 3.2

$= (-1)^{|\alpha||b|+|\xi||y|+|\beta||\xi|} D_{M \times N}((\alpha \smile \xi) \times (\beta \smile \eta))$   第四章定理 5.9

$= (-1)^{|\alpha||b|+|\xi||y|+|\beta||\xi|+(|\alpha|+|\xi|)(n-|\beta|-|\eta|)}$

$\quad \cdot D_M(\alpha \smile \xi) \times D_N(\beta \smile \eta)$   命题 4.1

$= (-1)^{|\alpha||\eta|}(D_M\alpha \bullet D_M\xi) \times (D_N\beta \bullet D_N\eta)$   定理 3.2

$= (-1)^{|\alpha||\eta|}(a \bullet x) \times (b \bullet y).$

命题的第二个等式是第一个等式的推论.    □

## 4.2 对角线同调类

设 $M$ 是有向的 $n$ 维流形.

设 $\{x_i\}$ 是由各维数的 $H_q(M)$ 的基拼成的 $H_*(M)$ 的一组基. 设 $\{x_i'\}$ 是在相交数下的对偶基, 即

$$x_i \cdot x_j' = \delta_{ij}.$$

设 $x_i = D_M\xi_i$, $x_i' = D_M\xi_i'$. 则 $\{\xi_i\}$ 是 $H^*(M)$ 的一组基, 从命题 3.4 知道 $\{\xi_i'\}$ 是在上积下的对偶基,

$$\langle \xi_i \smile \xi_j', [M] \rangle = \delta_{ij}.$$

**命题 4.3** 设 $\Delta : M \to M \times M$ 是对角线映射. 则

$$\Delta_*[M] = \sum_i (-1)^{|x_i||x_i'|} x_i' \times x_i = \sum_i x_i \times x_i'.$$

**证明** Künneth 定理告诉我们 $\{\xi_i \times \xi_j'\}$ 是 $H^*(M \times M)$ 的基,而上下同调之间的 Kronecker 积又是对偶配对. 计算这组基与待证的第一个等号两边的 Kronecker 积:

$$\begin{aligned}
\langle \xi_i \times \xi_j', \Delta_*[M] \rangle &= \langle \Delta^*(\xi_i \times \xi_j'), [M] \rangle \\
&= \langle \xi_i \smile \xi_j', [M] \rangle \qquad\qquad \text{上积的定义}\\
&= x_i \cdot x_j' = \delta_{ij}, \qquad\qquad\qquad \text{命题 3.4}
\end{aligned}$$

$$\begin{aligned}
\Big\langle \xi_i \times \xi_j', \sum_k (-1)^{|x_k||x_k'|} x_k' \times x_k \Big\rangle & \\
= \sum_k (-1)^{|x_k||x_k'|} \langle \xi_i, x_k' \rangle \langle \xi_j', x_k \rangle & \\
= \sum_k (-1)^{|x_k||x_k'|} (x_i \cdot x_k')(x_j' \cdot x_k) &\qquad \text{命题 3.4}\\
= \sum_k (-1)^{|x_k||x_k'| + |x_k||x_j'|} \delta_{ik} \delta_{kj} = \delta_{ij}. &\quad \text{命题 3.4}
\end{aligned}$$

所以命题的第一个等号成立.

第二个等号是因为如果记 $x_i'' = (-1)^{|x_i||x_i'|} x_i$, 则 $\{x_i''\}$ 是 $\{x_i'\}$ 在相交数下的对偶基. (根据命题 3.4 容易验算 $x_i' \cdot x_j'' = \delta_{ij}$.) 再用已证的第一个等号于基 $\{x_i'\}$. □

### 4.3 有向流形上的不动点

设 $M$ 是有向的 $n$ 维流形, $f : M \to M$ 是映射. 定义一个映射 $\Gamma : M \to M \times M$ 为 $\Gamma(x) = (f(x), x)$. 则 $\Gamma = (f \times \mathrm{id}) \circ \Delta$. 于是下面的图表交换:

$$\begin{array}{ccc}
 & H_*(M \times M) & \\
{\scriptstyle \Delta_*} \nearrow & & \downarrow {\scriptstyle (f \times \mathrm{id})_*} \\
H_*(M) \xrightarrow{\;\Gamma_*\;} & H_*(M \times M) &
\end{array}$$

我们要计算相交数 $\Delta_*[M] \cdot \Gamma_*[M]$. 图 5.11 告诉我们，交集 $\Delta(M) \cap \Gamma(M)$ 其实就代表了映射 $f$ 的不动点集.

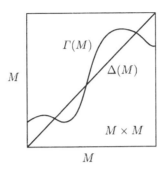

图 5.11　对角线与图像的交点

取 $H_*(M)$ 的基 $\{x_i\}$. 设同调同态 $f_*: H_*(M) \to H_*(M)$ 的矩阵是 $F = (F_{ik})$，即 $f_*(x_i) = \sum_k F_{ik}x_k$. 以 $\{x_i'\}$ 记 $\{x_i\}$ 在相交数下的对偶基.

$$
\begin{aligned}
\Delta_*[M] \cdot \Gamma_*[M] &= \Delta_*[M] \cdot (f \times \mathrm{id})_* \Delta_*[M] \\
&= \left( \sum_k (-1)^{|x_k||x_k'|} x_k' \times x_k \right) \cdot \left( (f \times \mathrm{id})_* \sum_i x_i \times x_i' \right) \quad \text{命题 4.3} \\
&= \sum_{i,k} (-1)^{|x_k||x_k'|} (x_k' \times x_k) \cdot (f_* x_i \times x_i') \\
&= \sum_{i,k,s} (-1)^{|x_k||x_k'|} F_{is} (x_k' \times x_k) \cdot (x_s \times x_i') \\
&= \sum_{i,k,s} (-1)^{|x_k||x_k'|+|x_k||x_s|} F_{is} (x_k' \cdot x_s)(x_k \cdot x_i') \quad \text{命题 4.2} \\
&= \sum_{i,k,s} (-1)^{|x_k||x_k'|+|x_k||x_s|+|x_k'||x_s|} F_{is} \delta_{ks} \delta_{ki} \quad \text{命题 3.4} \\
&= \sum_i (-1)^{|x_i||x_i'|+|x_i||x_i|+|x_i'||x_i|} F_{ii} = \sum_i (-1)^{|x_i|} F_{ii}.
\end{aligned}
$$

由于线性映射的矩阵的迹与基的选取无关, 我们得到

**命题 4.4**　设 $M$ 是有向 $n$ 维流形, $f: M \to M$ 是映射. 任意选取 $H_q(M)$ 中的基, 设 $f_*: H_q(M) \to H_q(M)$ 的矩阵是 $F^{(q)}$. 则

$$\Delta_*[M] \cdot \Gamma_*[M] = \sum_q (-1)^q \mathrm{tr}\, F^{(q)}.$$

上式右边的整数称为**映射** $f: M \to M$ **的 Lefschetz 数**, 记作 $L(f)$.

$\square$

当 $f = \mathrm{id}: M \to M$ 时, 我们有下面的推论. 因而在微分拓扑学中常把 Euler 示性数定义为对角线的自相交数.

**推论 4.5**　设 $M$ 是有向流形, $\Delta: M \to M \times M$ 是对角线映射. 则

$$\Delta_*[M] \cdot \Delta_*[M] = L(\mathrm{id}) = \chi(M),$$

这里 $\chi(M)$ 是 $M$ 的 Euler 示性数.　$\square$

**定理 4.6 (有向流形的 Lefschetz 不动点定理)**　设单纯复形 $M$ 是有向 $n$ 维流形, $f: M \to M$ 是映射. 如果 Lefschetz 数 $L(f) \neq 0$, 则 $f$ 必有不动点, 即存在 $x \in M$, 使得 $f(x) = x$.

**证明**　设 $f$ 没有不动点, 我们来证明 $L(f) = \Delta_*[M] \cdot \Gamma_*[M] = 0$.

这时, 在 $M \times M$ 中看, $f$ 的图像 $\Gamma(M)$ 与对角线 $\Delta(M)$ 不相交. 设 $d$ 是 $M$ 上的度量. 由于 $M$ 是紧的, $\Gamma(M)$ 与 $\Delta(M)$ 之间的距离 $\delta > 0$.

不妨设 $M$ 的单形的直径都小于 $\delta/8$, 否则我们可以对 $M$ 作多次重心重分来达到这个要求. (因为根据思考题 2.3, 重心重分后仍是流形.) 于是乘积复形 $M \times M$ 的胞腔的直径都小于 $\delta/4$; 对偶复形 $\mathfrak{D}(M \times M) = \mathfrak{D}M \times \mathfrak{D}M$ 的胞腔的直径都小于 $\delta/2$. 考虑 $M \times M$ 的子复形 $L := \bigcup \{\bar{s} \times \bar{t} \mid s \times t \text{ 与 } \Gamma(M) \text{ 相交}\}$ 和 $\mathfrak{D}M \times \mathfrak{D}M$ 的子复形 $K := \bigcup \{\overline{\mathfrak{D}s} \times \overline{\mathfrak{D}t} \mid \mathfrak{D}s \times \mathfrak{D}t \text{ 与 } \Delta(M) \text{ 相交}\}$. 则 $|L|$ 与 $|K|$ 之间的距离大于 $\delta/4$, 它们不会相交.

由于 $\Gamma(M) \subset |L|$, 所以映射 $M \xrightarrow{\Gamma} M \times M$ 可以分解为 $M \to L \to M \times M$. 于是同调类 $\Gamma_*[M]$ 有一个代表闭链 $z \in Z_n(L) \subset Z_n(M \times M)$. 类似地, 同调类 $\Delta_*[M]$ 有一个代表闭链 $w \in Z_n(K) \subset Z_n(\mathfrak{D}M \times \mathfrak{D}M)$. 根据定义 3.1, 既然 $|L|$ 与 $|K|$ 不相交, 在链的水平上应该有 $w \bullet z = 0$. 所以在同调的水平上有 $\Delta_*[M] \cdot \Gamma_*[M] = 0$. $\qquad\square$

### 4.4 胞腔复形的 Lefschetz 不动点定理

定理 4.6 可以推广到有限胞腔复形去.

**定义 4.1** 设 $K$ 是有限胞腔复形, $f : K \to K$ 是映射. 任意选取 $H_q(K)$ 中的基, 设 $f_* : H_q(K) \to H_q(K)$ 的矩阵是 $F^{(q)}$. 整数

$$L(f) := \sum_q (-1)^q \operatorname{tr} F^{(q)}$$

称为**映射** $f : K \to K$ **的 Lefschetz 数**.

**定理 4.7 (胞腔复形的 Lefschetz 不动点定理)** 设 $K$ 是有限胞腔复形, $f : K \to K$ 是映射. 如果 Lefschetz 数 $L(f) \neq 0$, 则 $f$ 必有不动点, 即存在一点 $x \in K$ 使得 $f(x) = x$.

我们需要利用一个事实: (文献 [11], p.527, Corollary A.10)

**事实 4.8** 每个有限胞腔复形 $K$ 都是欧几里得空间中的邻域收缩核. 也就是说, $K$ 可以嵌入某个欧几里得空间 $\mathbf{R}^n$ 成为子空间, 并且 $K$ 是其某个邻域的收缩核.

**推论 4.9** 每个有限胞腔复形 $K$ 总是某个有向光滑流形的收缩核. 换句话说, 一定存在一个有向光滑流形 $M$, 一个嵌入映射 $\iota : K \to M$ 和一个收缩映射 $\rho : M \to K$, 使得 $\rho \circ \iota = \operatorname{id}_K$.

**证明** 事实 4.8 说明, $K$ 是 $\mathbf{R}^n$ 的子空间, 并且是其闭邻域 $W$ 的收缩核. 把 $W$ 缩小一些, 可以要求 $W$ 在 $\mathbf{R}^n$ 中有光滑的边界. 取 $W$ 的两个拷贝 $W_+$ 和 $W_-$, 把它们沿边缘粘合, 得到一个可定向的 $n$ 维光滑流形 $M$. 这 $M$ 以 $W$ 为收缩核 (可以把 $M$ "压扁" 成 $W$), 但 $W$ 以 $K$ 为收缩核, 因而 $M$ 也以 $K$ 为收缩核. $\qquad\square$

**定理 4.7 的证明**　在推论 4.9 中，显然 $f:K \to K$ 有不动点当且仅当 $g := \iota \circ f \circ \rho : M \to M$ 有不动点. 事实 2.1 说明，这 $M$ 是单纯复形. 根据定理 4.6，我们只需要证明 $L(f) = L(g)$.

取好 $H_q(K)$ 与 $H_q(M)$ 中的基. 设 $f_* : H_q(K) \to H_q(K)$ 的矩阵是 $F^{(q)}$，$g_* : H_q(M) \to H_q(M)$ 的矩阵是 $G^{(q)}$，$\iota_* : H_q(K) \to H_q(M)$ 的矩阵是 $A^{(q)}$，$\rho_* : H_q(M) \to H_q(K)$ 的矩阵是 $B^{(q)}$. 由于 $g = \iota \circ f \circ \rho$，有 $G^{(q)} = A^{(q)} F^{(q)} B^{(q)}$. 矩阵的迹有交换性，所以

$$\operatorname{tr} G^{(q)} = \operatorname{tr}\left(A^{(q)} F^{(q)}\right) B^{(q)} = \operatorname{tr} B^{(q)}\left(A^{(q)} F^{(q)}\right)$$
$$= \operatorname{tr}\left(B^{(q)} A^{(q)}\right) F^{(q)} = \operatorname{tr} F^{(q)}.$$

(最后那个等号是因为 $\rho \circ \iota = \operatorname{id}_K$ 蕴涵 $B^{(q)} A^{(q)}$ 是单位矩阵.) 对于维数 $q$ 求交错和，即得 $L(g) = L(f)$.　□

## *§5　相对流形，Lefschetz 和 Alexander 对偶定理

本节的目的是把胞腔流形的概念相对化，利用对偶剖分来得到一些涉及相对同调群的对偶定理.

### 5.1　相对胞腔流形的定义

**定义 5.1**　正则胞腔复形偶 $(M, A)$ 称为**相对 $n$ 维胞腔流形**，如果对于 $M - A$ 的每一个 $q$ 维胞腔 $s^q$，它的环绕复形 $\mathfrak{D}(s^q)$ 同胚于 $n - q - 1$ 维球面 $S^{n-q-1}$.

显然，这时 $M - A$ 的每个 $n - 1$ 维胞腔 $s^{n-1}$ 恰是两个 $n$ 维胞腔的面.

与命题 2.2 一样，我们有

**命题 5.1**　设 $(M, A)$ 是相对 $n$ 维胞腔流形. 则 $|M - A|$ 是 $n$ 维拓扑流形.　□

设 $(M, A)$ 是相对 $n$ 维胞腔流形. 这时在整个 $M$ 上, 对偶块分解 $\mathfrak{D}(M)$ 不能构成 $|M|$ 的正则胞腔剖分, 但是在 $M - A$ 上, 对偶块仍能给出正则胞腔剖分.

**命题 5.2** 设 $(M, A)$ 是相对 $n$ 维胞腔流形. 则

(1) $\mathfrak{D}(M - A) := \{|\mathfrak{D}(s)| \mid s \in M - A\}$ 是多面体 $|\mathfrak{D}(M - A)|$ 的正则胞腔剖分, 称为 $M - A$ 的**对偶复形**. 与 $q$ 维胞腔 $s^q \in M - A$ 对应的对偶胞腔 $|\mathfrak{D}(s^q)|$ 是 $n - q$ 维胞腔, 仍记作 $\mathfrak{D}(s^q)$.

若 $M$ 的子复形 $B \supset A$, 则 $(M, B)$ 也是相对 $n$ 维胞腔流形, 并且对偶复形 $\mathfrak{D}(M - B)$ 是对偶复形 $\mathfrak{D}(M - A)$ 的子复形.

(2) $\mathfrak{D}(M - A)$ 的重心重分 $\mathrm{Sd}(\mathfrak{D}(M - A))$ 是单纯复形 $\mathrm{Sd}\, M$ 的子单纯复形, 只是作为有序单纯复形, 顶点的顺序与在 $\mathrm{Sd}\, M$ 中的顺序恰好相反.

若 $L \subset M - A$ 是 $M$ 的子复形, 则还有

(3) $(\mathfrak{D}(M - A), \mathfrak{D}(M - A - L))$ 也是相对 $n$ 维胞腔流形.

(4) $\mathfrak{D}(N) = \mathfrak{D}(M - A) - \mathfrak{D}(M - A - L)$ 在相对 $n$ 维胞腔流形 $(\mathfrak{D}(M - A), \mathfrak{D}(M - A - L))$ 中的对偶复形就是 $L$.

**证明** 与命题 2.3 的证明相同.                              □

## 5.2 相对胞腔流形的定向

**定义 5.2** 相对 $n$ 维胞腔流形 $(M, A)$ 称为**可定向的**, 如果 $M - A$ 的全体 $n$ 维胞腔可以这样来选取定向, 使得每两个相邻的 $n$ 维胞腔在其公共的 $n - 1$ 维面上诱导相反的定向, 也就是说使得 $z^n := \sum_{s^n \in M - A} s^n$ 是 $(M, A)$ 的**相对闭链**; 否则 $M$ 称为**不可定向的**. 满足上述要求的一组协合的定向, 称为 $(M, A)$ 的一个**定向**; 取定了定向的 $(M, A)$ 称为**有向相对流形**. $z^n \in Z_n(M, A)$ 称为 $(M, A)$ 的**定向闭链**, 它的同调类记作 $[M, A] \in H_n(M, A)$, 称为 $(M, A)$ 的**定向类**或**基本类**.

当 $(M, A)$ 是有向的相对 $n$ 维胞腔流形时, 与命题 2.4 一样, 我

们有：

**命题 5.3** 设 $(M, A)$ 是有向的相对 $n$ 维胞腔流形. 设 $s^q$ 是 $M - A$ 中的 $q$ 维有向胞腔. 在 $M - A$ 的对偶复形 $\mathfrak{D}(M - A)$ 上，$s^q$ 的对偶胞腔 $\mathfrak{D}(s^q)$ 的定向链规定为

$$\mathfrak{D}s^q = \sum_{t^n, \cdots, t^{q+1}} [t^n : t^{n-1}] \cdots [t^{q+1} : s^q] \hat{t}^n \cdots \hat{t}^{q+1} \hat{s}^q.$$

对偶胞腔之间的关联系数是

$$[\mathfrak{D}s^q : \mathfrak{D}s^{q+1}] = (-1)^{n-q} [s^{q+1} : s^q]. \qquad \square$$

**推论 5.4** 在命题 5.2 中，如果 $(M, A)$ 是有向的相对 $n$ 维胞腔流形，则 $(\mathfrak{D}(M - A), \mathfrak{D}(M - A - L))$ 也是有向的相对 $n$ 维胞腔流形.

**证明** $\mathfrak{D}(M - A) - \mathfrak{D}(M - A - L)$ 中全体 $n$ 维有向胞腔之和 $\sum\limits_{s^0 \in L} \mathfrak{D}s^0$，在 $\mathrm{Sd}\, M$ 上看应该等于 $\sum\limits_{s^n \in M - A} \mathrm{Sd}\, s^n = \mathrm{Sd} \sum\limits_{s^n \in M - A} s^n$ 的落在 $\mathfrak{D}(M-A)-\mathfrak{D}(M-A-L)$ 中的部分. 它的边缘落在 $\mathrm{Sd}\,(\mathfrak{D}(M-A-L))$ 中. $\qquad \square$

### 5.3 Lefschetz 对偶定理

与 Poincaré 对偶定理相对应的定理是

**定理 5.5 (Lefschetz 对偶定理)** 设 $(M, A)$ 是有向的相对 $n$ 维流形. 则存在同构 $D : H^q(M, A) \to H_{n-q}(M - A)$，对任意 $q$. 它与卡积 $\frown : H^q(M, A) \times H_n(M, A) \to H_{n-q}(M)$ 的关系是

$$j_* D(\xi) = \xi \frown [M, A], \qquad 对于 \xi \in H^q(M, A),$$

其中 $j : M - A \to M$ 是含入映射. 换句话说，有交换图表

$$
\begin{array}{ccc}
H^q(M, A) & \xrightarrow[\cong]{D} & H_{n-q}(M - A) \\
& {\scriptstyle \frown [M, A]} \searrow & \downarrow {\scriptstyle j_*} \\
& & H_{n-q}(M)
\end{array}
$$

**证明** 根据命题 1.16, $|\mathfrak{D}(M-A)|$ 是 $|M-A|$ 的形变收缩核. 而根据命题 5.2, $\mathfrak{D}(M-A)$ 是其正则胞腔剖分. 所以我们可以把定理结论中的 $H_*(M-A)$ 与 $H^*(M-A)$ 换成 $H_*(\mathfrak{D}(M-A))$ 与 $H^*(\mathfrak{D}(M-A))$.

上链群 $C^q(M,A)$ 的基是 $\{s^{q*} \mid s^q \in M - A\}$. 考虑链群的同构

$$D : \begin{cases} C^q(M,A) \to C_{n-q}(\mathfrak{D}(M-A)), \\ s^{q*} \mapsto \mathfrak{D}s^q, \ \text{对于} \ M - A \ \text{的胞腔} \ s^q. \end{cases}$$

与 Poincaré 对偶定理 2.5 的证明中完全一样, 可以证明 $D$ 把 $Z^q(M,A)$ 与 $B^q(M,A)$ 分别映成 $Z_{n-q}(\mathfrak{D}(M-A))$ 与 $B_{n-q}(\mathfrak{D}(M-A))$, 因而诱导出同构 $D : H^q(M,A) \to H_{n-q}(\mathfrak{D}(M-A))$.

为看清这同构与卡积的关系, 我们把链群的同构 $D$ 用有序单纯复形 $\mathrm{Sd}\,M$ 上的卡积写出来. 含入映射 $j : \mathfrak{D}(M-A) \to \mathrm{Sd}\,M$ 是胞腔映射, 它诱导链映射 $j_\# : C_*(\mathfrak{D}(M-A)) \to C_*(\mathrm{Sd}\,M)$, 使得 $j_\# D(s^{q*}) = j_\# \mathfrak{D}s^q = I(s^{q*}, z^n)$. 因此对于 $c^q \in C^q(\mathrm{Sd}\,M, \mathrm{Sd}\,A)$, 有

$$j_\# D(\mathrm{Sd}^\# c^q) = I(\mathrm{Sd}^\# c^q, z^n) = c^q \frown \mathrm{Sd}_\# z^n,$$

后面那个等号是根据命题 1.9. 这是 $\mathrm{Sd}\,M$ 上的链的等式, 卡积是

$$C^q(\mathrm{Sd}\,M, \mathrm{Sd}\,A) \times C_n(\mathrm{Sd}\,M, \mathrm{Sd}\,A) \xrightarrow{\frown} C_{n-q}(\mathrm{Sd}\,M).$$

过渡到同调去, 链映射 $\mathrm{Sd}^\#$ 和 $\mathrm{Sd}_\#$ 都诱导恒同自同构, 所以 $j_* D(\xi) = \xi \frown [M,A]$. □

## 5.4 Alexander 对偶定理

**定理 5.6 (Alexander 对偶定理)** 设 $(M,A)$ 是有向的相对 $n$ 维流形, $(K,L)$ 是 $M$ 的子复形偶, 满足条件 $M \supset K \supset L \supset A$. 则对任意 $q$, 存在同构

$$D : H^q(K,L) \to H_{n-q}(M-L, M-K).$$

**证明** 既然 $M \supset K \supset L \supset A$, 当然有 $K - L = (M - L) - (M - K)$. 所以 $\mathfrak{D}(K - L) = \mathfrak{D}(M - L) - \mathfrak{D}(M - K)$. 根据命题 5.2(1), 我们有正则胞腔复形偶 $(\mathfrak{D}(M - L), \mathfrak{D}(M - K))$.

相对上链群 $C^q(K, L)$ 的基是 $\{s^{q*} \mid s^q \in K - L\}$; 相对下链群 $C_{n-q}(\mathfrak{D}(M - L), \mathfrak{D}(M - K))$ 的基是 $\{\mathfrak{D}s^q \mid s^q \in K - L\}$. 考虑链群的同构

$$D : C^q(K, L) \to C_{n-q}(\mathfrak{D}(M - L), \mathfrak{D}(M - K)), \qquad s^{q*} \mapsto \mathfrak{D}s^q,$$

对于所有 $q$ 维胞腔 $s^q \in K - L$. 根据命题 5.3, 像定理 2.5 的证明中一样, 对于 $(K, L)$ 的任意 $q$ 维上链 $\gamma^q$, 有

$$\partial D(\gamma^q) = (-1)^{n-q} D(\delta \gamma^q).$$

于是 $D$ 把 $Z^q(K, L)$ 与 $B^q(K, L)$ 分别映成 $Z_{n-q}(\mathfrak{D}(M-L), \mathfrak{D}(M-K))$ 与 $B_{n-q}(\mathfrak{D}(M - L), \mathfrak{D}(M - K))$, 因而诱导出同构 $D : H^q(K, L) \to H_{n-q}(\mathfrak{D}(M - L), \mathfrak{D}(M - K))$.

考虑含入映射 $(\mathfrak{D}(M - L), \mathfrak{D}(M - K)) \to (M - L, M - K)$. 命题 1.16 告诉我们 $|\mathfrak{D}(M - L)|$ 和 $|\mathfrak{D}(M - K)|$ 分别是 $|M - L|$ 和 $|M - K|$ 的形变收缩核, 所以这含入映射诱导同调同构. $\square$

### 5.5 球面的 Alexander 对偶定理

**定理 5.7** (Alexander) 设 $n$ 维胞腔流形 $M$ 是球面 $S^n$ 的正则胞腔剖分. 设 $K$ 是 $M$ 的子复形. 则

$$\widetilde{H}^q(K) \cong \widetilde{H}_{n-1-q}(S^n - K), \qquad \text{对所有的 } q.$$

**证明** 设 $P$ 是 $K$ 的一个顶点. 根据定理 5.6,

$$H^q(K, P) \cong H_{n-q}(M - P, M - K), \qquad \text{对所有的 } q.$$

我们知道 $H^q(K,P) = \tilde{H}^q(K)$. 另一方面, 由于 $M-P$ 同胚于 $n$ 维欧几里得空间, $\tilde{H}_*(M-P) = 0$, 所以从空间偶 $(M-P, M-K)$ 的简约同调序列得知 $H_{n-q}(M-P, M-K) \cong \tilde{H}_{n-1-q}(M-K)$.　　□

**习题 5.1**　证明: 不可定向的闭曲面不能嵌入 $S^3$ 作为子复形.

**思考题 5.2**　第一章的引理 5.7 与推论 5.8, 和上面的定理 5.7 有什么联系和区别? 能不能借鉴第一章的方法来证明定理 5.7, 甚至得到更强的结论?

## *§6　带边流形, Lefschetz 对偶定理

### 6.1　带边胞腔流形的定义

**定义 6.1**　正则胞腔复形 $M$ 称为 $n$ 维**带边胞腔流形**, 如果对于 $M$ 的每一个 $q$ 维胞腔 $s^q$, 它的环绕复形 $\dot{\mathfrak{D}}(s^q)$ 或者同胚于 $n-q-1$ 维球面 $S^{n-q-1}$, 或者同胚于 $n-q-1$ 维实心球 $D^{n-q-1}$.

后一种胞腔组成 $M$ 的子集合, 称为 $M$ 的**边缘**, 记作 $\partial M$. 我们即将证明它是 $M$ 的子复形.

参看图 5.12, 其中对于 $\partial M$ 中的胞腔 $s$, $\mathfrak{D}(s)$ 表示 $s$ 在 $M$ 中的对偶块, 而 $\mathfrak{D}_\partial(s)$ 表示它在 $\partial M$ 中的对偶块. 读者可与以前的图 5.4 对照.

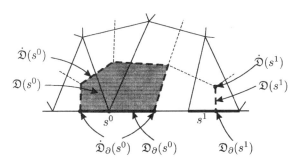

图 5.12　流形边缘上的胞腔

**命题 6.1** 设 $M$ 是 $n$ 维带边胞腔流形. 则

(1) 多面体 $|M|$ 是 $n$ 维带边拓扑流形, 以 $|\partial M|$ 为边缘.

(2) $\partial M$ 是 $M$ 的子复形.

(3) $(M, \partial M)$ 是 $n$ 维相对胞腔流形.

(4) $\partial M$ 是一个 $n-1$ 维胞腔流形.

**证明** (1) 根据命题 1.12, 星形 $|\mathfrak{S}(s)|$ 组成 $|M|$ 的开覆盖. 设 $s$ 是 $q$ 维胞腔.

如果 $s \in M - \partial M$, 与命题 2.2 的证明中一样, 复形

$$\dot{\mathfrak{S}}(s) = \mathrm{Sd}\,\dot{s} * \dot{\mathfrak{D}}(s) \cong S^{q-1} * S^{n-q-1} \cong S^{n-1}.$$

于是

$$|\mathfrak{S}(s)| = |\overline{\mathfrak{S}}(s) - \dot{\mathfrak{S}}(s)| = |\hat{s} * \dot{\mathfrak{S}}(s) - \dot{\mathfrak{S}}(s)| \cong |\hat{s} * S^{n-1} - S^{n-1}|$$

同胚于 $S^{n-1}$ 上去掉了底的开锥形, 因而同胚于 $n$ 维欧氏空间.

设 $x \in s \in \partial M$. 根据定理 1.1 后面的注记 1.2, 不妨认为 $x = \hat{s}$. 根据命题 1.14, 命题 1.13(3) 和例 1.3, 复形

$$\dot{\mathfrak{S}}(s) = \mathrm{Sd}\,\dot{s} * \dot{\mathfrak{D}}(s) \cong S^{q-1} * D^{n-q-1} \cong D^{n-1}.$$

于是

$$|\mathfrak{S}(s)| = |\overline{\mathfrak{S}}(s) - \dot{\mathfrak{S}}(s)| = |\hat{s} * \dot{\mathfrak{S}}(s) - \dot{\mathfrak{S}}(s)| \cong |\hat{s} * D^{n-1} - D^{n-1}|$$

同胚于 $D^{n-1}$ 上去掉了底的开锥形, 因而同胚于 $n$ 维欧氏半空间 $\boldsymbol{R}_+^n$; 而且 $x = \hat{s}$ 处在 $\boldsymbol{R}_+^n$ 的边缘上.

(2) 从 (1) 看出, $|\partial M|$ 是 $|M|$ 的闭子集, 而 $\partial M$ 又是由 $M$ 的一部分胞腔组成的, 因而 $\partial M$ 是 $M$ 的子复形.

(3) 直接从相对胞腔流形的定义.

(4) 设 $s$ 是 $\partial M$ 中的 $q$ 维胞腔. 我们需要证明 $s$ 在 $\partial M$ 中的环绕复形

$$\dot{\mathfrak{D}}_\partial(s) = \dot{\mathfrak{D}}(s) \cap \mathrm{Sd}\,\partial M$$

同胚于 $S^{n-q-2}$.

记 $W = |\dot{\mathfrak{D}}(s)|$. 既然 $W \cong D^{n-q-1}$，以 $B$ 记 $W$ 的边缘，即 $W$ 中相应于 $S^{n-q-2} \subset D^{n-q-1}$ 的部分. 考虑任意点 $x \in s = |\mathrm{Sd}\, s|$ 和 $w \in W$. 在统联分解式 (命题 1.14)

$$\overline{\mathfrak{S}}(s) = \mathrm{Sd}\, \overline{s} * \dot{\mathfrak{D}}(s)$$

中，考虑从 $x$ 到 $w$ 的开线段 $\overline{xw} \subset |\mathrm{Sd}\, \overline{s}| * W$.

当 $w \in B$ 时，$\overline{xw}$ 在锥形 $|\mathrm{Sd}\, \overline{s}| * W$ 的边缘上，有同胚于 $\mathbf{R}_+^n$ 的邻域，于是从 (1) 有 $\overline{xw} \subset |\mathrm{Sd}\, \partial M|$，从 (2) 可见 $w \in |\mathrm{Sd}\, \partial M|$.

当 $w \in W - B$ 时，$\overline{xw}$ 在锥形 $|\mathrm{Sd}\, \overline{s}| * W$ 的内部，有邻域同胚于 $\mathbf{R}^n$，于是从 (1) 有 $\overline{xw} \subset |\mathrm{Sd}\, M - \mathrm{Sd}\, \partial M|$. 这说明 $w \notin |\mathrm{Sd}\, \partial M|$，因为否则，根据 (2)，在子复形 $\mathrm{Sd}\, \partial M$ 里一定有 $\overline{xw} \subset |\mathrm{Sd}\, \partial M|$.

以上的分析告诉我们 $B = W \cap |\mathrm{Sd}\, \partial M| = |\dot{\mathfrak{D}}_\partial(s)|$. 于是 $\dot{\mathfrak{D}}_\partial(s)$ 同胚于 $S^{n-q-2}$.                                  □

$n$ 维带边胞腔流形的背景是，紧的 $n$ 维带边微分流形都有这样的单纯剖分.

**定义 6.2**    带边胞腔流形 $M$ 的**定向**，就是指相对胞腔流形 $(M, \partial M)$ 的定向.

**习题 6.1**    试证明：$n$ 维可定向带边流形的边缘，必是可定向的 $n-1$ 维流形.

## 6.2  带边流形的 Lefschetz 对偶定理

**定理 6.2 (Lefschetz 对偶定理)**    设 $M$ 是有向的 $n$ 维带边流形. 则存在同构 $D : H^q(M, \partial M) \to H_{n-q}(M)$，对任意 $q$. 它与卡积 $\frown : H^q(M, \partial M) \times H_n(M, \partial M) \to H_{n-q}(M)$ 的关系是

$$D(\xi) = \xi \frown [M, \partial M], \qquad 对于\, \xi \in H^q(M, \partial M).$$

换句话说，有交换图表

$$H^q(M, \partial M) \xrightarrow[\cong]{D} H_{n-q}(M)$$

$$\frown [M, \partial M] \searrow \quad \parallel$$

$$H_{n-q}(M)$$

**证明** 记 $A = \partial M$. 我们采用定理 5.5 证明中的记号.

在定理 5.5 的基础上, 我们只需要进一步证明: 含入映射 $j$: $M - A \to M$ 是同伦等价, 因而在同调与上同调都诱导同构. 记 $B_q = \mathfrak{D}(M - A^{q-1})$, 其中 $A^{q-1}$ 是 $A$ 的 $q-1$ 维骨架. 则 $\mathfrak{D}(M - A) = B_n \subset B_{n-1} \subset \cdots \subset B_1 \subset B_0 = \mathfrak{D}(M)$, 而且已知 $B_n$ 是 $M - A$ 的形变收缩核, $|B_0| = |\mathrm{Sd}\, M|$. 因此我们只需要证明: 对任意 $q$, $B_{q+1}$ 是 $B_q$ 的强形变收缩核.

对于 $A$ 的任意 $q$ 维胞腔 $s$, $\overline{\mathfrak{D}}(s)$ 与 $B_{q+1}$ 的交是 $\dot{\mathfrak{D}}(s)$. 根据带边流形的定义, $\dot{\mathfrak{D}}(s)$ 是个 $n-q-1$ 维实心球. 以它为底的锥形 $\overline{\mathfrak{D}}(s)$ 可以塌缩成它. 对 $A$ 的每个 $q$ 维胞腔都这样做, 就把 $B_q$ 形变收缩成 $B_{q+1}$ 了. □

**思考题 6.2** 设 $M, N$ 分别是 $m, n$ 维的胞腔流形, 至少有一个带边. 证明: $M \times N$ 是 $m + n$ 维带边胞腔流形, 并且

$$\partial(M \times N) = (\partial M \times N) \cup (M \times \partial N).$$

## 6.3 流形的配边问题

什么样的 $n$ 维流形是 $n+1$ 维带边流形的边缘? 什么样的 $n$ 维可定向流形是 $n+1$ 维可定向带边流形的边缘? 这是拓扑学中著名的配边问题. 法国数学家 R. Thom 曾以其配边理论获得 1954 年的 Fields 奖. 我们介绍一些初等的事实.

从闭曲面的分类我们知道, 每个可定向的闭曲面都是 3 维流形的边缘. 不可定向的闭曲面如何呢?

**定理 6.3** 设 $n$ 维流形 $M$ 是 $n+1$ 维带边流形 $W$ 的边缘. 则

Euler 示性数 $\chi(M)$ 是偶数.

**证明**　当 $n$ 是奇数时，第三章推论 5.6 告诉我们 $\chi(M) = 0$. 现在考虑 $n$ 是偶数的情形.

Euler 示性数有"计数性质"：对于有限胞腔复形 $X$ 的任意子复形 $A$, $B$, 有

$$\chi(A \cup B) + \chi(A \cap B) = \chi(A) + \chi(B).$$

这是因为，若以 $\alpha_q(X)$ 记 $X$ 中 $q$ 维胞腔的个数，则

$$\chi(X) = \sum_q (-1)^q \alpha_q(X),$$

而 $\alpha_q$ 本来就是计数，$\alpha_q(A \cup B) + \alpha_q(A \cap B) = \alpha_q(A) + \alpha_q(B)$.

现在取 $W$ 的两个拷贝 $W_+$ 和 $W_-$, 把它们沿边缘粘合，得到一个 $n+1$ 维流形 $W'$, 称为 $W$ 的**双层** (double). 于是 $W_+ \cup W_- = W'$, $W_+ \cap W_- = \partial W = M$. 所以

$$\chi(W') + \chi(M) = \chi(W_+) + \chi(W_-) = 2\chi(W).$$

由于 $W'$ 是奇数维流形，$\chi(W') = 0$, 我们得到 $\chi(M) = 2\chi(W)$.　□

**例 6.1**　试证明，射影平面 $RP^2$ 不是 3 维流形的边缘，但是 Klein 瓶 $K$ 却是的.

**例 6.2**　偶数维实射影空间 $RP^{2k}$ 和复射影空间 $CP^{2k}$ 都不是高一维流形的边缘.

下面介绍有向流形的一个重要不变量.

**定义 6.3**　设 $M$ 是有向 $4k$ 维流形. 根据本章定理 2.13, 实系数相交形式

$$P : H^{2k}(M; R) \times H^{2k}(M; R) \to R$$

是非退化的对称双线性形式 $P(u, v)$, 或二次形式 $P(v, v)$. $P$ 的正负特征值的个数分别记作 $\beta_{2k}^+$ 与 $\beta_{2k}^-$. 它们的和等于 Betti 数 $\beta_{2k}(M)$,

因为 $P$ 非退化. 它们的差称为**有向流形 $M$ 的符号差** (signature), 记作 $\sigma(M) = \beta_{2k}^+ - \beta_{2k}^-$.

如果有向流形 $M$ 的维数不是 4 的倍数, 规定 $\sigma(M) = 0$.

例如复射影空间 $CP^{2k}$ (按通常的定向) 的符号差是 1.

**思考题 6.3**  设 $M$, $N$ 都是有向流形 (不要求连通, 维数也不一定要是 4 的倍数). 试证明:

(1) $\sigma(-M) = -\sigma(M)$, 这里 $-M$ 是把 $M$ 的定向反转所得的有向流形.

(2) $\sigma(M \sqcup N) = \sigma(M) + \sigma(N)$.

(3) $\sigma(M \times N) = \sigma(M) \cdot \sigma(N)$.

**习题 6.4**  设 $M$ 是有向流形. 试证明 $\sigma(M) \cong \chi(M) \bmod 2$.

符号差与配边问题的关系表现在

**定理 6.4** (Thom)  设 $4k$ 维有向流形 $M$ 是 $4k+1$ 维有向带边流形 $W$ 的边缘. 则 $M$ 的符号差 $\sigma(M) = 0$.

**证明**  下面所写的同调群与上同调群都是实数系数的, 它们的秩是指它们作为实系数线性空间的维数.

含入映射 $i : M \to W$ 诱导同态 $i^* : H^{2k}(W) \to H^{2k}(M)$, 记 $U = \operatorname{im} i^*$.

(1) 对 $u = i^*(w) \in U$, 有 $P(u, u) = 0$. 因为

$$P(u, u) = \langle i^*(w) \smile i^*(w), [M] \rangle = \langle i^*(w \smile w), [M] \rangle$$
$$= \langle w \smile w, i_*[M] \rangle = 0.$$

(2) 图表

$$
\begin{array}{ccccc}
H^{2k}(W) & \xrightarrow{i^*} & H^{2k}(M) & \xrightarrow{\delta^*} & H^{2k+1}(W, M) \\
\cong \downarrow {\smile [W,M]} & & \cong \downarrow {\smile [M]} & & \cong \downarrow {\smile [W,M]} \\
H_{2k+1}(W, M) & \xrightarrow{\partial_*} & H_{2k}(M) & \xrightarrow{i_*} & H_{2k+1}(W)
\end{array}
$$

的右面那个方块是交换的 (请验证). 因此

$$\mathrm{rk\,im\,} i^* = \mathrm{rk\,ker\,} \delta^* = \mathrm{rk\,ker\,} i_*.$$

另一方面，由于 $i^*$ 与 $i_*$ 是对偶的线性映射，　$\mathrm{rk\,coker\,} i^* = \mathrm{rk\,ker\,} i_*.$ 所以

$$\mathrm{rk\,} H^{2k}(M) = \mathrm{rk\,im\,} i^* + \mathrm{rk\,coker\,} i^* = 2\mathrm{rk\,} U.$$

(3) 记 $V = H^{2k}(M)$. 二次形式 $P(v,v)$ 的正负特征值分别决定线性子空间 $V^+$ 和 $V^-$, 使得 $P$ 在其上分别是正定和负定的.　$P$ 在线性子空间 $U$ 上恒为 0, 所以 $V^+ \cap U = 0$, 因而 $\mathrm{rk\,} V^+ + \mathrm{rk\,} U \le \mathrm{rk\,} V$. 同理 $\mathrm{rk\,} V^- + \mathrm{rk\,} U \le \mathrm{rk\,} V$. 但是 $P$ 非退化，所以 $\mathrm{rk\,} V^+ + \mathrm{rk\,} V^- = \mathrm{rk\,} V$. 于是 $\mathrm{rk\,} V^+ = \mathrm{rk\,} V^- = \mathrm{rk\,} U$, 即 $P$ 的符号差是 0.　　　　□

### 6.4　微分流形的配边理论简介

这个理论始于 Pontrjagin (1947), 当时称为内蕴同调论 (intrinsic homology), 与示性类 (characteristic classes) 关系密切. 在 Thom (1954) 手里趋于成熟，称为配边理论 (cobordism theory). 以后得到多方面的推广和应用，成为代数拓扑学与微分拓扑学的重要理论和工具. 我们只限于介绍几个基本概念.

下面说的流形，无论是无边的还是带边的，都是指紧的微分流形.

**定义 6.4**　两个有向的 $n$ 维流形 $M_1^n$, $M_2^n$ 称为**有向配边的**, 记作 $M_1^n \sim M_2^n$, 如果存在 $n+1$ 维有向带边流形 $W^{n+1}$, 其边缘 $\partial W^{n+1}$ 保向同胚于 $M_1^n \sqcup (-M_2^n)$. 流形 $W^{n+1}$ 称为 $M_1^n$ 与 $M_2^n$ 之间的一个**配边**. 当 $M_2^n$ 是空流形时，我们说 $M_1^n$ **配边于** 0.

这在 $n$ 维有向流形之间定义了一个等价关系. 反身性:　$M^n \sim M^n$. 因为 $M^n \sqcup (-M^n)$ 保向同胚于柱形 $M^n \times I$ 的边缘. 对称性: 如果 $\partial W^{n+1} = M_1^n \sqcup (-M_2^n)$, 则 $\partial(-W^{n+1}) = M_2^n \sqcup (-M_1^n)$. 传递性: 如果 $\partial U^{n+1} = M_1^n \sqcup (-M_2^n)$ 且 $\partial V^{n+1} = M_2^n \sqcup (-M_3^n)$, 把

$U^{n+1}$ 与 $V^{n+1}$ 沿公共的 $M_2^n$ 粘合成一个有向流形 $W^{n+1}$, 其边缘 $\partial W^{n+1} = M_1^n \sqcup (-M_3^n)$.

**定义 6.5** 以 $[M^n]$ 记 $M^n$ 的有向配边等价类. 这些等价类的集合记作 $\Omega_n$. 在 $\Omega_n$ 中定义加法运算,

$$[M_1^n] + [M_2^n] := [M_1^n \sqcup M_2^n]$$

是不交并的等价类. 这样 $\Omega_n$ 成为 Abel 群, 其零元素恰是配边于 $0$ 的流形的等价类. $\Omega_n$ 称为 $n$ **维流形的 (有向) 配边群**.

分次群

$$\Omega_* := \bigoplus_{n=0}^{\infty} \Omega_n$$

中可以定义乘法运算,

$$[M^m] \cdot [N^n] := [M^m \times N^n]$$

是乘积流形的等价类. 这样 $\Omega_*$ 成为交换的、有单位的分次环. 交换性是因为 $M^m \times N^n \sim (-1)^{mn} N^n \times M^m$. 单位元是 $\Omega_0$ 中以单点空间 pt (取正定向) 为代表的等价类. $\Omega_*$ 称为**流形的 (有向) 配边环**.

我们也可以不考虑定向, 得到无向配边概念:

**定义 6.6** 两个 $n$ 维流形 (不要求可定向) $M_1^n$, $M_2^n$ 称为**无向配边的**, 记作 $M_1^n \sim_2 M_2^n$, 如果存在 $n+1$ 维带边流形 $W^{n+1}$, 其边缘 $\partial W^{n+1}$ 同胚于 $M_1^n \sqcup M_2^n$.

**定义 6.7** 以 $[M^n]_2$ 记 $M^n$ 的无向配边等价类. 这些等价类的集合记作 $\mathfrak{N}_n$. 在 $\mathfrak{N}_n$ 中定义加法运算, $[M_1^n]_2 + [M_2^n]_2 := [M_1^n \sqcup M_2^n]_2$ 是不交并的等价类. 这样 $\mathfrak{N}_n$ 成为 Abel 群, 其零元素恰是 $n+1$ 维流形的边缘组成的等价类. $\mathfrak{N}_n$ 称为 $n$ **维流形的无向配边群**.

分次群

$$\mathfrak{N}_* := \bigoplus_{n=0}^{\infty} \mathfrak{N}_n$$

中可以定义乘法运算, $[M^m]_2 \cdot [N^n]_2 := [M^m \times N^n]_2$ 是乘积流形的等价类. 这样 $\mathfrak{N}_*$ 成为交换的、有单位的分次环. $\mathfrak{N}_*$ 称为**流形的无向配边环**.

显然 $2 \cdot [M^n]_2 = 0$, 因为 $M^n \sqcup M^n$ 同胚于柱形 $M^n \times I$ 的边缘. 所以 $\mathfrak{N}_*$ 是域 $\mathbf{Z}_2$ 上的代数.

定理 6.3, 6.4 以及习题 6.3 给我们环同态

$$\chi \bmod 2 : \mathfrak{N}_* \to \mathbf{Z}_2, \qquad \sigma : \Omega_* \to \mathbf{Z}.$$

**思考题 6.5**  试证明:

$$\Omega_0 = \mathbf{Z}(\mathrm{pt}), \qquad \Omega_1 = 0, \quad \Omega_2 = 0,$$
$$\mathfrak{N}_0 = \mathbf{Z}_2(\mathrm{pt}), \quad \mathfrak{N}_1 = 0, \quad \mathfrak{N}_2 = \mathbf{Z}_2(\mathbf{R}P^2),$$

括号中是生成元.

经过 Thom, Dold, Milnor, Wall 等人的努力, 配边环 $\Omega_*$ 与 $\mathfrak{N}_*$ 的结构到 1960 年就已经搞清楚.

**定理 6.5**  环 $\mathfrak{N}_*$ 是多项式环 $\mathbf{Z}_2[x_2, x_4, x_5, x_6, x_8, x_9, \cdots]$, 对于每个形状不是 $2^r - 1$ 的维数 $n$ 有一个生成元 $x_n$.

环 $\Omega_*$ 有子环 $\overline{\Omega}_* := \oplus_n \overline{\Omega}_n$ 使得 $\Omega_n$ 有直和分解 $\Omega_n = \overline{\Omega}_n \oplus T_n$, $T_n$ 是 $\Omega_n$ 中所有有限阶元素组成的子群, 它们都是有限群并且每个元素都是 2 阶的. $\overline{\Omega}_*$ 是多项式环 $\mathbf{Z}[z_4, z_8, z_{12}, z_{16}, \cdots]$, 对于每个形如 $n = 4k$ 的维数有一个生成元 $z_{4k}$.

环 $\mathfrak{N}_*$ 与 $\Omega_*$ 的生成元都已具体构作出来.

环 $\mathfrak{N}_*$ 的偶数维的生成元 $x_{2k}$ 是实射影空间 $\mathbf{R}P^{2k}$, 奇数维的生成元都是可定向的流形.

环 $\overline{\Omega}_*$ 的生成元 $z_{4k}$, 当 $4k = 2p - 2$ ($p$ 是奇素数) 时可以取成复射影空间 $\mathbf{C}P^{2k}$. 但是例如 $z_{16}$ 就不能取成 $\mathbf{C}P^8$.

环 $\Omega_*$ 有一组生成元, 除了包含 $\overline{\Omega}_*$ 中的这些以外, 其余的都是奇数维的流形.

以 $r : \Omega_* \to \mathfrak{N}_*$ 记自然同态, 把 $r[M]$ 记作 $[M]_2$. 可以定义一个同态 $\partial : \mathfrak{N}_n \to \Omega_{n-1}$, 使得下面的序列正合:

$$\cdots \longrightarrow \mathfrak{N}_{n+1} \xrightarrow{\partial} \Omega_n \xrightarrow{2} \Omega_n \xrightarrow{r} \mathfrak{N}_n \xrightarrow{\partial} \Omega_{n-1} \xrightarrow{2} \cdots.$$

还有一些有趣的关系, 例如 $r[CP^{2k}] = [RP^{2k}]_2^2$, 即

$$CP^{2k} \sim_2 RP^{2k} \times RP^{2k}.$$

几个低维的有向配边群:

$$\Omega_0 = Z, \quad \Omega_1 = \Omega_2 = \Omega_3 = 0, \quad \Omega_4 = Z, \quad \Omega_5 = Z_2, \quad \Omega_6 = \Omega_7 = 0.$$

## *§7 子流形, Thom 同构定理

在示性类理论中起着重要作用的 Thom 同构定理、 Thom 上同调类、 Euler 上同调类等概念, 我们将从对偶剖分的角度来介绍.

### 7.1 Thom 类和 Thom 同构定理

**定理 7.1 (Thom 同构定理)** 设 $(M, A)$ 是 $n+k$ 维的有向相对流形. 设 $N \supset A$ 是 $M$ 的子复形, 使 $(N, A)$ 是 $n$ 维的有向相对流形. 则存在同构 $T^* : H^q(N - A) \to H^{q+k}(M - A, M - N)$, 称为 **Thom 同构**. 单位元 $1 \in H^0(N - A)$ 在 $T^*$ 下的像 $\tau := T^*(1) \in H^k(M - A, M - N)$ 称为 $N - A$ 在 $M - A$ 中的 **Thom 上同调类**, 简称 **Thom 类**.

以 $j : N - A \to M - A$ 记含入映射, 则

$$T^*(j^*\xi) = \xi \smile \tau, \quad \text{对于 } \xi \in H^q(M - A),$$

这里的上积是

$$\smile: H^q(M - A) \times H^k(M - A, M - N) \to H^{q+k}(M - A, M - N).$$

**证明** (1) 根据命题 1.16，$|\mathfrak{D}_M(M-A)|$ 是空间 $|M-A|$ 的形变收缩核，$|\mathfrak{D}_M(M-N)|$ 是 $|M-N|$ 的形变收缩核. 又根据命题 5.2，$(\mathfrak{D}_M(M-A),\mathfrak{D}_M(M-N))$ 是正则胞腔复形偶. 所以我们可以把定理结论中的空间偶 $(|M-A|,|M-N|)$ 换成正则胞腔复形偶 $(\mathfrak{D}_M(M-A),\mathfrak{D}_M(M-N))$. 为记号简单起见，下面以 $(M',B')$ 记这个胞腔复形偶. 同样地，$|\mathfrak{D}_N(N-A)|$ 是 $|N-A|$ 的形变收缩核，定理结论中的空间 $|N-A|$ 可以换成正则胞腔复形 $\mathfrak{D}_N(N-A)$，简记为 $N'$. 应该注意的是，$N'$ 并不是 $M'$ 的子复形.

(2) 相对链群 $C_{n-q}(N,A)$ 的基是 $\{s^{n-q} \mid s^{n-q} \in N-A\}$. 考虑相对链群的同构

$$D'_M : C^{q+k}(M',B') \to C_{n-q}(N,A), \quad (\mathfrak{D}_M s^{n-q})^* \mapsto s^{n-q};$$
$$D'_N : C^q(N') \to C_{n-q}(N,A), \quad (\mathfrak{D}_N s^{n-q})^* \mapsto s^{n-q}.$$

定义上链群的同构 $T^\# := (-1)^{kq} D'_M{}^{-1} \circ D'_N$，

$$T^\# : \begin{cases} C^q(N') \to C^{q+k}(M',B'), \\ (\mathfrak{D}_N s^{n-q})^* \mapsto (-1)^{kq}(\mathfrak{D}_M s^{n-q})^*. \end{cases}$$

$T^\#$ 的几何意义是明显的，它把 $N'$ 中的胞腔 $\mathfrak{D}_N s^{n-q}$ (看作上链) 映成 $M'$ 中的胞腔 $\mathfrak{D}_M s^{n-q}$ (看作上链).

从命题 5.3 可见 $T^\#$ 与上边缘运算是交换的：$\delta \circ T^\# = T^\# \circ \delta$. 因而 $T^\#$ 诱导出上同调群的同构

$$T^* : H^q(N') \to H^{q+k}(M',B').$$

Thom 类 $\tau$ 的代表上闭链是 $u := T^\#(\epsilon) = \sum_{s^n \in N-A} (\mathfrak{D}_M s^n)^*$.

(3) 现在来证明上积表示式 $T^*(j^*\xi) = \xi \smile \tau$. 上链的上积在有序单纯复形 $\mathrm{Sd}M$ 上计算，$\mathrm{Sd}N'$ 与 $\mathrm{Sd}M'$ 都是它的子复形.

设 $\tau \in H^k(M',B')$ 与 $\xi \in H^q(M')$ 的代表上闭链分别是 $u \in Z^k(M',B')$ 与 $x \in Z^q(M')$. 根据引理 1.6 (它也适用于正则胞腔复形

偶), 存在上闭链 $\bar{u} \in Z^k(\mathrm{Sd}M', \mathrm{Sd}B')$ 与 $\bar{x} \in Z^q(\mathrm{Sd}M')$ 使得 $\mathrm{Sd}_M^\# \bar{u} = u$, $\mathrm{Sd}_M^\# \bar{x} = x$.

这样, $j^*\xi$ 在 $N'$ 中的代表上闭链是 $\mathrm{Sd}_N^\# j^\# \bar{x}$, 而 $\xi \smile \tau = (-1)^{kq}\tau \smile \xi$ 在 $(M', B')$ 中的代表上闭链是 $(-1)^{kq}\mathrm{Sd}_M^\#(\bar{x} \smile \bar{u})$. 我们来证明 $T^\#(\mathrm{Sd}_N^\# j^\# \bar{x}) = (-1)^{kq}\mathrm{Sd}_M^\#(\bar{x} \smile \bar{u})$. 由于 $(-1)^{kq}T^\# : (\mathfrak{D}_N s^{n-q})^* \mapsto (\mathfrak{D}_M s^{n-q})^*$, 我们只需证明对任意的 $s^{n-q} \in N - A$ 有

$$\left\langle \mathrm{Sd}_M^\#(\bar{u} \smile \bar{x}), \mathfrak{D}_M s^{n-q} \right\rangle_{M'} = \left\langle \mathrm{Sd}_N^\# j^\# \bar{x}, \mathfrak{D}_N s^{n-q} \right\rangle_{N'}.$$

计算如下:

$$\begin{aligned}
\text{左方} &= \left\langle \bar{u} \smile \bar{x}, \mathrm{Sd}_\#^M \mathfrak{D}_M s^{n-q} \right\rangle_{\mathrm{Sd}M'} \\
&= \Bigg\langle \bar{u} \smile \bar{x}, \sum_{t^{n+k},\cdots,t^{n-q+1}} [t^{n+k} : t^{n+k-1}] \cdots [t^{n-q+1} : s^{n-q}] \\
&\qquad\qquad\qquad\qquad\qquad\qquad \cdot \hat{t}^{n+k} \cdots \hat{t}^{n-q+1} \hat{s}^{n-q} \Bigg\rangle_{\mathrm{Sd}M'} \\
&= \sum_{t^n \in M-A} \Bigg\langle \bar{u}, \sum_{t^{n+k},\cdots,t^{n+1}} [t^{n+k} : t^{n+k-1}] \cdots [t^{n+1} : t^n] \\
&\qquad\qquad\qquad\qquad\qquad\qquad \cdot \hat{t}^{n+k} \cdots \hat{t}^{n+1}\hat{t}^n \Bigg\rangle_{\mathrm{Sd}M'} \\
&\qquad \cdot \Bigg\langle \bar{x}, \sum_{t^{n-1},\cdots,t^{n-q+1}} [t^n : t^{n-1}] \cdots [t^{n-q+1} : s^{n-q}] \\
&\qquad\qquad\qquad\qquad\qquad\qquad \cdot \hat{t}^n \cdots \hat{t}^{n-q+1}\hat{s}^{n-q} \Bigg\rangle_{\mathrm{Sd}M'},
\end{aligned}$$

等号之后的第一个 Kronecker 积等于 $\langle \bar{u}, \mathrm{Sd}_\#^M \mathfrak{D}_M t^n \rangle = \langle \mathrm{Sd}_M^\# \bar{u}, \mathfrak{D}_M t^n \rangle = \langle u, \mathfrak{D}_M t^n \rangle$. 根据 $u$ 的定义, 当 $t^n \in N - A$ 时这 Kronecker 积是 1,

否则是 0. 于是继续刚才的计算:

$$左方 = \sum_{t^n \in N-A} \left\langle \bar{x}, \sum_{t^{n-1},\cdots,t^{n-q+1}} [t^n : t^{n-1}] \cdots [t^{n-q+1} : s^{n-q}] \right.$$

$$\left. \cdot \hat{t}^n \cdots \hat{t}^{n-q+1} \hat{s}^{n-q} \right\rangle_{\mathrm{Sd}M'}$$

$$= \left\langle \bar{x}, j_\# \mathrm{Sd}_\#^N \mathfrak{D}_N s^{n-q} \right\rangle_{\mathrm{Sd}M'} = \left\langle j^\# \bar{x}, \mathrm{Sd}_\#^N \mathfrak{D}_N s^{n-q} \right\rangle_{\mathrm{Sd}N'}$$

$$= \ 右方.$$

证毕. □

在大流形中包含一个子流形的情形, Thom 同构定理可以换个说法:

**推论 7.2** 设 $M$ 是有向的 $n+k$ 维流形, 子复形 $N \subset M$ 是有向的 $n$ 维流形. 则有交换图表

$$\begin{array}{ccc} H^q(N) & \stackrel{T^*}{\underset{\cong}{\rightarrow}} & H^{q+k}(M, M-N) \\ & \searrow_{h^!} & \downarrow_{j^*} \\ & & H^{q+k}(M) \end{array}$$

这里 $h: N \to M$ 与 $j: M \to (M, M-N)$ 都是含入映射.

因此, $j^*(\tau) \in H^k(M)$ 是 $h_*[N] \in H_n(M)$ 在 $M$ 中的 Poincaré 对偶. 简单化的说法是, 子流形的 Thom 类 (上同调类) 与定向类 (下同调类) 在大流形中互为 Poincaré 对偶.

**证明** 在图表

$$\begin{array}{ccccc} H^q(N) & \stackrel{T^*}{\underset{\cong}{\rightarrow}} & H^{q+k}(M, M-N) & \stackrel{j^*}{\rightarrow} & H^{q+k}(M) \\ \cap [N] \downarrow \cong & & \downarrow \cap [M, M-N] & & \cong \downarrow \cap [M] \\ H_{n-q}(N) & \stackrel{h_*}{\rightarrow} & H_{n-q}(M) & == & H_{n-q}(M) \end{array}$$

中, 定理 7.1 证明中的 (1) 告诉我们左边的方块是交换的, 右边方块的交换性是根据卡积的自然性. 然后用转移同态 $h^!$ 的定义.    □

## *7.2    Euler 类

设 $(M, A)$ 是有向的相对 $n + k$ 维流形, 子复形 $N \subset M - A$ 是有向的 $n$ 维流形. 设 $\tau \in H^k(M, M - N)$ 是 $N$ 在 $M$ 中的 Thom 类.

**定义 7.1**    以 $\iota : N \to (M, M - N)$ 记含入映射. 上同调类 $e := \iota^*(\tau) \in H^k(N)$ 称为 $N$ 在 $M$ 中的 **Euler 类**.

**命题 7.3**    如果含入映射 $h : N \to M$ 同伦于一个映射 $f : N \to M$, 其像包含于 $M - N$ 中, 则 Euler 类 $e = 0$.

换句话说,    Euler 类 $e$ 可以看成是把 $N$ 推到 $M - N$ 中去的阻碍.

**证明**    这时含入映射 $\iota : N \to (M, M - N)$ 同伦于一个映射 $\phi : N \to (M, M - N)$, 这 $\phi$ 可以分解为 $N \to (M - N, M - N) \to (M, M - N)$. 所以在上同调, $\iota^* = \phi^*$ 可以分解为 $H^*(M, M - N) \to H^*(M - N, M - N) \to H^*(N)$. 由于 $H^*(M - N, M - N) = 0$, 所以 $\iota^* = 0$, 因而 Euler 类 $e = 0$.    □

**命题 7.4**    Euler 类 $e = T^{*-1}(\tau \smile \tau)$, 其中 $\tau \in H^k(M, M - N)$ 是 Thom 类, $T^*$ 是 Thom 同构, 上积是

$$\smile : H^k(M, M - N) \times H^k(M, M - N) \to H^{2k}(M, M - N).$$

**证明**    含入映射 $\iota : N \to (M, M - N)$ 可以分解为 $N \xrightarrow{h} M \xrightarrow{j} (M, M - N)$. 根据 Thom 同构定理 7.1, $T^* e = T^* \iota^* \tau = j^* \tau \smile \tau = \tau \smile \tau$. 最后一个等号是由于上积的自然性, 见下面的交换图表:

$$
\begin{array}{ccc}
H^k(M, M - N) \times H^k(M, M - N) & \xrightarrow{\smile} & H^{2k}(M, M - N) \\
\downarrow{\scriptstyle j^*} \qquad\qquad \big\| & & \big\| \\
H^k(M) \quad \times H^k(M, M - N) & \xrightarrow{\smile} & H^{2k}(M, M - N)
\end{array}
$$
    □

**推论 7.5** 若 $k$ 是奇数，则 $2e = 0$.

**证明** 根据上积的交换性，$\tau \smile \tau = (-1)^k \tau \smile \tau$. □

Euler 类的名称的由来，是后面的推论 7.9.

## 7.3 Gysin 序列

设 $(M, A)$ 是有向的相对 $n+k$ 维流形，子复形 $N \subset M - A$ 是有向的 $n$ 维流形.

**定理 7.6** (Gysin) 设 $N$ 是 $M$ 的形变收缩核. 则有正合序列

$$\cdots \longleftarrow H^q(M-N) \xleftarrow{\;\rho\;} H^q(N) \xleftarrow{\;\smile e\;} H^{q-k}(N) \xleftarrow{\;\sigma\;} H^{q-1}(M-N) \longleftarrow \cdots,$$

这里 $e \in H^k(N)$ 是 $N$ 在 $M$ 中的 Euler 类，同态 $\rho$ 与 $\sigma$ 的定义见下面的证明中.

**证明** 把含入映射 $\iota : N \to (M, M-N)$ 分解为 $N \xrightarrow{\;h\;} M \xrightarrow{\;j\;} (M, M-N)$. 由于 $N$ 是 $M$ 的形变收缩核，$h$ 是同伦等价. 考察图表

$$
\begin{array}{ccccccc}
H^q(M-N) & \xleftarrow{\;i^*\;} & H^q(M) & \xleftarrow{\;j^*\;} & H^q(M, M-N) & \xleftarrow{\;\delta^*\;} & H^{q-1}(M-N) \\
\Big\| & & h^* \Big\downarrow \cong & & T^* \Big\uparrow \cong & & \Big\| \\
H^q(M-N) & \xleftarrow{\;\rho\;} & H^q(N) & \xleftarrow{\;\smile e\;} & H^{q-k}(N) & \xleftarrow{\;\sigma\;} & H^{q-1}(M-N)
\end{array}
$$

第一行是空间偶 $(M, M-N)$ 的上同调序列，第二行是 Gysin 序列，$T^*$ 是 Thom 同构. 同态 $\rho$ 与 $\sigma$ 定义得使左右两个方块交换，即 $\rho := i^* \circ h^{*-1}$ 与 $\sigma := T^{*-1} \circ \delta^*$. 我们需要证明中间那个方块是交换的.

设 $\eta \in H^{q-k}(N)$. 根据 Thom 同构定理 7.1，以及上积的自然性的交换图表

$$H^{q-k}(M) \times H^k(M, M-N) \xrightarrow{\smile} H^q(M, M-N)$$

$$\Big\| \qquad\qquad j^* \Big\downarrow \qquad\qquad j^* \Big\downarrow$$

$$H^{q-k}(M) \times \quad H^k(M) \xrightarrow{\quad\smile\quad} H^q(M)$$

$$h^* \Big\downarrow \cong \qquad h^* \Big\downarrow \cong \qquad h^* \Big\downarrow \cong$$

$$H^{q-k}(N) \times \quad H^k(N) \xrightarrow{\quad\smile\quad} H^q(N)$$

我们有

$$h^* j^* T^*(\eta) = h^* j^* (h^{*-1}\eta \smile \tau) = h^* (h^{*-1}\eta \smile j^*\tau)$$
$$= \eta \smile h^* j^* \tau = \eta \smile \iota^* \tau = \eta \smile e. \qquad\qquad \square$$

### 7.4　对角线的 Thom 类

　　子流形出现的最典型的情况，是乘积中的对角线. 我们来看看这时的 Thom 类是什么，并且回顾一下与 Lefschetz 不动点定理以及 Euler 示性数的联系.

　　设单纯复形 $M$ 是有向 $n$ 维流形.　(例如 $M$ 是有向的微分流形，参看事实 2.1.) 取定 $M$ 的顶点的顺序，使它成为有序单纯复形. 根据思考题 2.7 与 2.4，单纯乘积 $M * M$ 是 $M \times M$ 的单纯剖分，又是 $2n$ 维流形，而且对角线 $\Delta(M)$ 是它的单纯子复形. 于是对角线映射 $\Delta : M \to M * M$ 满足推论 7.2 中对含入映射 $h : N \to M$ 所加的全部条件. 由此得到

　　**命题 7.7**　设单纯复形 $M$ 是有向 $n$ 维流形. 以 $\tau \in H^n(M \times M, M \times M - \Delta(M))$ 记对角线 $\Delta(M)$ 在 $M \times M$ 中的 Thom 类，以 $j : M \times M \to (M \times M, M \times M - \Delta(M))$ 记含入映射. 则 $j^*(\tau) \in H^n(M \times M)$ 是 $\Delta_*[M] \in H_n(M \times M)$ 在 $M \times M$ 中的 Poincaré 对偶.

　　利用这个命题，我们也可以给 Lefschetz 不动点定理另外一个证

明.

**推论 7.8 (有向流形的 Lefschetz 不动点定理)** 沿用命题 7.7 的假设和记号.

设 $f : M \to M$ 是映射，定义映射 $\Gamma : M \to M \times M$ 为 $\Gamma(x) = (f(x), x)$，则 Lefschetz 数

$$L(f) = \langle j^*(\tau), \Gamma_*[M] \rangle = \langle \tau, j_* \Gamma_*[M] \rangle.$$

如果 $f : M \to M$ 没有不动点，则 $L(f) = 0$.

**证明** 根据第 4 节的知识，

$$L(f) = \sum_q (-1)^q \mathrm{tr}\, F^{(q)} = \Delta_*[M] \cdot \Gamma_*[M] \qquad \text{命题 4.4}$$

$$= \langle j^*(\tau), \Gamma_*[M] \rangle = \langle \tau, j_* \Gamma_*[M] \rangle. \qquad \text{命题 7.7}$$

如果 $f : M \to M$ 没有不动点，$\Gamma(M)$ 就与 $\Delta(M)$ 不相交，复合映射 $M \xrightarrow{\Gamma} M \times M \xrightarrow{j} (M \times M, M \times M - \Delta(M))$ 就可以分解为 $M \to (M \times M - \Delta(M), M \times M - \Delta(M)) \to (M \times M, M \times M - \Delta(M))$. 由于 $H_*(M \times M - \Delta(M), M \times M - \Delta(M)) = 0$，所以同调同态 $j_* \Gamma_* = 0$. 因此 $L(f) = 0$. $\qquad\square$

下面的推论说明了 Euler 类与 Euler 数的关系，这是 Euler 类的名称的来历.

**推论 7.9** 设单纯复形 $M$ 是有向 $n$ 维流形. 则对角线 $\Delta(M)$ 在 $M \times M$ 中的 Euler 类 $e$ 满足 $\langle e, [\Delta(M)] \rangle = \chi(M)$，其中 $\chi(M)$ 是 $M$ 的 Euler 示性数.

**证明** 把 $M$ 自然地等同于 $\Delta(M)$，我们有交换图表

$$
\begin{array}{ccc}
M & \xrightarrow{\ \Delta\ } & M \times M \\
\| & & \downarrow{j} \\
\Delta(M) & \xrightarrow{\ \iota\ } & (M \times M, M \times M - \Delta(M))
\end{array}
$$

于是

$$\langle e, [\Delta(M)] \rangle = \langle \iota^*(\tau), [M] \rangle = \langle \Delta^* j^*(\tau), [M] \rangle$$

$$= \langle \tau, j_* \Delta_* [M] \rangle = \chi(M).$$

最后那个等号来自命题 7.8 的公式，用于 $f = \mathrm{id} : M \to M$，因为恒同映射的 Lefschetz 数 $L(\mathrm{id}) = \chi(M)$.　　　　　　　　　　□

# 参 考 文 献

[1] Armstrong M A. Basic topology. Heidelberg: Springer-Verlag, 1983; 中译本: 基础拓扑学. 孙以丰译. 北京: 北京大学出版社, 1983

[2] Bott R, Tu L W. Differential forms in algebraic topology. Springer-Verlag, 1982

[3] Bredon G E. Topology and geometry. Heidelberg: Springer-Verlag, 1993

[4] Dold A. Lectures on algebraic topology. Heidelberg: Springer-Verlag, 1972, second edition 1980

[5] Dubrovin B A, Fomenko A T, Novikov S P. Modern geometry —— methods and applications, Part III. Introduction to homology theory. Heidelberg: Springer-Verlag, 1990 (俄文原版 1979)

[6] Eilenberg S, Steenrod N. Foundations of algebraic topology. Princeton: Princeton University Press, 1952

[7] Fenn R A. Techniques of geometric topology. Cambridge: Cambridge University Press, 1983

[8] Fulton W. Algebraic topology. A first course, Heidelberg: Springer-Verlag, 1995

[9] Gray B. Homotopy theory. Academic Press, 1975

[10] Greenberg M J, Harper J R. Algebraic topology: A first course. Benjamin/Cummings, 1981; 中译本: 代数拓扑. 刘亚星等译. 北京: 高等教育出版社, 1990

[11] Hatcher A. Algebraic topology. Cambridge: Cambridge University Press, 2002

[12] Hilton P J, Wylie S. Homology theory: An introduction to algebraic topology. Cambridge: Cambridge University Press, 1960; 前半本的中译: 同调论 (上册). 江泽涵等译. 上海: 上海科学技术出版社, 1963

[13] Massey W S. A basic course in algebraic topology. Heidelberg: Springer-Verlag, 1991

[14] Milnor J. Morse theory. Princeton: Princeton University Press, 1963; 中译本：莫尔斯理论. 江嘉禾译. 北京：科学出版社, 1988

[15] Milnor J, Stasheff J D. Characteristic classes. Princeton: Princeton University Press, 1974

[16] Munkres J R. Elements of algebraic topology. Boston: Addison-Wesley, 1984; 前半本的中译：代数拓扑学基础教程, 熊金城译. 石家庄：河北教育出版社, 1991

[17] Sato H. Algebraic topology: An intuitive approach. Amer Math Soc, 1999 (日文原版 1996)

[18] Spanier E H. Algebraic topology. New York: McGraw-Hill, 1966; 前三章的中译：代数拓扑学. 左再思译. 上海：上海科学技术出版社, 1987

[19] Vick J W. Homology theory. Academic Press, 1973; second edition, Heidelberg: Springer-Verlag, 1994

[20] Viro O Ya, Fuchs D B. Topology II (Novikov and Rokhlin eds.), Part I. Introduction to homotopy theory, Part II. Homology and cohomology, Encyclopaedia of Mathematical Sciences vol.24. Heidelberg: Springer-Verlag, 2004 (俄文原版 1988)

[21] 江泽涵. 拓扑学引论. 上海：上海科学技术出版社, 1978

[22] 沈信耀. 同调论. 代数拓扑学之一. 北京：科学出版社, 2002

[23] 尤承业. 基础拓扑学讲义. 北京：北京大学出版社, 1997

# 记 号 表

| | | | |
|---|---|---|---|
| $(X, A)$ | 45 | $\partial$ | 5, 10, 46, 102, 112 |
| $(X, A, B)$ | 53 | $\widetilde{\partial}$ | 14 |
| $(c_0 c_1 \cdots c_q)$, $(a_0 a_1 \cdots a_q)$ | 9, 112 | $\partial_*$ | 23, 27, 48 |
| $\langle -, - \rangle$ | 75, 78, 84 | $\partial M$ | 233 |
| $[A, X]$ | 5 | $\delta$ | 77 |
| $[M]$, $[M, A]$, $[M, \partial M]$ | 207, 229, 235 | $\delta^*$ | 81 |
| $[z]$ | 6 | $\Delta$ | 152 |
| $\bullet$, $C^\bullet$, $f^\bullet$ | 75–77 | $\Delta_q$ | 8 |
| $\bullet$, $a \bullet b$ | 216 | $\Delta_*$ | 39 |
| $\circ$, $g \circ f$ | 1 | $\epsilon$ | 12 |
| $\cup_f$, $X \cup_f Y$ | 37 | $\varepsilon^n$ | 56, 58 |
| $\hat{}$, $\hat{s}$ | 189 | $\pi_1(X)$ | 18 |
| $\widehat{}$, $\widehat{e_i}$ | 10 | $\sigma$, ${}_p\sigma$, $\sigma_q$ | 9, 159 |
| $\otimes$, $A \otimes G$, $- \otimes G$ | 61–66, 88 | $\sigma(M)$ | 238 |
| $\frown$, $\beta \frown \sigma$, $\xi \frown x$ | 155, 161 | $\Sigma$, $\Sigma X$, $\Sigma f$, $\Sigma_*$ | 38, 40 |
| $\smile$, $\alpha \smile \beta$, $\xi \smile \eta$ | 153, 159 | $a_0 a_1 \cdots a_q$ | 112 |
| $\simeq$, $f \simeq g$, $C \simeq D$, $X \simeq Y$ | 7, 15 | AW | 158 |
| $\divideontimes$, $K \divideontimes L$ | 204 | $B_q$, $B^q$ | 6, 77 |
| $\sqcup$, $X \sqcup Y$ | 13, 37 | $\mathcal{C}$ | 1 |
| $\backslash$, $\beta \backslash c$ | 150, 151 | $C$, $CX$, $Cf$ | 37, 38, 131 |
| $*$, $A * B$ | 39, 200 | $C^\bullet$ | 77 |
| $\succ$, $\succeq$, $s \succ t$, $s \succeq t$ | 189 | $CP^n$ | 44 |
| $\vee$, $X \vee Y$ | 29 | $\text{cat}(X)$ | 184 |
| $\beta_*$, $\beta^*$ | 70, 87 | $\text{cuplength}(X)$ | 184 |
| $\beta_q$, $\beta_q^{(p)}$ | 123, 126 | $D^n$ | 30 |
| $\chi$ | 124 | | |

| | | | |
|---|---|---|---|
| $\deg f$ | 32, 59, 215 | $\mathrm{Lk}(s)$ | 204 |
| $\mathfrak{D}(s), \overline{\mathfrak{D}}(s), \dot{\mathfrak{D}}(s)$ | 194–195 | $\mathrm{Mor}(X, Y)$ | 1 |
| $E(\boldsymbol{Z}, n), E(\boldsymbol{Z}_k, n)$ | 136 | $\mathrm{Ob}(\mathcal{C})$ | 1 |
| EZ | 177 | $o_x, o_\phi$ | 56 |
| $f^{\bullet}$ | 75, 77 | pt | 12 |
| $f^*$ | 3, 77, 79, 80 | $\boldsymbol{R}^n$ | 8 |
| $f^{\#}$ | 79, 80 | $\boldsymbol{R}P^n$ | 43 |
| $f_*$ | 6, 11, 46, 68, 69 | $\mathrm{rk}, \mathrm{rk}_p$ | 122, 123 |
| $f_{\#}$ | 11, 46, 68, 69 | $S^n$ | 30 |
| $G_k, {}_kG$ | 137 | $S^*, S^q$ | 78, 80 |
| $H^*, H^q$ | 77, 79–80 | $\widetilde{S}^*$ | 79 |
| $\widetilde{H}^*$ | 79 | $S_*, S_q$ | 9, 11, 45, 46, 68, 69 |
| $H_{\mathrm{DR}}^*(X)$ | 91 | $\widetilde{S}_*$ | 14, 68 |
| $H_*, H_q$ | 3, 6, 11, 46, 68–69 | $S_*^{\mathcal{U}}(X)$ | 19 |
| $\widetilde{H}_*$ | 14, 68 | Sd, Sd $K$, Sd $s$ | 19, 189–191 |
| Hom | 74, 75, 88 | sgn | 52, 60 |
| $\mathrm{Hom}_F$ | 88 | St$(s)$, st$(s)$ | 204 |
| $I(s^{q*}, s^{p+q})$ | 196 | $\mathfrak{S}(s), \overline{\mathfrak{S}}(s), \dot{\mathfrak{S}}(s)$ | 199 |
| $I^k$ | 33 | $T^2, T^n$ | 41, 147 |
| $\mathrm{id}_X$ | 1 | $\mathcal{U}$ | 19 |
| $K^k, X^k$ | 94, 111 | $Z_q, Z^q$ | 5, 77 |
| $L(f)$ | 226, 227 | $Zf$ | 38 |
| $L(p, q)$ | 42, 120 | | |

# 索　引

## A

Alexander 对偶定理　　　231, 232

Alexander-Whitney 链映射　　158

antipodal map (对径映射)　　32

## B

Betti 数　　123, 147, 177, 210

　　特征 $p$ 的　　126, 139

　　域系数的　　125

Bockstein 同态　　70, 87

Borsuk-Ulam 定理　　175

Brouwer 不动点定理　　31

胞腔　　37, 58, 93

　　闭胞腔　　37, 93

　　定向　　58, 114

　　面, 真面　　189

　　特征映射　　94, 95

　　有向胞腔　　58, 115

　　粘贴映射　　95

胞腔逼近　　97

　　对角线映射的　　153, 158

胞腔复形　　93–95

　　正则胞腔复形　　188

胞腔链群　　101, 115

胞腔流形　　203–206

　　带边的　　233

　　相对的　　228

胞腔剖分　　94

　　环面的　　95

　　球面的　　95

　　实射影空间的　　118

胞腔同调定理　　103, 125

胞腔映射　　97

边缘公式

　　交积的　　216

　　交链的　　198

　　卡积的　　161

　　斜积的　　151

　　张量积的　　148

　　柱形链的　　16

边缘链　　6

边缘算子　　5

　　胞腔链的　　102

　　单纯链的　　112

　　奇异链的　　10, 46

边缘同态　　23

　　空间偶的　　48

　　Mayer-Vietoris 的　　27

　　三元组同调序列的　　54

标准单形　　8

标准定向

　　标准胞腔的　　58

　　标准球面的　　59

　　欧几里得空间的　　56

| | |
|---|---|
| 闭包有限 | 94 |
| 闭链 | 5 |
| 闭星形 | 199 |
| 不动点 | |
| 　Brouwer 不动点定理 | 31 |
| 　Lefschetz 不动点定理 | 227 |
| 　有向流形的情形 | 226, 249 |
| 不交并 | 37 |
| 不可定向的 | |
| 　胞腔流形 | 207 |
| 　相对胞腔流形 | 229 |

**C**

| | |
|---|---|
| CW 逼近 | 98 |
| CW 复形 | 94, 95 |
| CW 剖分 | 94 |
| 叉积 | |
| 　胞腔上同调的 | 152 |
| 　胞腔下同调的 | 152 |
| 　奇异上同调的 | 178 |
| 乘积空间 | |
| 　空间偶的乘积 | 181 |
| 　胞腔复形的乘积 | 96, 120, 146 |
| 　胞腔流形的乘积 | 205 |
| 　同调群 | 177 |
| 　上积 | 179 |
| 重分链映射 | |
| 　奇异链复形的 | 20 |
| 　正则胞腔链复形的 | 192 |
| 重分映射 | 191 |
| 　重心重分 | 189 |
| 初等链复形 | 136, 144 |

**D**

| | |
|---|---|
| degree(映射的度) | 32, 59, 215 |
| de Rham 定理 | 91 |
| domain(区域) | 35 |
| 代数个数 | 61, 218 |
| 代数映射锥 | 131 |
| 带边胞腔流形 | 233 |
| 　边缘 | 233 |
| 　定向 | 235 |
| 　对偶定理 | 235 |
| 　双层 | 237 |
| 带系数的链、同调 | 68, 108 |
| 带系数的上链、上同调 | 78–80, 108 |
| 单纯乘积 | 204 |
| 单纯复形 | 110 |
| 　有序单纯复形 | 113 |
| 单纯映射 | 111 |
| 　保序的 | 114 |
| 单点并 | 29 |
| 单形 | 110 |
| 　定向 | 112 |
| 蒂联 | 29 |
| 定向 | |
| 　胞腔的定向 | 58, 115 |
| 　胞腔流形的定向 | 206, 229 |
| 　标准定向 | 56, 58, 59 |
| 　单形的定向 | 112 |
| 　流形的局部定向 | 56 |
| 　球面的定向 | 58 |
| 定向闭链 | 207, 229 |
| 定向类 | 207, 229 |
| 对角线映射 | 152 |

对径映射 32

对偶定理

    Alexander 对偶定理 231, 232

    Lefschetz 对偶定理 230, 235

    Poincaré 对偶定理 208

对偶复形 229

对偶基 139

对偶块 195

对偶配对 139

对偶剖分 205

对偶群, 对偶同态 75

对象 1

    对象的同构 4

多面体 110

**E**

Eilenberg-Steenrod 公理 70, 82

Eilenberg-Zilber 定理 176, 182

    Eilenberg-Zilber 链映射 177

    Eilenberg-Zilber 同构 177

    Eilenberg-Zilber 映射 177

Euler 类 246

Euler 示性数 124, 226, 237

**F**

范畴 1

方体 33

分次环 164

    交换的 164

分次模 164

分次群 7

符号差 238

**G**

Gysin 序列 247

公理化同调论 70, 72, 82

关联矩阵 117

关联系数 116

骨架 94, 111

**H**

Hopf 定理 32

Hurewicz 同态 18

函子

    反变函子 3

    Hom 函子 75, 88

    "忘性" 函子 3

    协变函子 2

    张量积函子 61–62, 66, 88

环面 41

    胞腔剖分 95

    单纯剖分 113

    Poincaré 对偶 210

    $(p, q)$ 曲线 42

    上同调环 169–170, 181

    同调群 41, 113, 118

    准单纯剖分 169

环绕复形 194

火腿三明治定理 175

**J**

Jordan 曲线定理 35

Jordan-Brouwer 分离定理 35

简约同调群 14, 68

交环 218

交积 216
交链 196
基本类 207, 229
基本群 18
镜面反射 32
经圈 42
局部定向 56
局部同调群 55

**K**

Kronecker 积 74, 78, 84, 140
Kronecker 指数 (0 维链的) 12
Künneth 公式 144–147, 177, 182
卡积
　　胞腔同调的卡积 155
　　奇异链的卡积 161
　　　　边缘公式 161
　　奇异链同调的卡积 161
　　准单纯链的卡积 169
可定向的
　　胞腔流形 207
　　相对胞腔流形 229
可缩的 15, 184

**L**

Lefschetz 不动点定理 226–227, 249
Lefschetz 对偶定理 230, 235
Lefschetz 数 226–227, 249
Ljusternik-Schnierelman 畴数 184
longitude (纬圈) 42
棱柱剖分 157
链复形 5

胞腔链复形 102
单纯链复形 112
奇异链复形 11, 46, 48
链群 5
　　胞腔链群 101
　　单纯链群 112
　　奇异链群 9
链同伦 7
链同伦等价 8
链映射 6
裂正合序列 25
零伦的 38
临界点 127, 186
　　非退化临界点 127
　　指数 127
流形 36, 55, 203

**M**

Mayer-Vietoris 耦 27–28
Mayer-Vietoris 序列 27, 82, 106
　　简约 M-V 序列 27
　　相对 M-V 序列 50
　　自然性 28
meridian (经圈) 42
Morse 不等式 123–126, 128
Morse 函数 128
Morse 引理 127
面
　　胞腔的面 189
　　单形的面 110
　　后 $q$ 维面 156, 159
　　前 $p$ 维面 156, 159

真面　110, 189

**N**

挠系数　122

挠子群　123

**O**

欧几里得空间　8

欧几里得邻域　55

**P**

Poincaré 对偶定理　208

 mod 2 形式　211

 Poincaré 对偶同构　208

Poincaré 多项式　124, 146, 177

配边　239

配边环　240, 241

配边群　240

**Q**

切除定理　49

 胞腔切除定理　105

切除公理　71, 83

球面　30

 Alexander 对偶　232

 胞腔剖分　95

 同调群　30

 有向球面　58

球体　30

奇异单形　9

 边缘　9

 线性的　9, 112

 $u$- 小的　19

奇异链　9

奇异链复形　11, 68

 相对的　46, 69

 增广的　14, 68

奇异上链复形　78

 相对的　80

 增广的　79

奇异上同调群　79

 简约的　79

 相对的　80

奇异同调群　11, 68

 道路连通支分解　13

 简约的　14, 68

 同伦不变性　14

 拓扑不变性　12

 相对的　46, 69

区域　35

区域不变性定理　35

**R**

弱同调群　210

弱同伦等价　98

弱拓扑　94

**S**

signature (符号差)　238

suspension (双角锥)　38

三元组　53

商空间　36

商映射　36

上边缘公式

 上积的上边缘公式　159

张量积的上边缘公式 149
上边缘链 77
上边缘算子 77
上边缘同态 81
上闭链 77
上积
　胞腔上同调的上积 153
　乘积空间中的上积 179
　交换性 154, 165
　奇异上链的上积 159
　　上边缘公式 159
　奇异上同调的上积 159
　相对上同调的上积 182
　准单纯链的上积 169
上积长度 184
上链复形 77
上链群 77
上链同伦 77
上链映射 77
上同调环 165
　环面的 169-170, 181
　实射影空间的 172, 213
　双环面的 170, 220
上同调论 82
上同调群 77
　胞腔上同调群 108–109
　链复形的上同调群 129
　奇异上同调群 79, 80
射 1
　单位射 1
　逆 4
射影空间

复射影空间 44
　上同调环 214
　同调群 44
实射影空间 43
　胞腔剖分 118–119
　上同调环 172, 213
　同调群 43, 118
　准单纯剖分 172
收缩核，收缩映射 31
双层 237
双环面
　上同调环 170–171, 220
　准单纯剖分 170
双角锥 38
　双角锥同构 40
双线性 63

**T**

Thom 类 242
Thom 同构 242
Thom 同构定理 242
transfer (转移同态) 220
特征映射 94, 95
贴胞腔 37
贴空间 37
贴映射 37
同调类 6
同调论 70
同调群 6
　胞腔同调群 103–104, 114
　简约同调群 14
　奇异同调群 11, 68

与基本群的关系 18

同调群
　单点空间的 12
　环面的 42, 113, 118
　两点空间的 14
　球面的 30
　实射影空间的 43, 118–119

同调序列 23
　Gysin 序列 247
　空间偶的同调序列 47, 69
　Mayer-Vietoris 序列 27
　三元组的同调序列 54
　映射的简约同调序列 39
　自然性 24, 28, 49, 54, 69

同伦不变性 14, 49
同伦公理 71, 73, 83
同伦型不变性 15, 49
同态群 74
统联 39, 200
透镜空间 42, 120
投射性质 130
拓扑学家的正弦曲线 21
图上追猎法 23

**W**

万有系数定理 138
纬圈 42
维数公理 71, 73, 83
五引理 24

**X**

相对胞腔流形 228–229

相对链复形 46, 69
相对 Mayer-Vietoris 序列 50
相对上积 182
相对上链复形 80
相对上同调 80
相对同调 46, 69
相对同胚 106
相交数 218
相交形式 214
线性对偶 88
线性奇异单形 9, 112
下同调模 165
斜积 150–152
形变收缩核, 形变收缩 15
星形 199

**Y**

一般位置 109
映射的度 32, 59, 215
映射柱 38
映射锥 38
有向胞腔 58, 115
有向流形 207
有向球面 58
有限生成 Abel 群 122
　$p$ 分量 123
　挠子群 123, 210
　自由部分 123, 210
有序单纯复形 113
　保序单纯映射 114
　单纯乘积 204
诱导链映射

| | |
|---|---|
| 胞腔链的 | 102 |
| 单纯链的 | 112 |
| 奇异链的 | 11, 46, 68, 69 |
| 诱导上链映射 | 79, 80 |
| 诱导上同调同态 | 77, 79, 80 |
| 诱导同调同态 | 6, 11, 46, 68, 69 |

**Z**

| | |
|---|---|
| 增广奇异链复形 | 14, 68 |
| 张量积 | 62, 63 |
| 链复形的张量积 | 142 |
| 链映射的张量积 | 143 |
| 上链的张量积 | 149 |
| 上同调类的张量积 | 149 |
| 同态的张量积 | 62, 64 |
| 下链的张量积 | 148 |
| 下同调类的张量积 | 148 |
| 粘贴空间 | 37 |
| 粘贴映射 | 37 |
| 正常值 | 60 |
| 正规空间 | 37 |
| 正合性公理 | 71, 73, 83 |
| 正合序列 | 22 |
| 裂正合的 | 25 |

| | |
|---|---|
| 正则胞腔复形 | 188 |
| 正则邻域 | 202 |
| 秩, $p$ 秩 | 122, 123 |
| 重心重分 | 19, 189 |
| 重分映射 | 191 |
| 重心坐标 | 57 |
| 转移同态 | 220 |
| 锥形 | 37 |
| 准单纯复形 | 168 |
| 准单纯剖分 | |
| 环面的 | 169 |
| 实射影空间的 | 172 |
| 双环面的 | 170 |
| 准单形 | 168 |
| 柱形链 | 16 |
| 子复形 | |
| 胞腔复形的 | 96 |
| 单纯复形的 | 111 |
| 自由 Abel 群 | |
| 投射性质 | 130 |
| 张量积 | 62 |
| 自由部分 (Abel 群的) | 123 |
| 自由链复形 | 129 |

# 北京大学出版社数学重点教材书目

## 1. 北京大学数学教学系列丛书

| 书　　名 | 编著者 | 定价（元） |
|---|---|---|
| 高等代数简明教程（上、下）（北京市精品教材）（教育部"十五"规划教材） | 蓝以中 | 32.00 |
| 实变函数与泛函分析（北京市精品教材） | 郭懋正 | 20.00 |
| 复变函数简明教程 | 谭小江　伍胜健 | 13.50 |
| 复分析导引（北京市精品教材） | 李　忠 | 20.00 |
| 同调论 | 姜伯驹 | 18.00 |
| 黎曼几何引论（上下册） | 陈维桓 李兴校 | 42.00 |
| 金融数学引论 | 吴　岚 | 19.50 |
| 寿险精算基础 | 杨静平 | 17.00 |
| 偏微分方程 | 周蜀林 | 13.50 |
| 二阶抛物型偏微分方程 | 陈亚浙 | 16.00 |
| 概率论 | 何书元 | 16.00 |
| 生存分析与可靠性 | 陈家鼎 | 22.00 |
| 普通统计学（北京市精品教材） | 谢衷洁 | 25.00 |
| 数字信号处理（北京市精品教材） | 程乾生 | 20.00 |
| 抽样调查（北京市精品教材） | 孙山泽 | 13.50 |
| 测度论与概率论基础（北京市精品教材） | 程士宏 | 15.00 |
| 应用时间序列分析（北京市精品教材） | 何书元 | 16.00 |
| 应用多元统计分析 | 高惠璇 | 21.00 |

## 2. 大学生基础课教材

| 书　　名 | 编著者 | 定价（元） |
|---|---|---|
| 数学分析新讲（第一册）（第二册）（第三册） | 张筑生 | 44.50 |
| 数学分析解题指南 | 林源渠 方企勤 | 20.00 |
| 高等数学（上下册）（教育部"十五"国家级规划教材，教育部2002优秀教材一等奖） | 李　忠 周建莹 | 52.00 |

| 书　　名 | 编著者 | 定价(元) |
|---|---|---|
| 高等数学(物理类)(修订版)(第一、二、三册) | 文　丽等 | 57.00 |
| 高等数学(生化医农类)上册(修订版) | 周建莹 张锦炎 | 13.50 |
| 高等数学(生化医农类)下册(修订版) | 张锦炎 周建莹 | 13.50 |
| 高等数学解题指南 | 周建莹 李正元 | 25.00 |
| 大学文科基础数学(第一册)(第二册) | 姚孟臣 | 27.50 |
| 大学文科数学简明教程(上下册) | 姚孟臣 | 30.00 |
| 数学的思想、方法和应用(修订版)(北京市精品教材)(教育部"九五"重点教材) | 张顺燕 | 24.00 |
| 数学的美与理(教育部"十五"国家级规划教材) | 张顺燕 | 26.00 |
| 简明线性代数(理工、师范、财经类) | 丘维声 | 16.00 |
| 线性代数解题指南(理工、师范、财经类) | 丘维声 | 15.00 |
| 解析几何(第二版) | 丘维声 | 15.00 |
| 解析几何(教育部"九五"重点教材) | 尤承业 | 15.00 |
| 微分几何初步(95教育部优秀教材一等奖) | 陈维桓 | 12.00 |
| 基础拓扑学讲义 | 尤承业 | 13.50 |
| 初等数论(第二版)(95教育部优秀教材二等奖) | 潘承洞 潘承彪 | 25.00 |
| 简明数论 | 潘承洞 潘承彪 | 14.50 |
| 实变函数论(教育部"九五"重点教材) | 周民强 | 16.00 |
| 复变函数教程 | 方企勤 | 13.50 |
| 傅里叶分析及其应用 | 潘文杰 | 13.00 |
| 泛函分析讲义(上册)(91国优教材) | 张恭庆 林源渠 | 13.50 |
| 泛函分析讲义(下册)(91国优教材) | 张恭庆 郭懋正 | 15.00 |
| 数值线性代数(教育部2002优秀教材二等奖) | 徐树方等 | 13.00 |
| 数学模型讲义(教育部"九五"重点教材,获二等奖) | 雷功炎 | 15.00 |
| 普通统计学简明教程(附TI电脑指令与程序) | 谢衷洁 | 25.00 |
| 新编概率论与数理统计(获省部级优秀教材奖) | 肖筱南等 | 19.00 |

**邮购说明**　读者如购买北京大学出版社出版的数学重点教材,请将书款(另加15％邮挂费)汇至:北京大学出版社北大书店邢丽华同志收,邮政编码:100871,联系电话:(010)62752015,(010)62757515。款到立即用挂号邮书。

北京大学出版社
2004 年 10 月